明星风范女装大全集

王春燕　主编

辽宁科学技术出版社
沈　阳

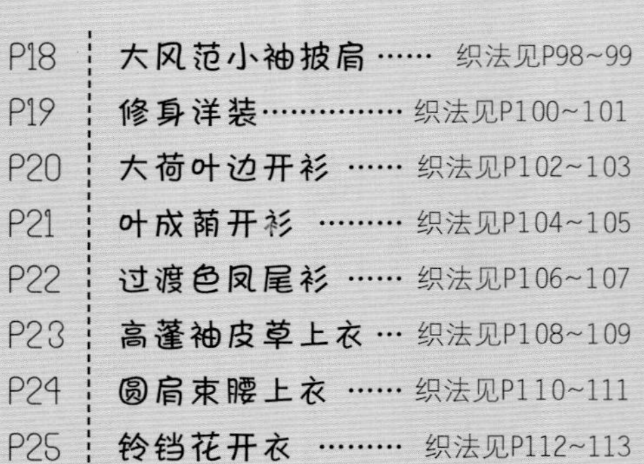

目 录

滚边开衣

织法见P74~75

红舞扇披肩

织法见P36~37

豆豆风车披肩
织法见P78~79

螺旋叶子女装

织法见P80～81

万头菊罩衫
织法见P82～83

拥肩球球开衣

织法见P84～85

双生儿披肩

织法见P86～87

木耳边套头衫
织法见P88~89

明星气质帽衫

织法见P90~91

SUPER PRACTICAL
扇面开衫
织法见P92~93

修身的披肩式上衣

织法见P94~95

圆摆短袖衫

织法见P96~97

大风范小袖披肩

织法见P98~99

织法见P100~101

大荷叶边开衫

织法见P102~103

叶成荫开衫

织法见P104~105

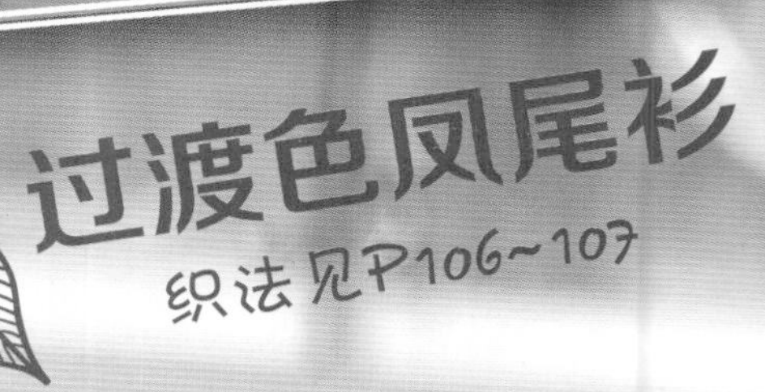

过渡色凤尾衫

织法见P106~107

高蓬袖皮草上衣

织法见P108~109

圆肩束腰上衣
织法见P110~111

铃铛花开衣
织法见P112~113

美胸高腰上衣

织法见P114~115

紫依百合开衫

织法见P116~117

小花叶纤腰开衫
织法见P118~119

双层飞肩上衣

织法见P120~121

金春蕾长裤

织法见P122~123

大花朵拥肩上衣

织法见P124~125

扇领开衫

织法见P126~127

个性的披肩

织法见P128~129

高领花袖上衣

织法见P130~131

Seductive and Tempting

花边层领连衣裙

织法见P132~133

万花筒披肩

织法见P134~135

透视裤
织法见P136~137

创意风范披肩
织法见P138~140

披肩式纤袖上衣

织法见P141~142

极简束腰开衫

织法见P143~144

油画印象修身上衣

织法见P145~146

方井透衫

织法见P147~148

韩风束腰开衫

织法见P149~150

金边罩衫

织法见P151

小红帽

织法见P152~153

蕾丝飞肩连衣裙

织法见P154~155

皮草护肩

织法见P156~157

超美的360度披肩

织法见P158~159

几何形组成的披肩

织法见P160~161

长袖交叉上衣

织法见P162~163

心心短裙

织法见P164~165

球球帽衫

织法见P166~167

小刺猬披肩
织法见P168~169

360度披肩
织法见P170~171

立体感短袖上装

织法见P172~173

泡泡袖修身上衣

织法见P174~175

英式圆轮上衣

织法见P176~177

高领收腰花边上衣

织法见P178~179

拼图披肩

织法见P180~181

圆门襟披肩式上衣

织法见P182~183

编织技巧

1 收平边

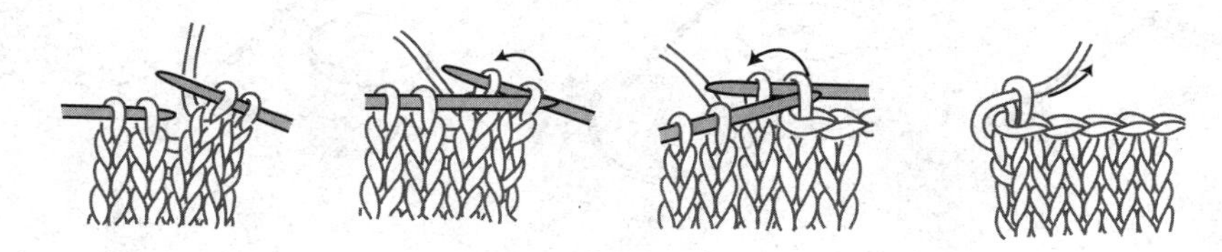

2 代针方法

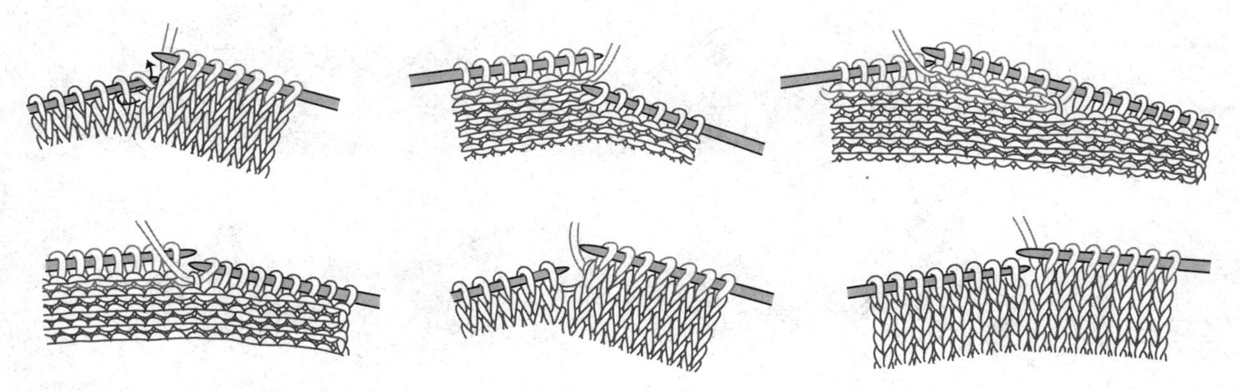

3 侧面加针和织挑针方法

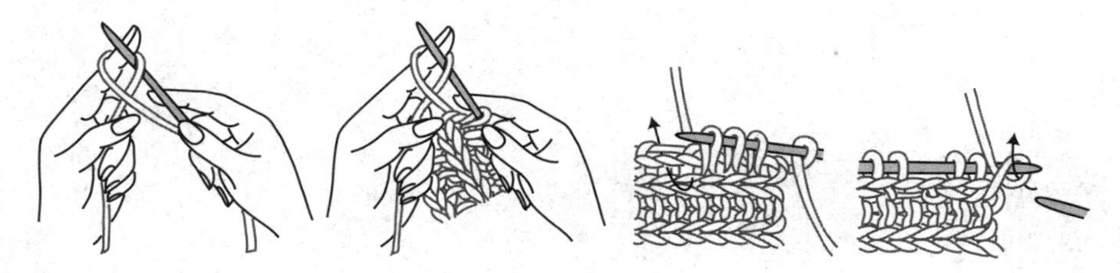

4 扣眼织法

5 小绳钩法

6 挑针织法

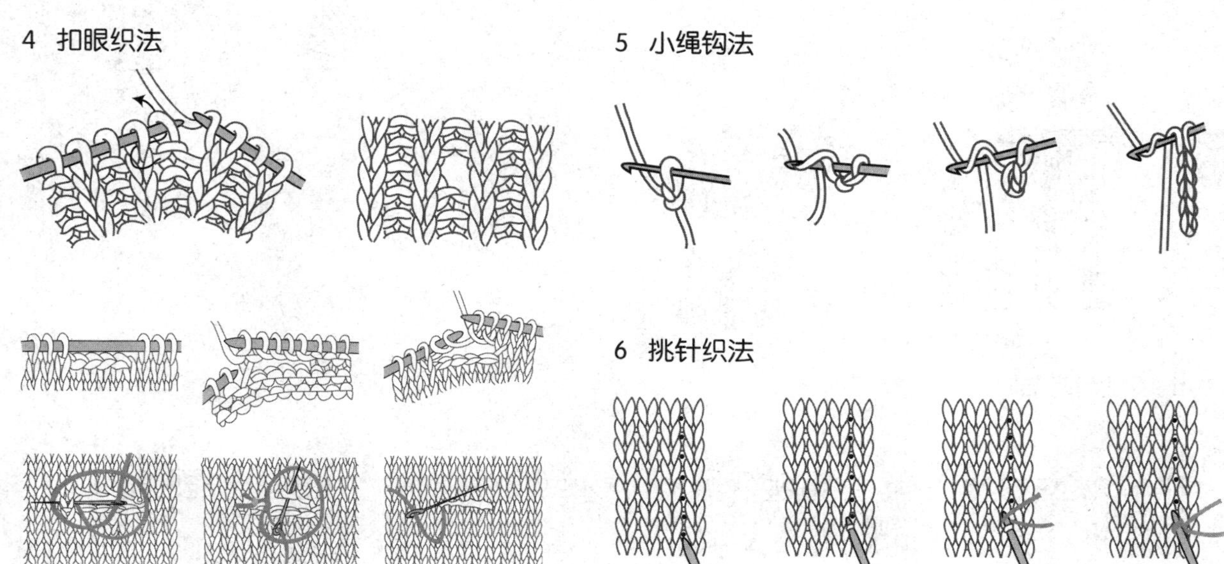

7 缝纽扣方法

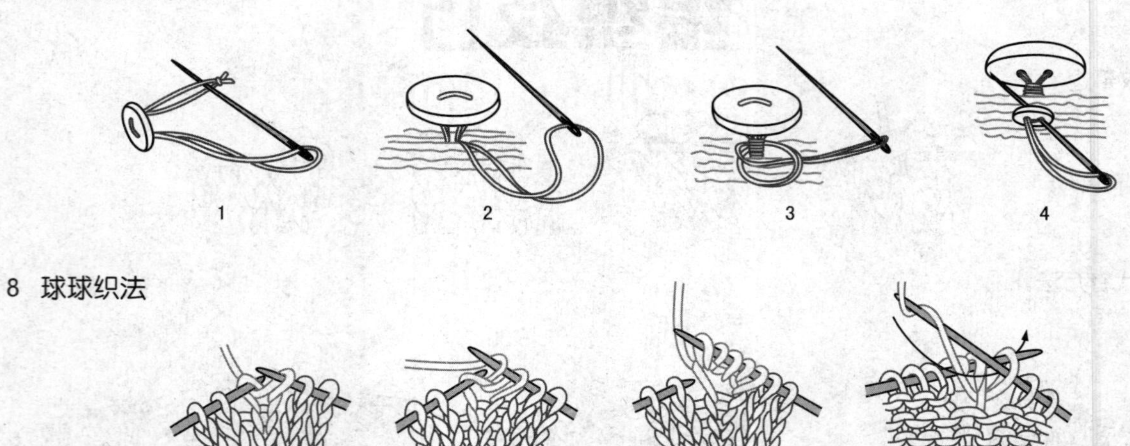

8 球球织法

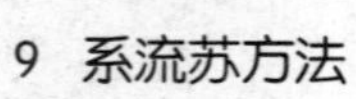

9 系流苏方法

10 小球做法

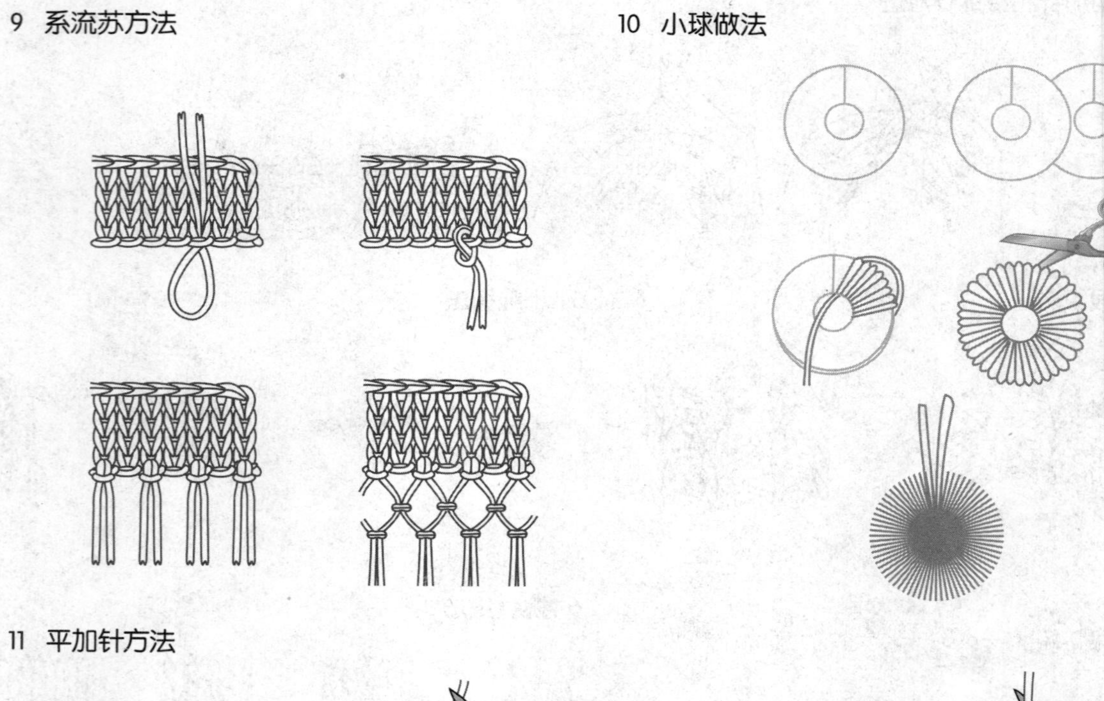

11 平加针方法

12 绵羊圈圈针

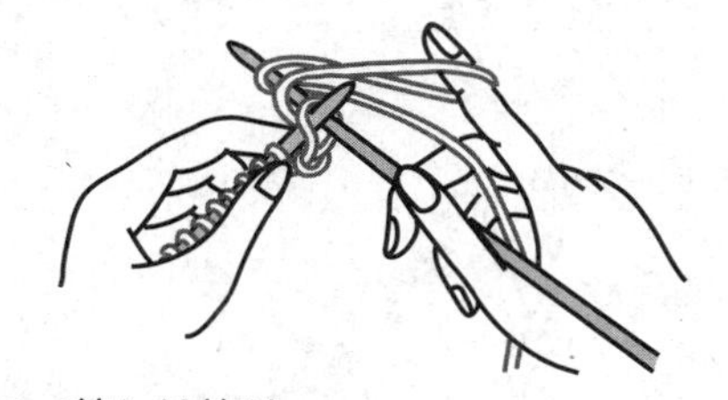

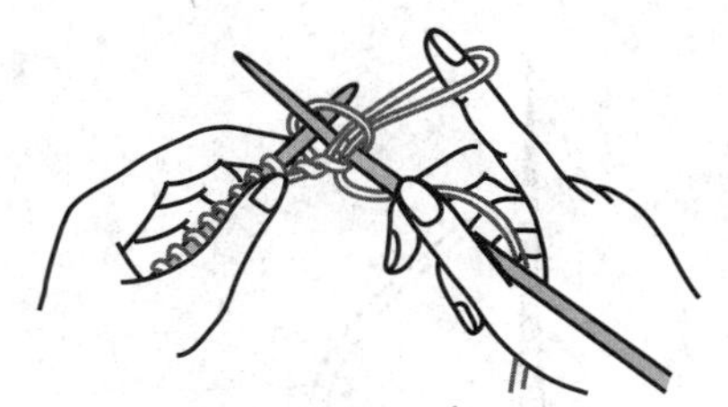

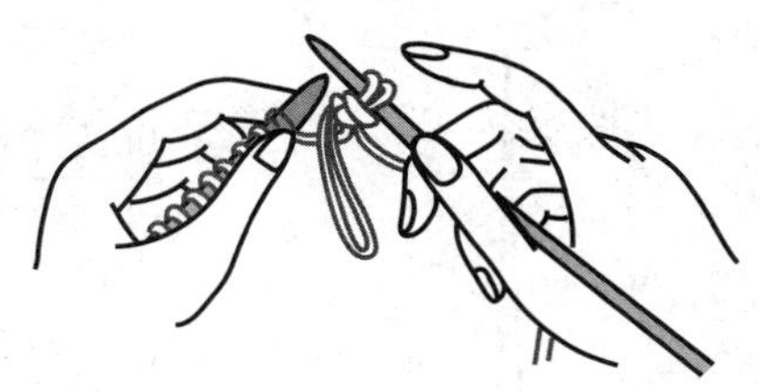

13 萝卜丝钩法

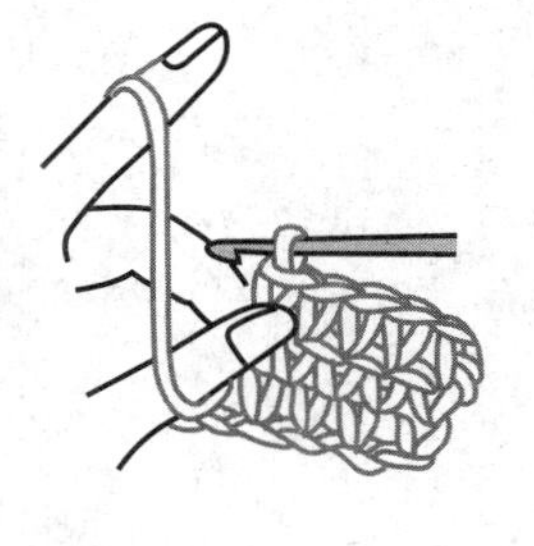

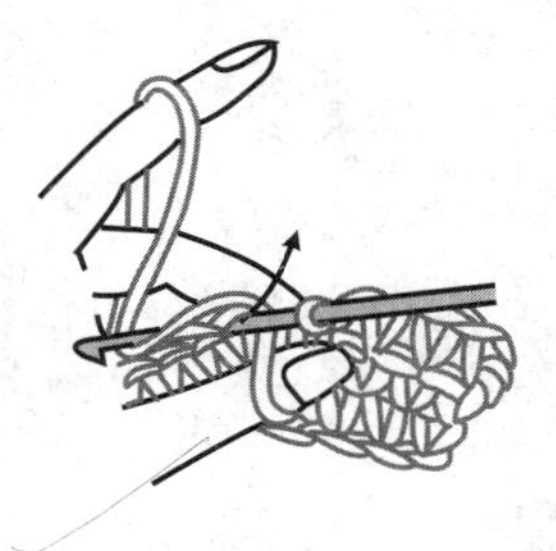

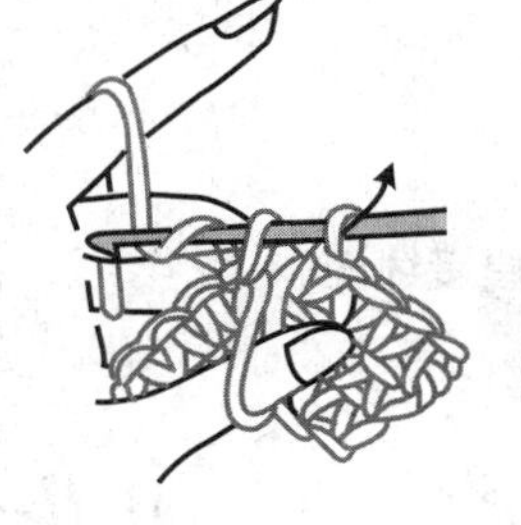

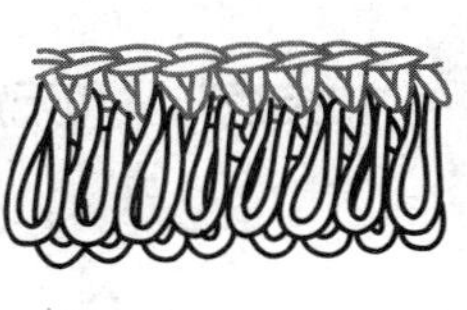

14 袖与正身手缝方法

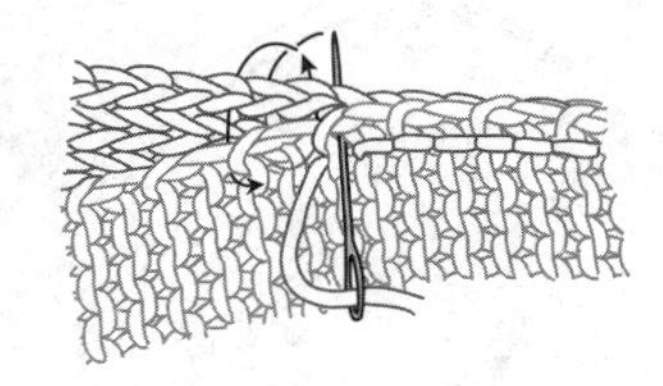

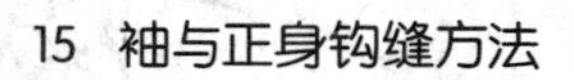

15 袖与正身钩缝方法

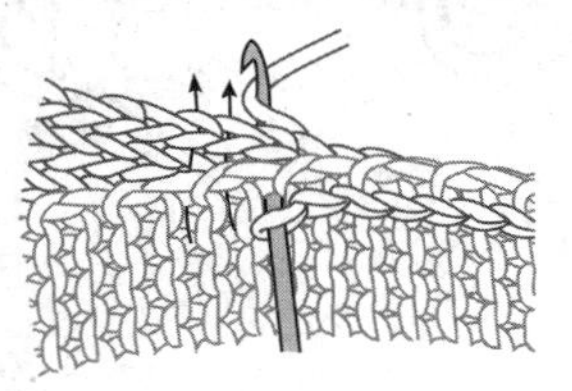

16 小球钩法和织法

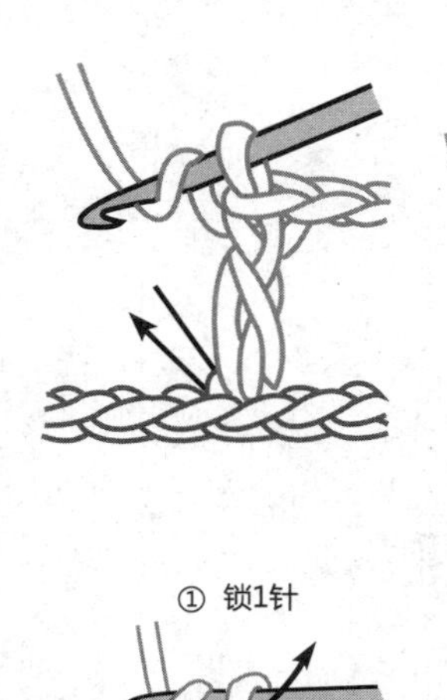

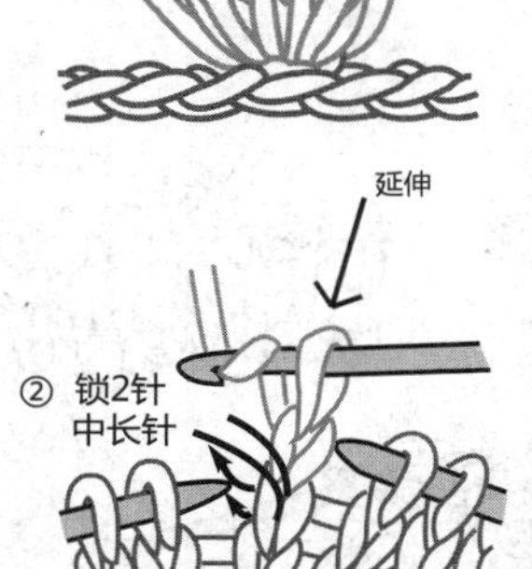

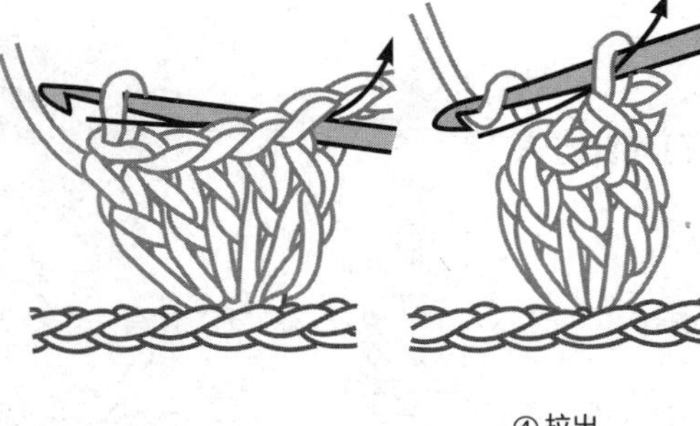

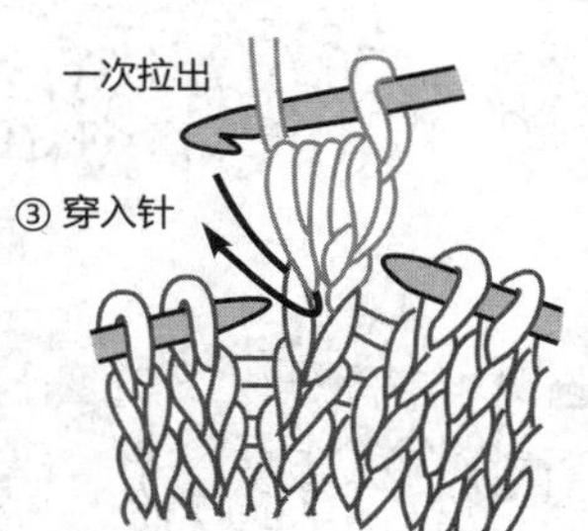

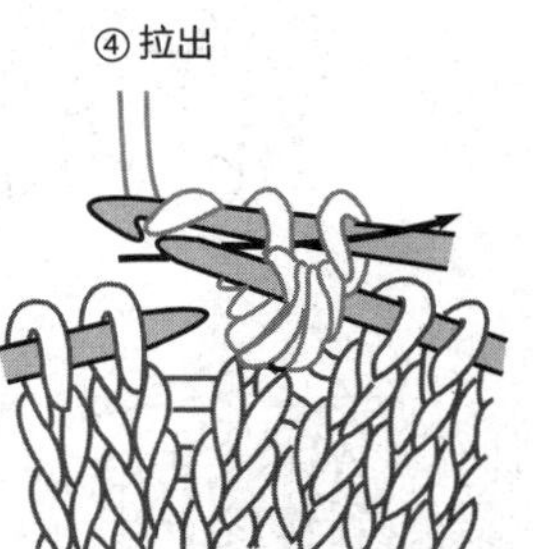

17 轮廓线绣法

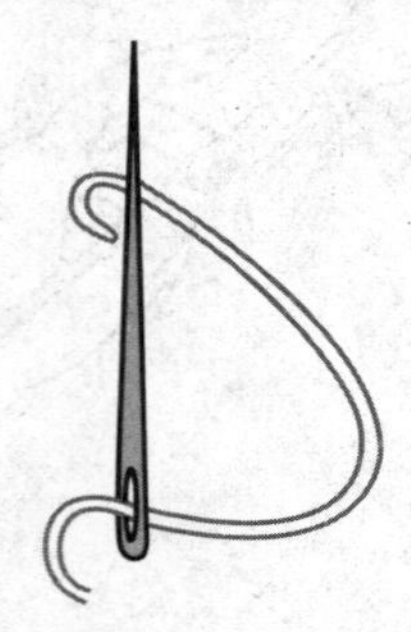
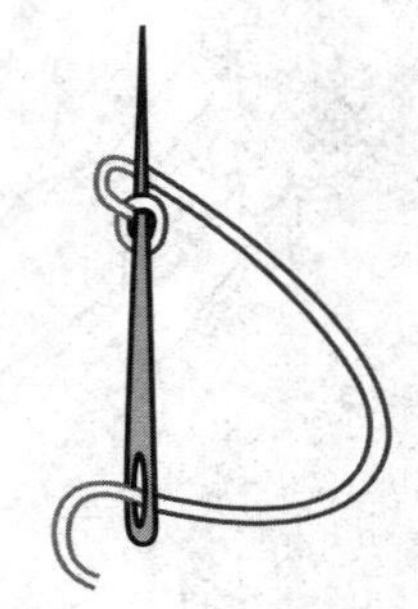

18 “文”字扣接线方法和无痕接线法

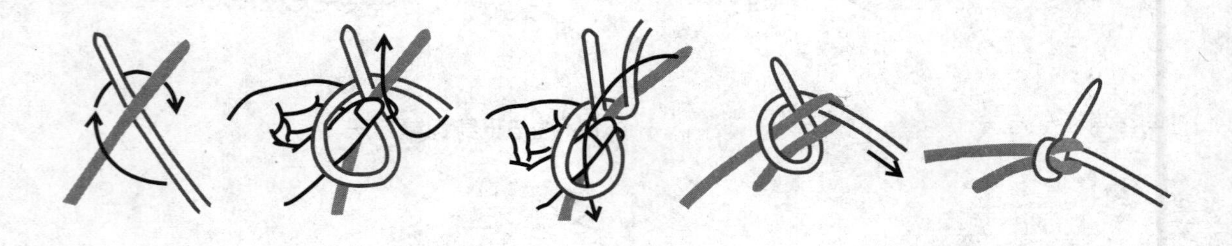

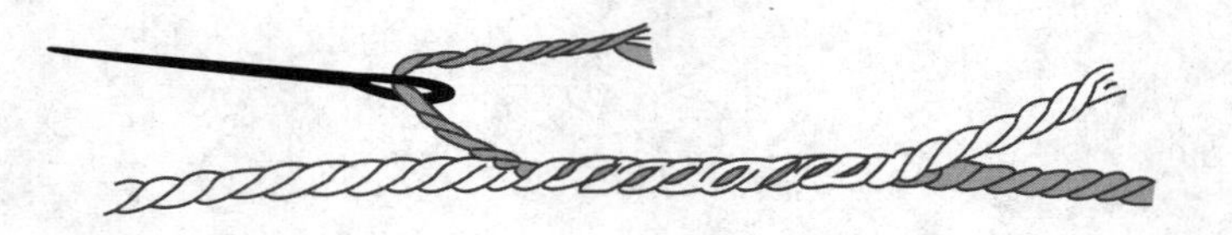

19 前领口减针方法

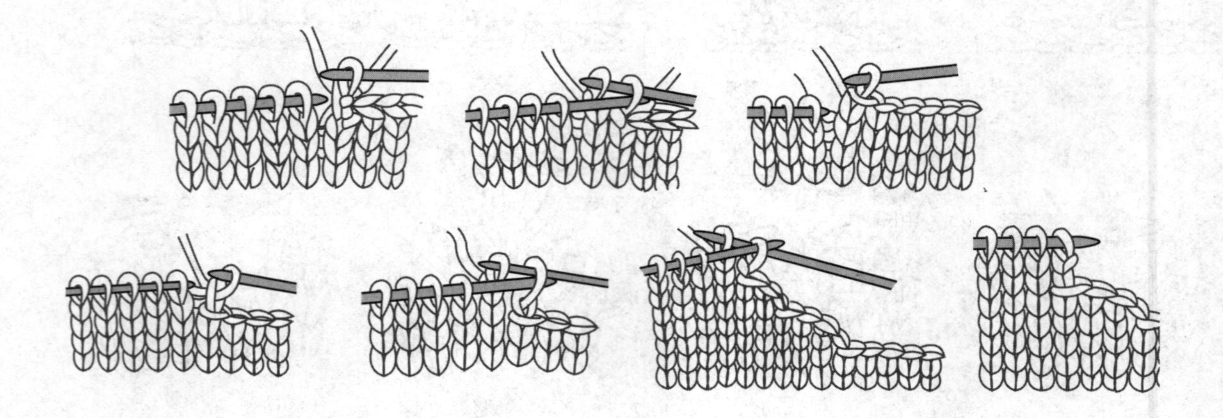

20 V领挑织方法

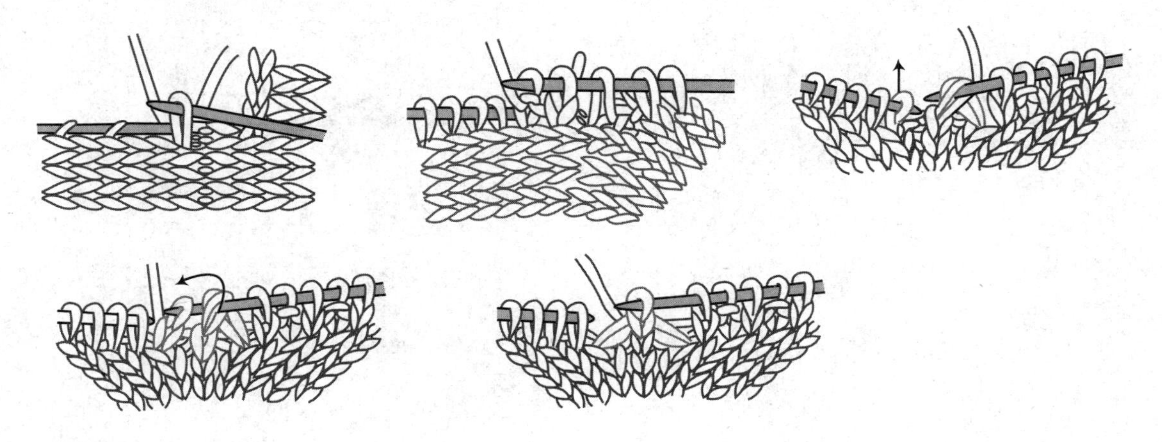

21 领角挑织方法

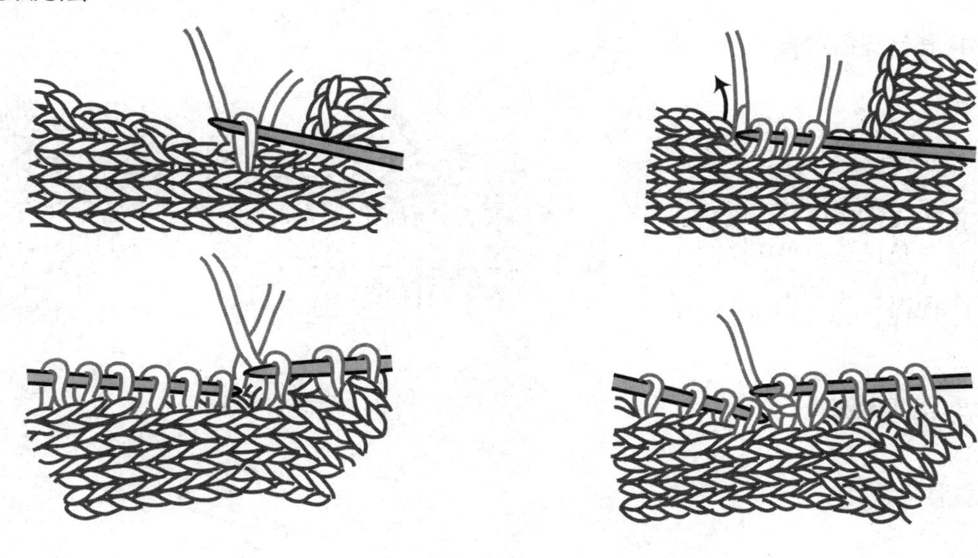

22 圆领挑织方法

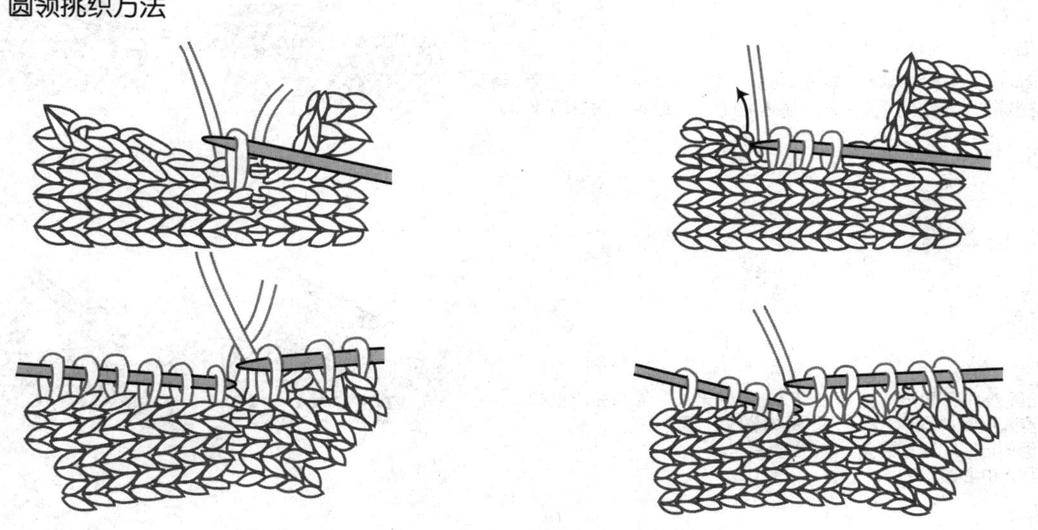

23 单罗纹变菱形缝法

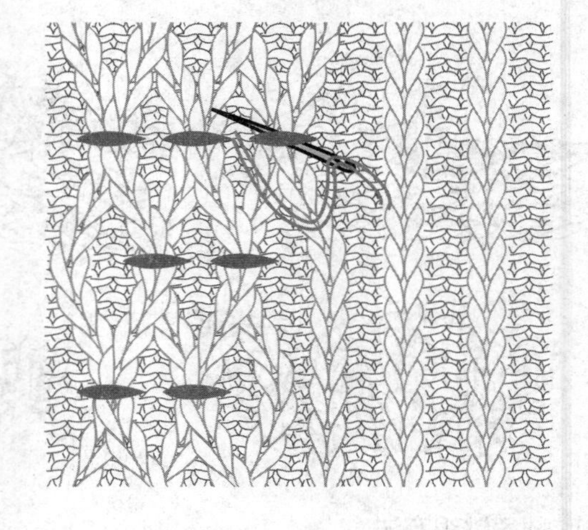

24 长针缝合方法

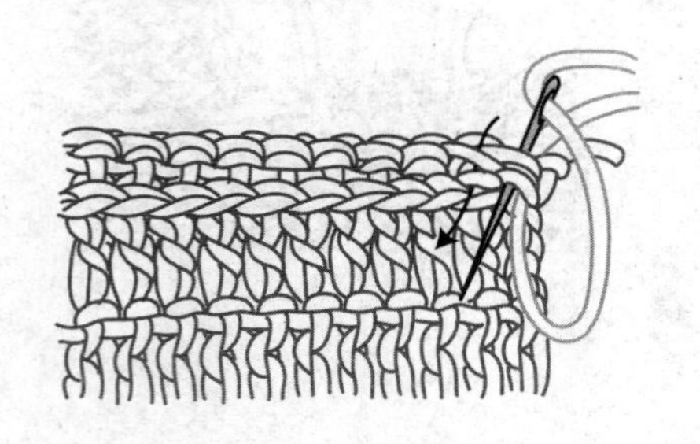

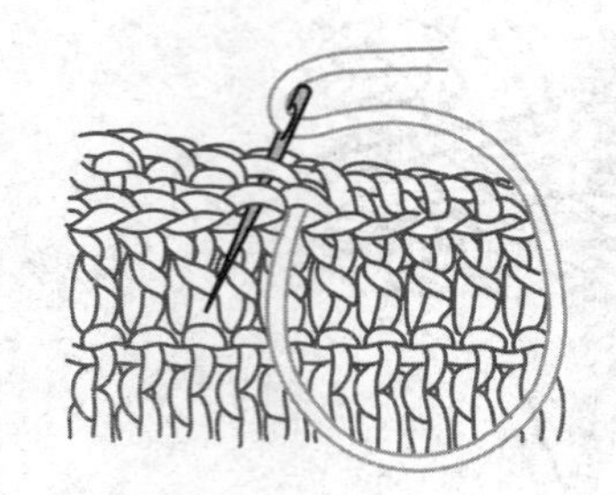

25 盘扣做法

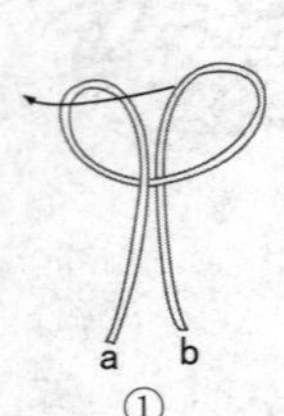

①
按图摆好小绳，然后将右圆穿入左圆内。

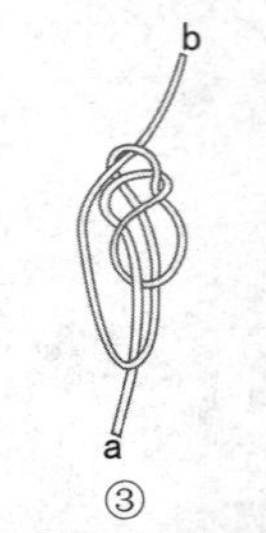

②
将左下b绳头穿入上圆内。

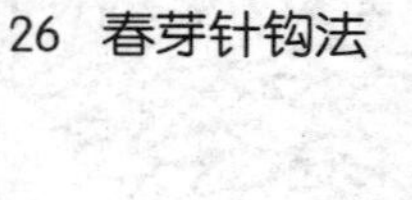

③
将原来左下位置b绳头穿入上圆后的效果。

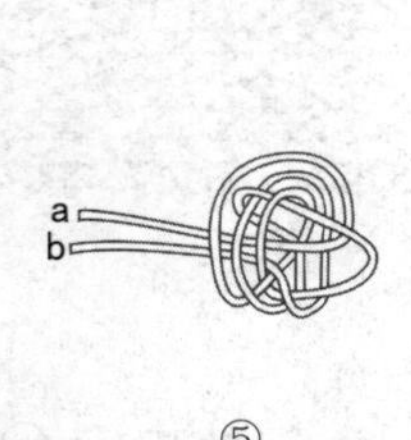

④
将b绳头向下围绕，然后穿入中间的圆内；将下面的a绳头向上围绕也穿入中心的圆内。

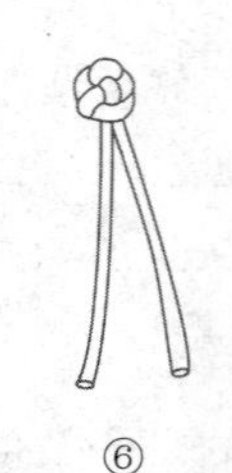

⑤
上下ab绳头穿入中间的圆后，再慢慢拉紧。

⑥
最后完成盘扣。

26 春芽针钩法

27 双罗纹收平边方法

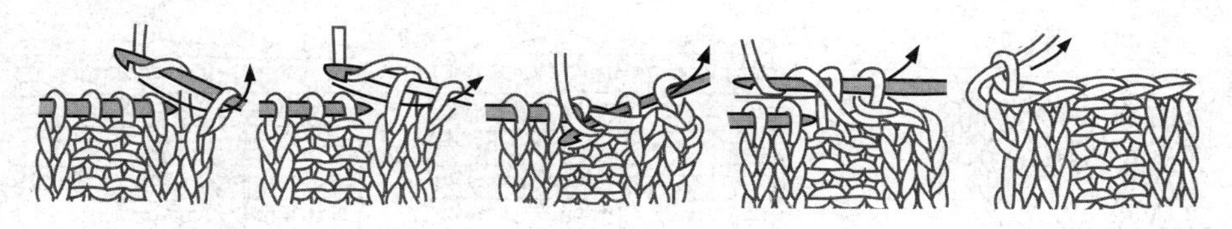

28 反针收平边方法

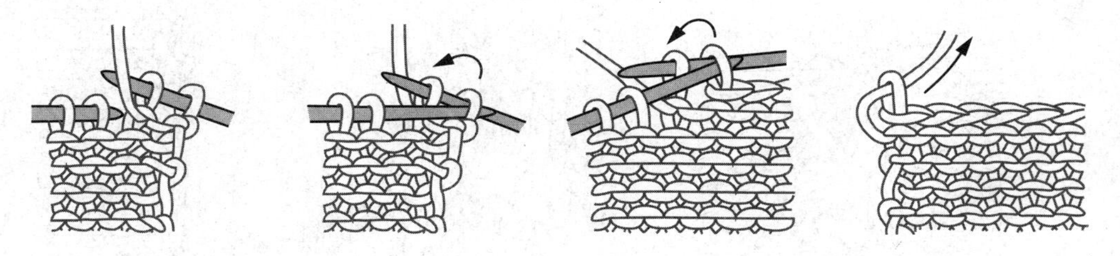

29 在1针中加出3针

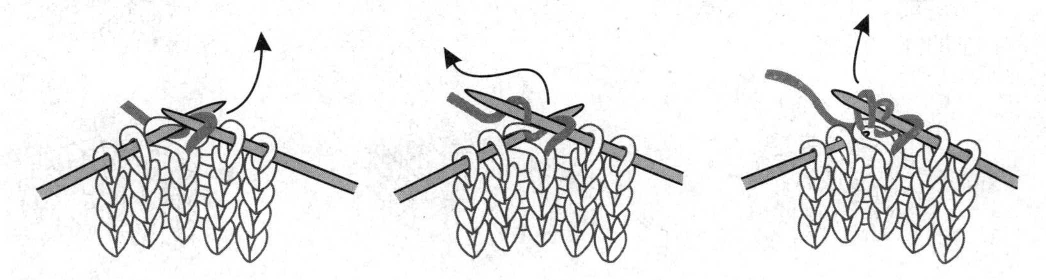

30 钩针收平边方法

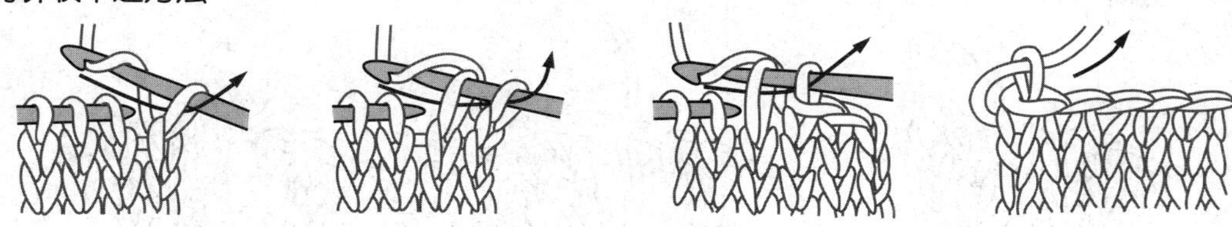

31 围巾边针织法

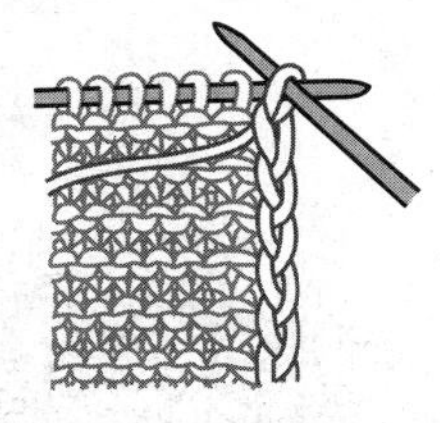

32 织错1针的补救方法

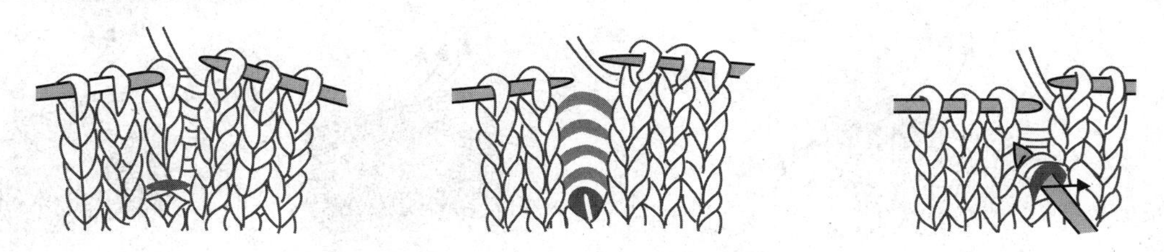

33 收线头方法

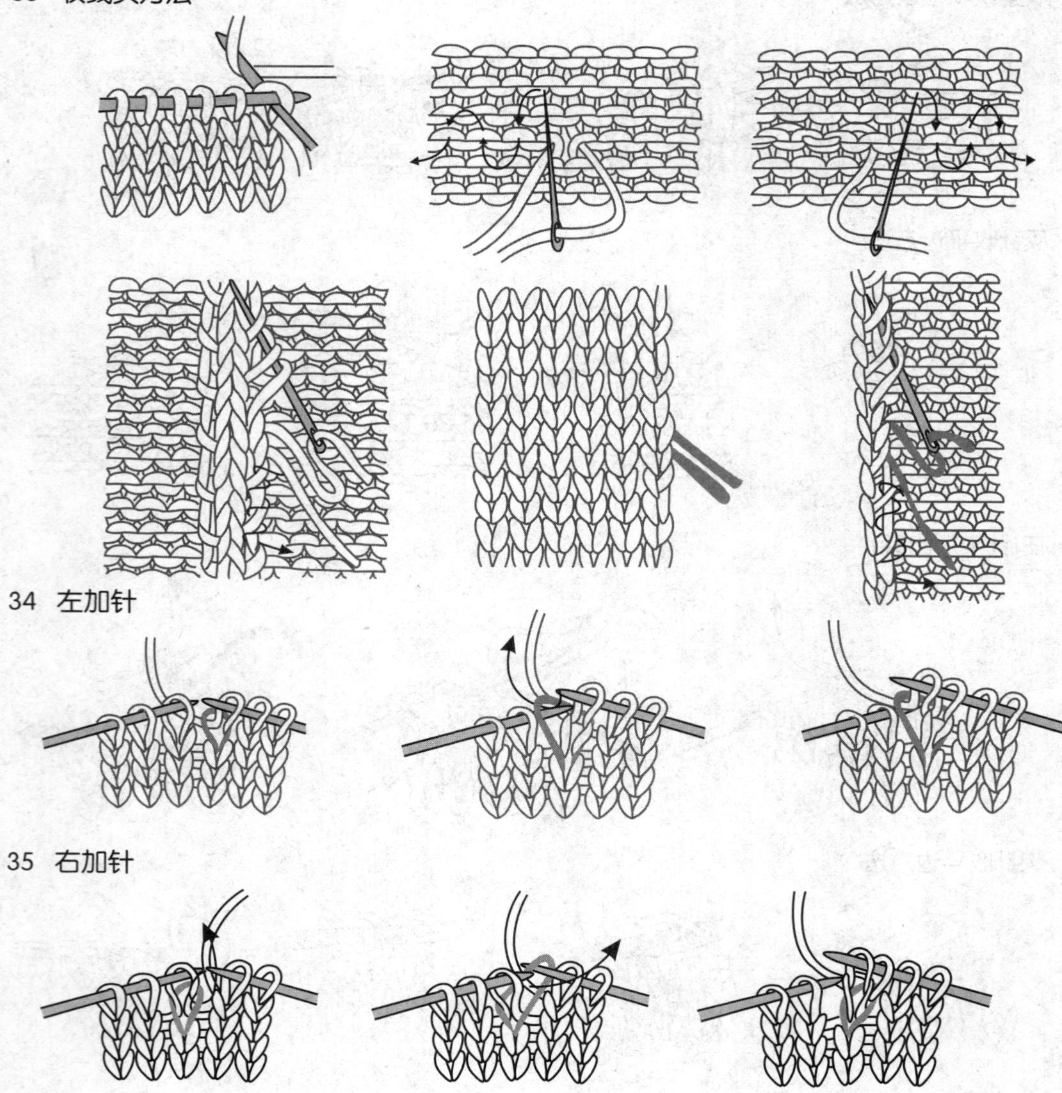

34 左加针

35 右加针

36 3针正针和1针反针右上交叉

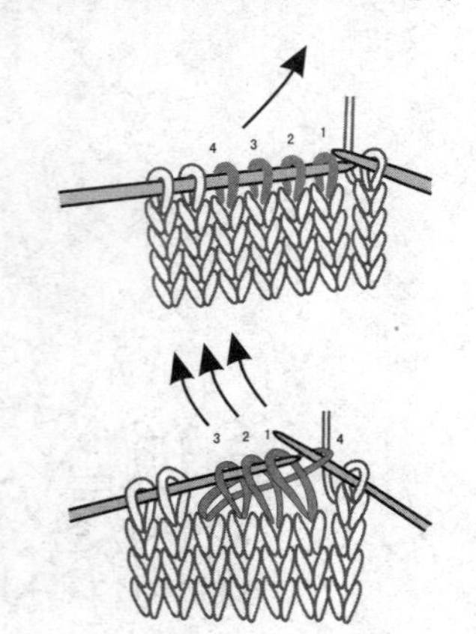

37 6针扭麻花方法

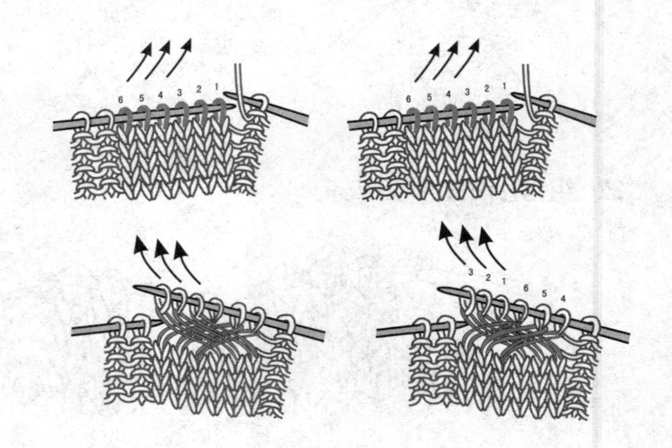

38　袖山减针方法

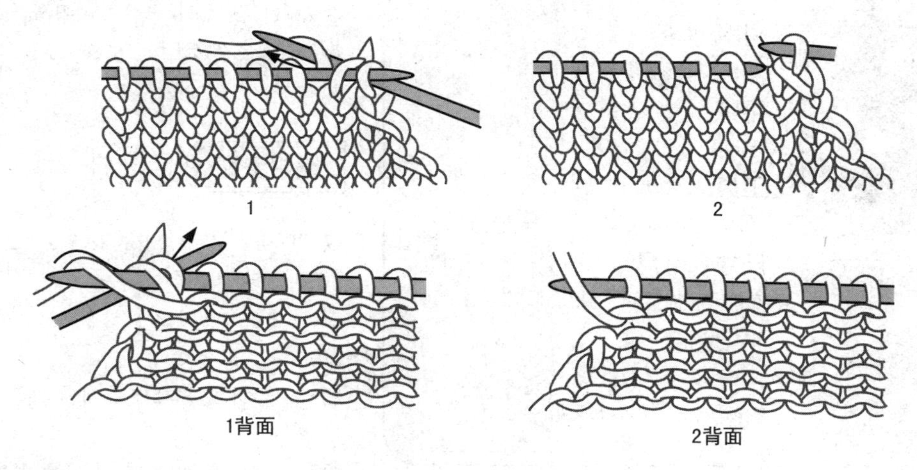

39　另一种减袖山方法

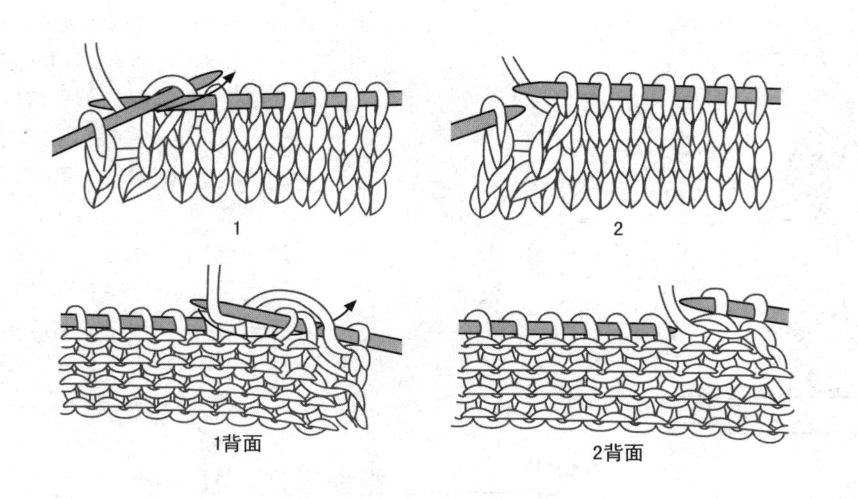

40　圆领减针方法

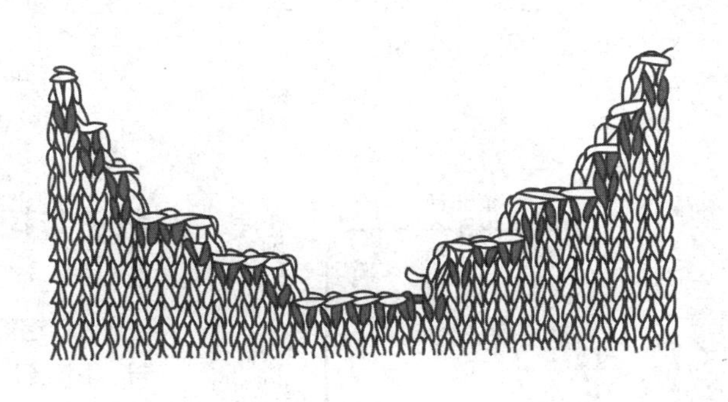

41　长钩针钩法

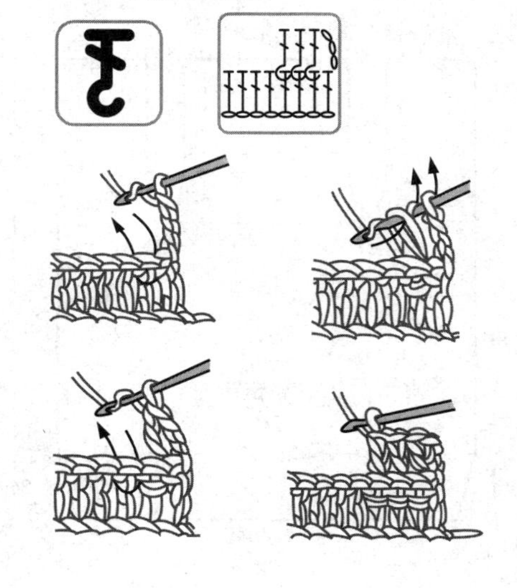

P4 滚边开衣

材料：
纯毛合股线手织线

用量：
650g

工具：
6号针　8号针

尺寸（cm）：
衣长65　袖长58　胸围72　肩宽22

平均密度：
10cm²=19针×24行
宽锁链针10cm²=16针×36行

编织简述：

从下摆起针后连前带后整个大片向上织，只减袖窿不减领口，前后肩头缝合后挑织帽子；然后按花纹织门襟条并侧缝合于帽边和门襟等处。最后将织好的袖子与正身缝合。

编织步骤：

❶・用6号针起84针，按排花往返向上织。同时在两侧隔1行加1针，共加10次。

❷・左右各加出10针，此时整片共104针按整体排花往返向上织。

❸・总长至38cm后减袖窿，①平收腋正中8针，②隔1行减1针减4次。

❹・领口不必减针，前后肩头各取8针缝合后，取后脖20针和左右领口10针串在一起，均匀加至60针后按帽子排花往返向上织帽片，同时在帽根正中2针的两侧隔1行加1针共加8次。整个帽片共76针往返向上织至28cm，在正中2针的两侧再隔1行减1针共减5次后，将帽片对折从内部缝合。

❺・另线起18针往返向上织罗纹麻花针，至200cm后收针形成门襟条，将门襟条的侧面与帽边、领口、门襟、后下摆处一圈整齐缝合。

❻・袖口用8号针起36针环形向上织15cm扭针双罗纹后，换6号针改织正针，同时在袖腋处隔11行加1次针，每次加2针，共加6次，总长至45cm时减袖山，①平收腋正中8针，②隔1行减1针减13次，余针平收，与正身整齐缝合。

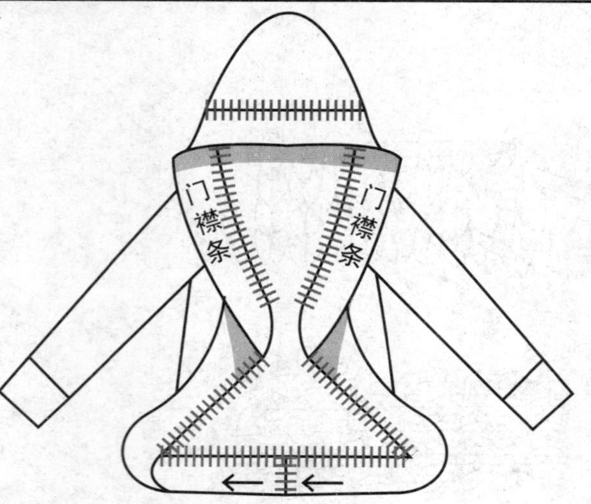

挑织帽片处

❹ ❹
10针 8针 8针 20针 8针 8针 10针
18cm
-4针 -4针 -4针 -4针
-8针 -8针
❸ ❸
左前 后 右前
26针 52针 26针
30cm
宽锁链针
❷
104针
+10针 +10针
6号针
8cm
整片起84针
❶

整体排花：104针

1	16	9	52	9	16	1
正针	小树结果针	正针	宽锁链针	正针	小树结果针	正针

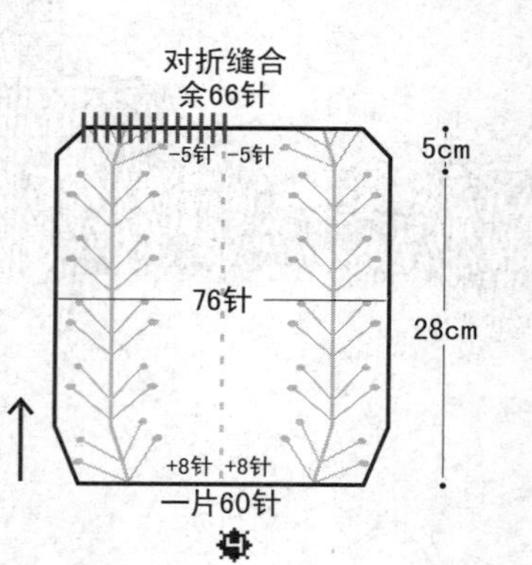

小提示：
织门襟条时，左侧的1正针行行织用于缝合；右侧的1正针第1针挑下，从第2针开始编织，此处为边沿。用这种方法可起到防止卷边的作用同时方便缝合。

帽子排花：60针

6	16	16	16	6
正针	小树结果针	正针	小树结果针	正针

门襟条：

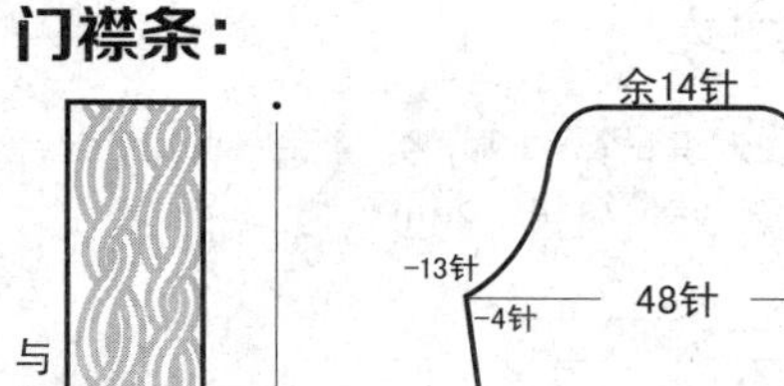

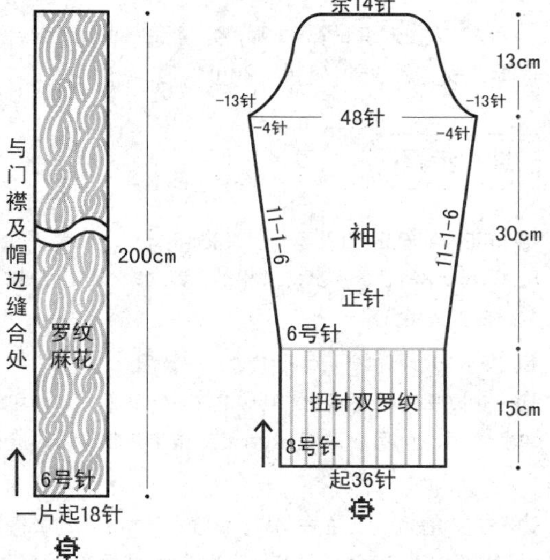

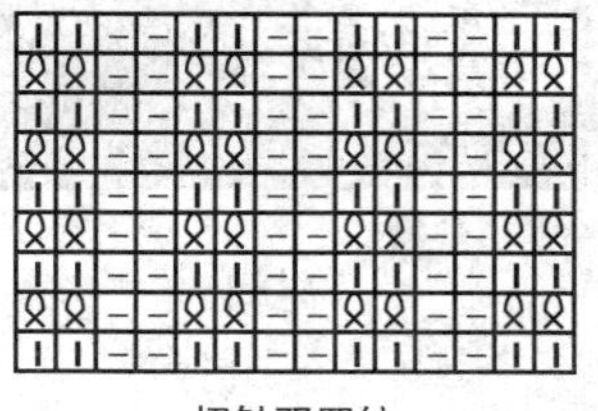

扭针双罗纹

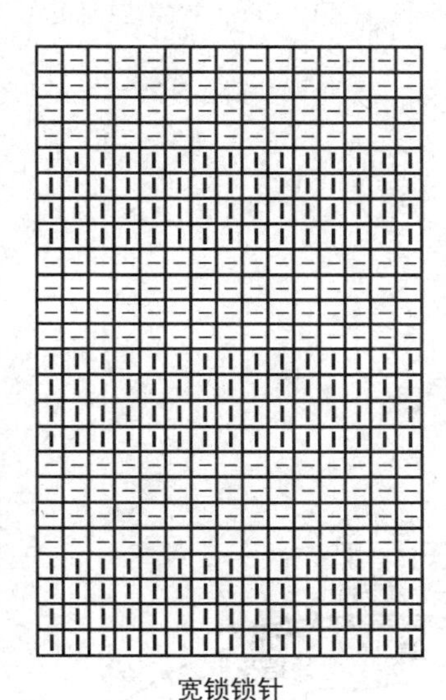

宽锁锁针

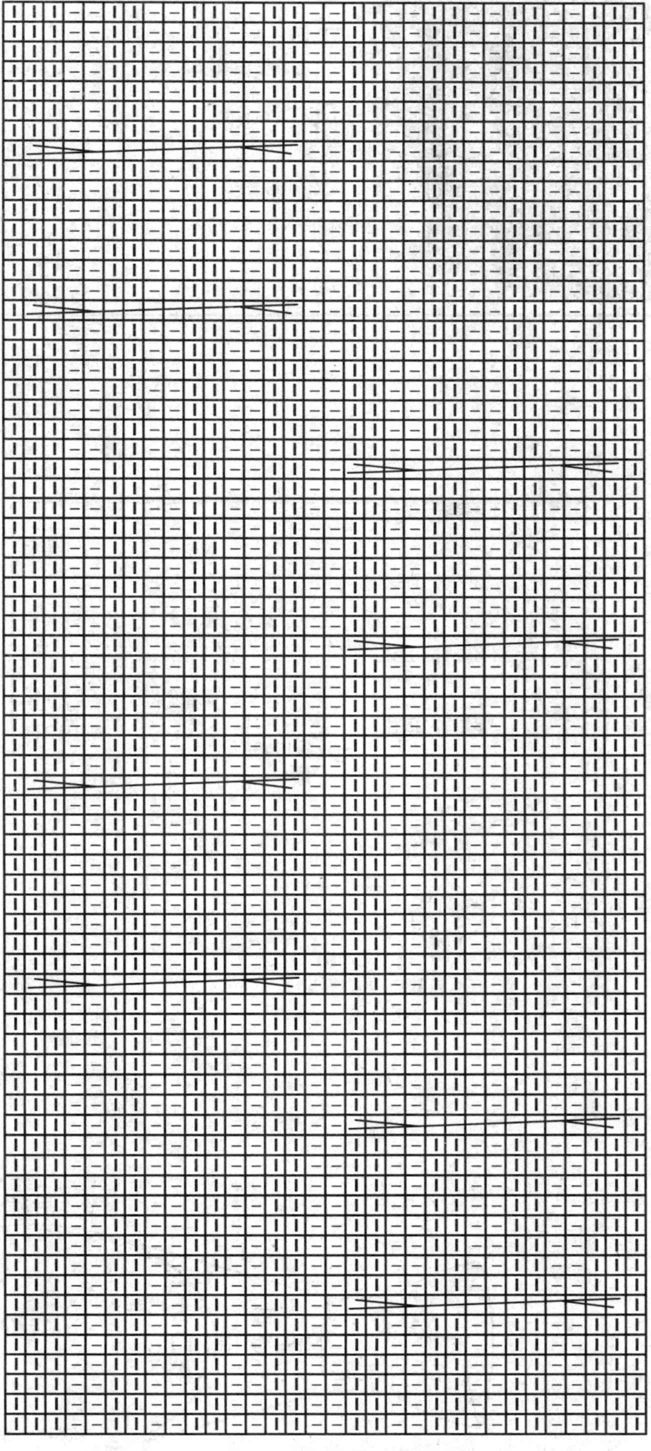

罗纹麻花

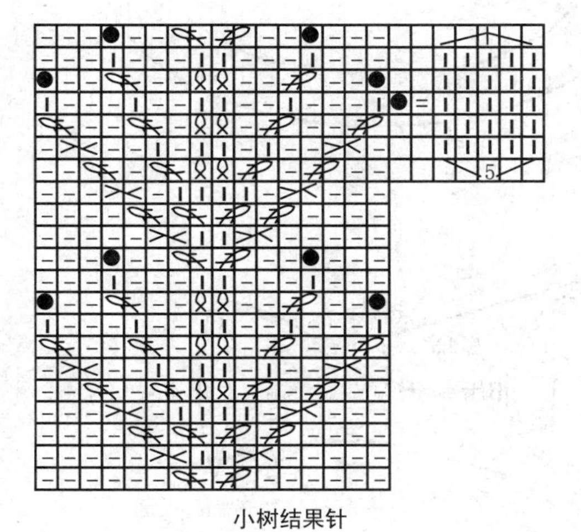

小树结果针

P6 红舞扇披肩

材料:
纯毛合股线

用量:
600g

工具:
6号针　8号针

尺寸(cm):
以实物为准

平均密度:
10cm²=19针×24行

编织简述:

按花纹往返织一个长方形，竖对折后各取12cm缝合形成两袖，最后挑织两个袖边和领边。

编织步骤:

❶·用8号针起160针往返向上织2cm正针后，换6号针改织8cm星星针，然后再换8号针织2cm正针，如此重复，总长至32cm时形成长方形。

❷·取长方形两侧各12cm缝合后形成披肩。

❸·在披肩两袖各挑出48针，用8号针环形织8cm扭针单罗纹后，换6号针改织12cm大铃铛花并收平边形成袖子。

❹·在披肩的后领、左右门襟、后腰一圈共挑出240针，用6号针环形织12cm大铃铛花针后收平边；然后在后脖位置再挑出53针，用6号针往返织12cm大铃铛花针后收平边，形成双层领。

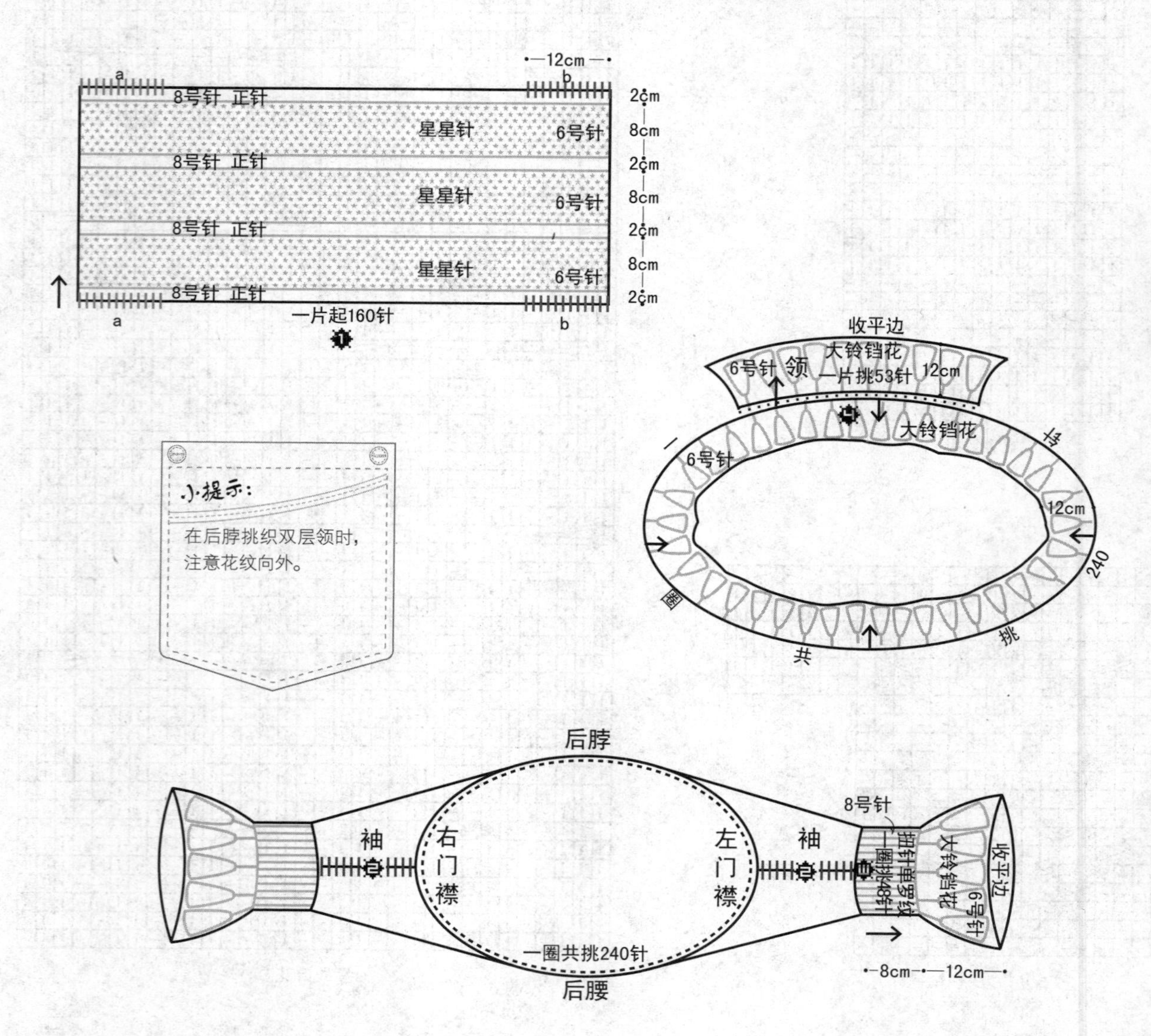

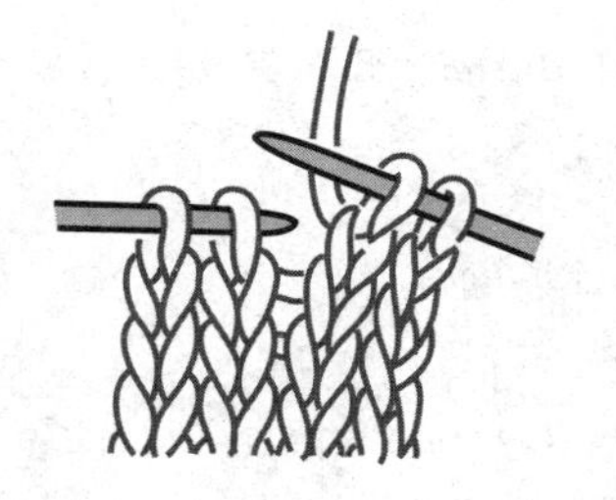
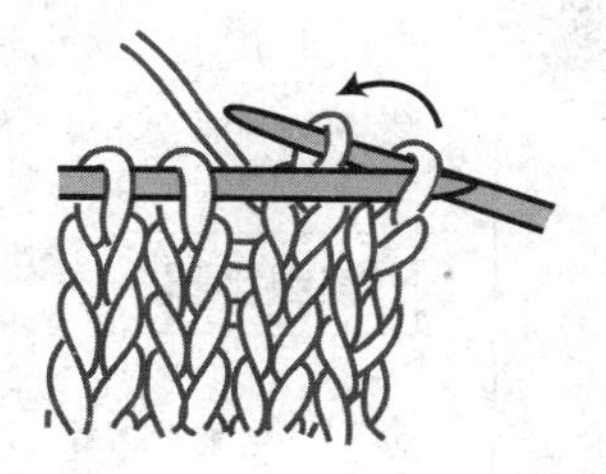
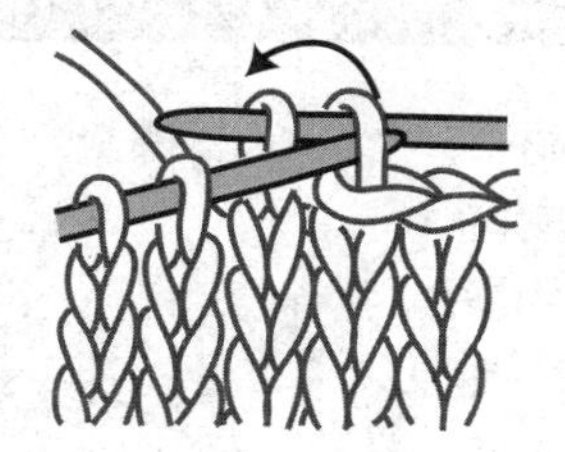
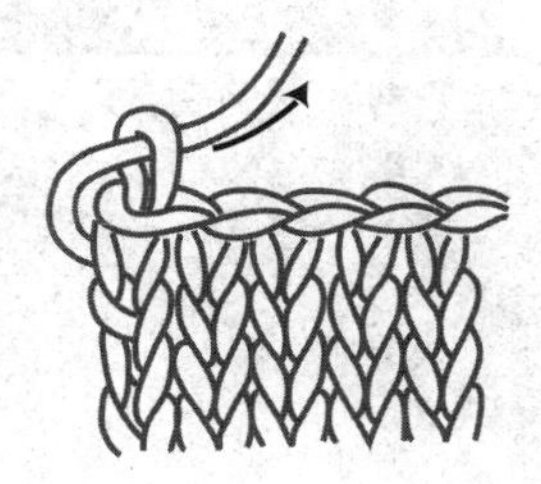

收平边的方法

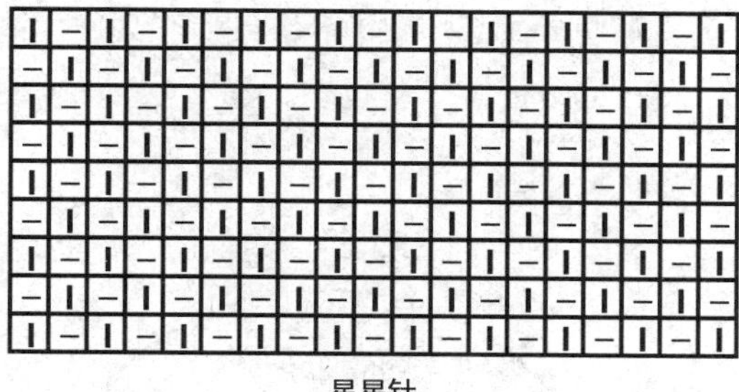

星星针

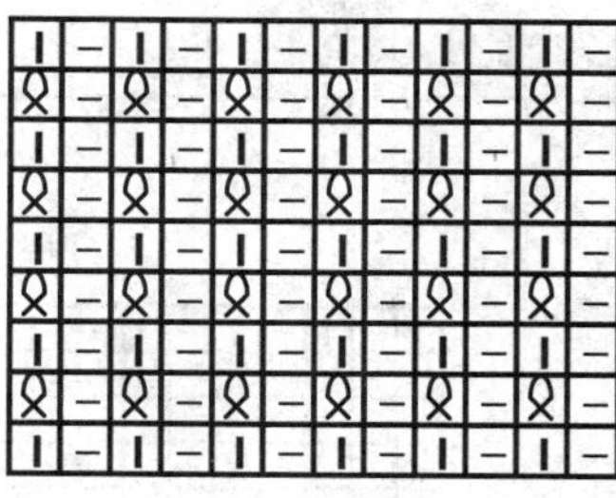

扭针单罗纹

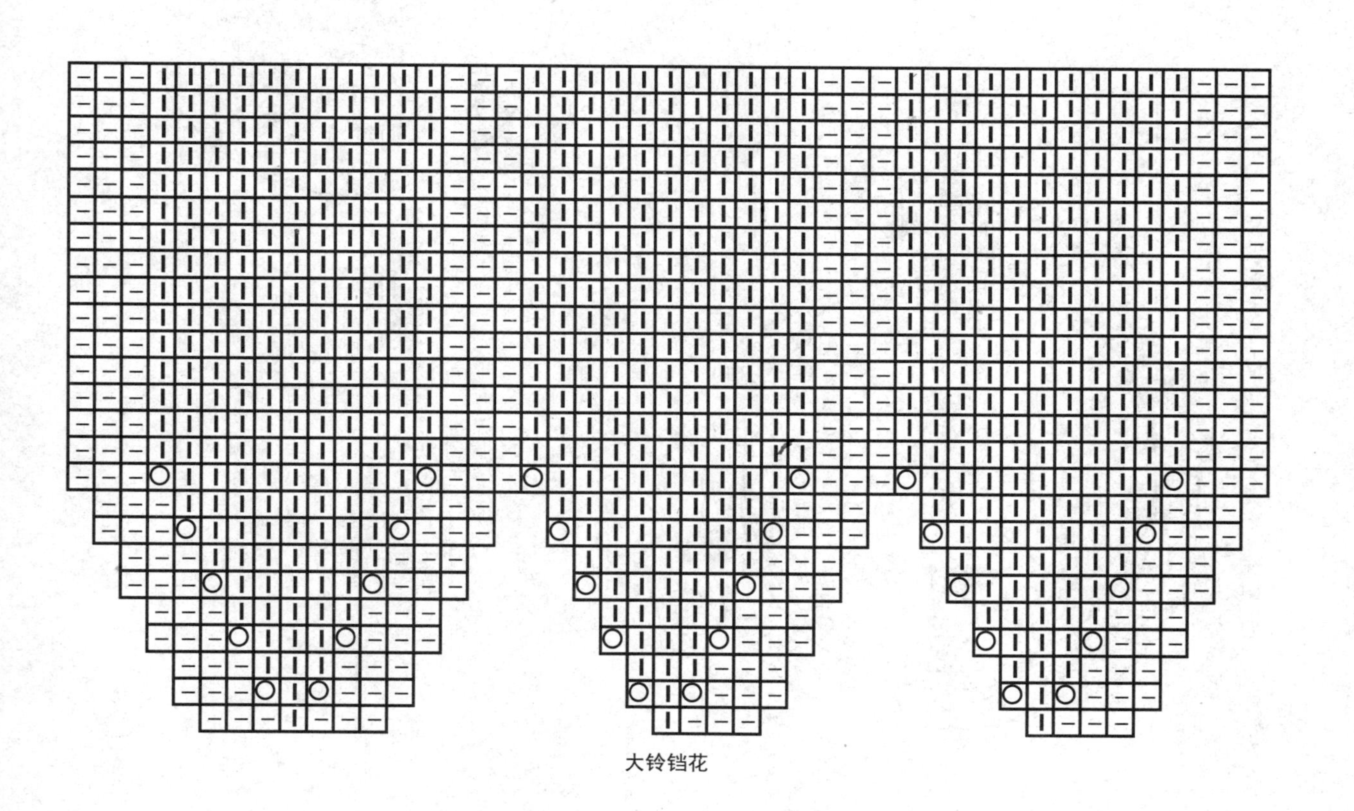

大铃铛花

P7 豆豆风车披肩

材料：
纯毛合股线

用量：
650g

工具：
6号针　8号针

尺寸（cm）：
以实物为准

平均密度：
$10cm^2$=19针×24行

编织简述：

从中心起针环形向四周加针织大圆片，完成两个圆片后不收针，按要求缝合两肩，最后挑织领子和下摆。

编织步骤：

1. 用6号针起16针向四周环形织球球针，每1针为1份，隔3行在每份内加1针，一圈同时加出16针，半径至28cm时完成圆片。
2. 按以上方法完成另一个圆片，两片不收针，相对按要求缝合两肩。
3. 用8号针将领口的88针环形向上织13cm扭针单罗纹后收机械边形成高领。
4. 用6号针在下摆处挑出200针环形织5cm铃铛花后松收平边。

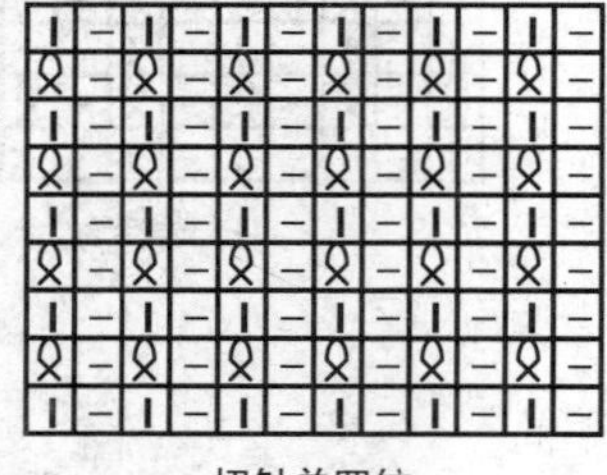

扭针单罗纹

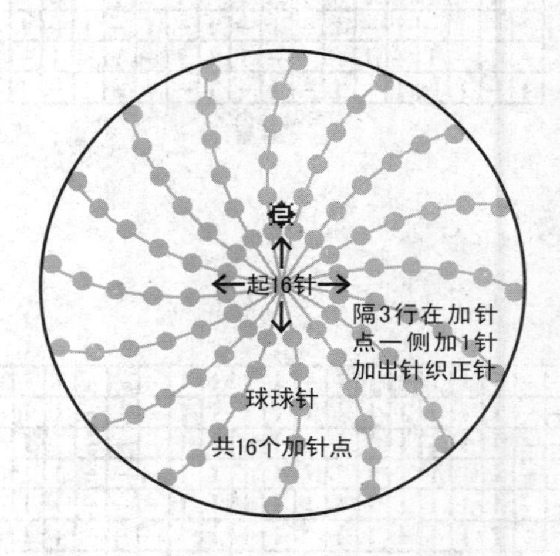

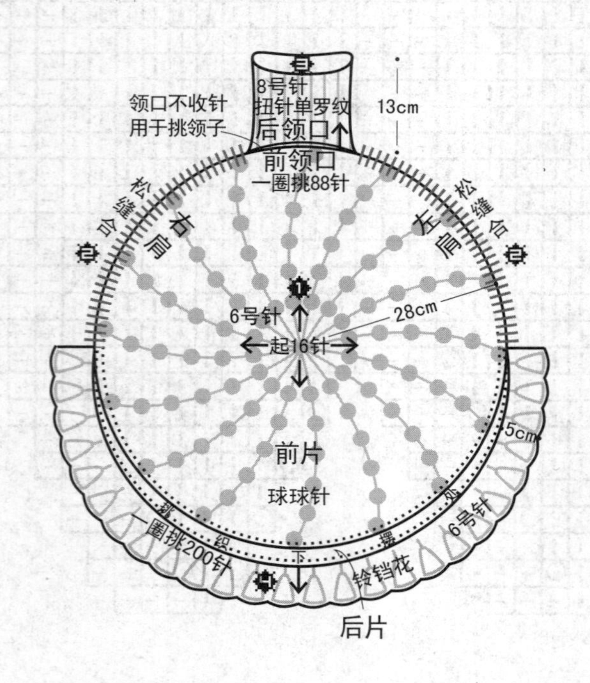

小提示：

中间起16针，每针为1份，在每份内规律加针向四周织形成圆片，球球在固定的一行内编织。

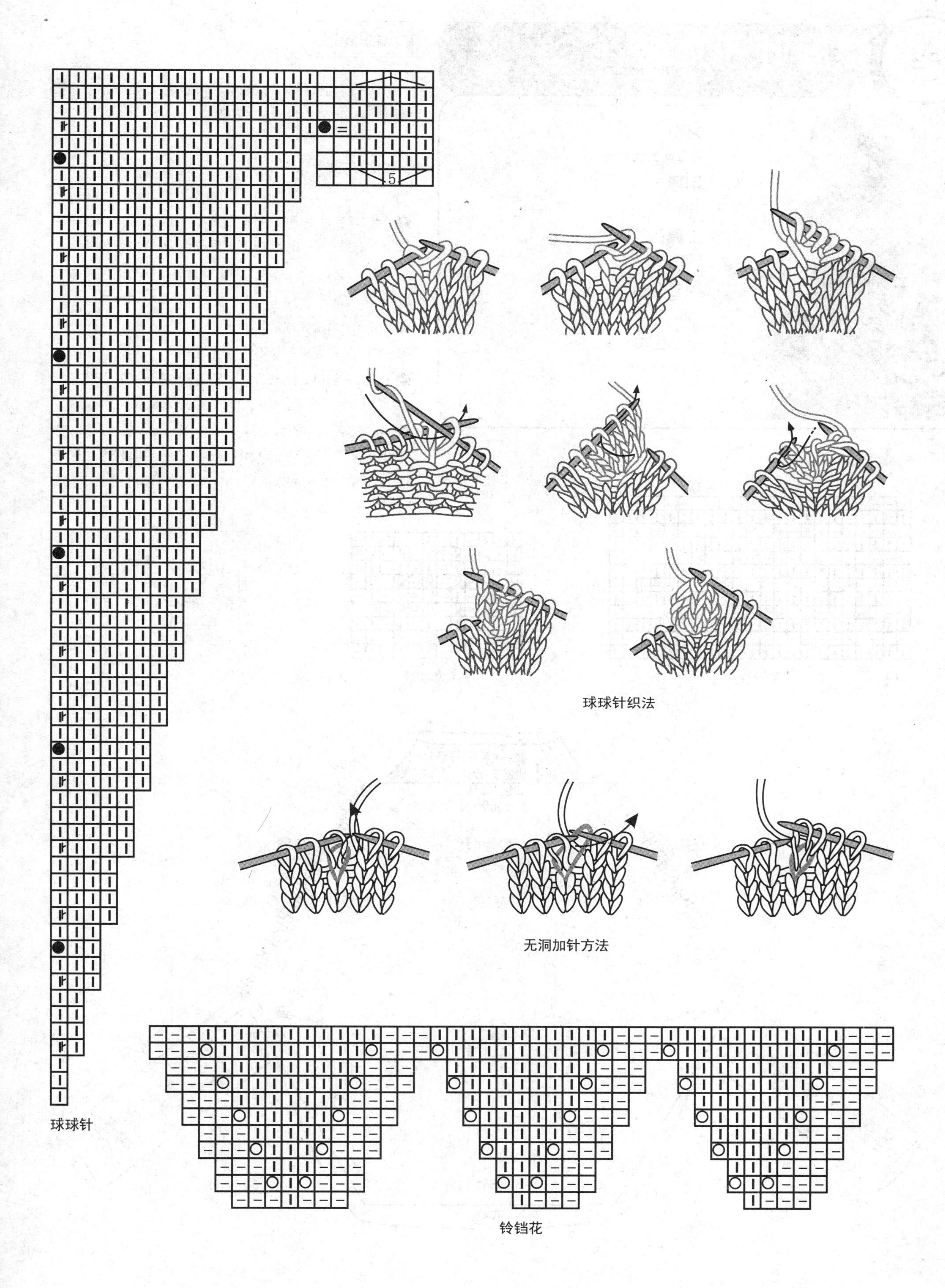

球球针织法

无洞加针方法

铃铛花

球球针

P8 螺旋叶子女装

材料：
高级防蛀混纺线

用量：
550g

工具：
6号针　8号针

尺寸（cm）：
以实物为准

平均密度：
10cm^2=19针×25行

编织简述：

从中间起针后向四周加针环形织两个六边形片，按要求缝合两肩，最后挑织领子和两袖。

编织步骤：

①·用8号针从中间起6针向四周织，每针为1份，隔1行在每份左右按规律加针，织20圈后改用6号针向四周编织。当每份加至58针时，改织2cm锁链针后松收平边形成六边形，此处为前片。

②·按以上方法完成后片。

③·前后片按要求各取58针缝合两肩。

④·从前后领口处挑出116针，第2行时减至88针，用8号针环形织10cm扭针单罗纹后收机械边形成高领。

⑤·从前、后片分别挑出24针合成48针，第2行时一圈减至32针，用8号针环形织36cm锁链横条纹针后收机械边形成袖子。左右两袖中间未挑针的部分共252针为下摆。

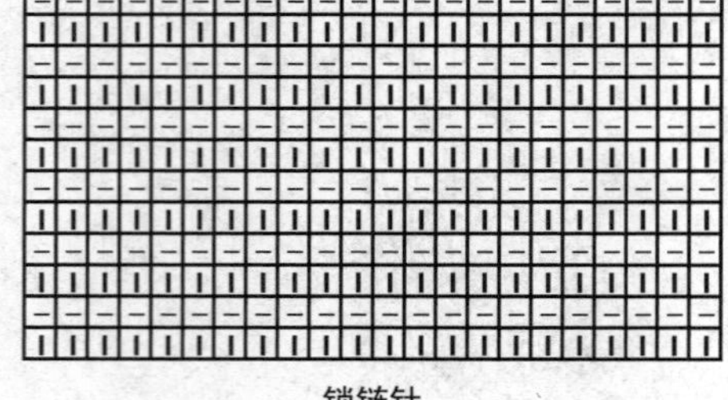

锁链针

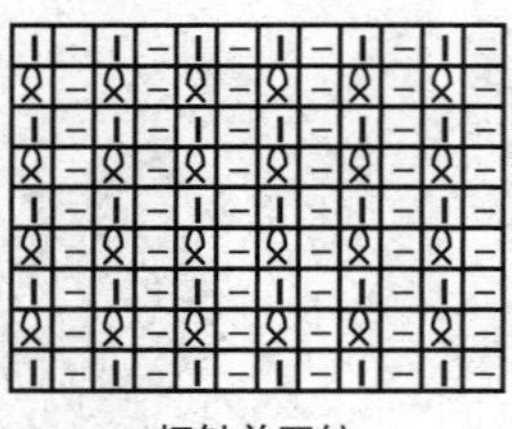

扭针单罗纹

小提示：

挑织两袖时，将原有的48针挑出，第二行时减至32针，注意只在反针行内减针，减针处整齐而精致。

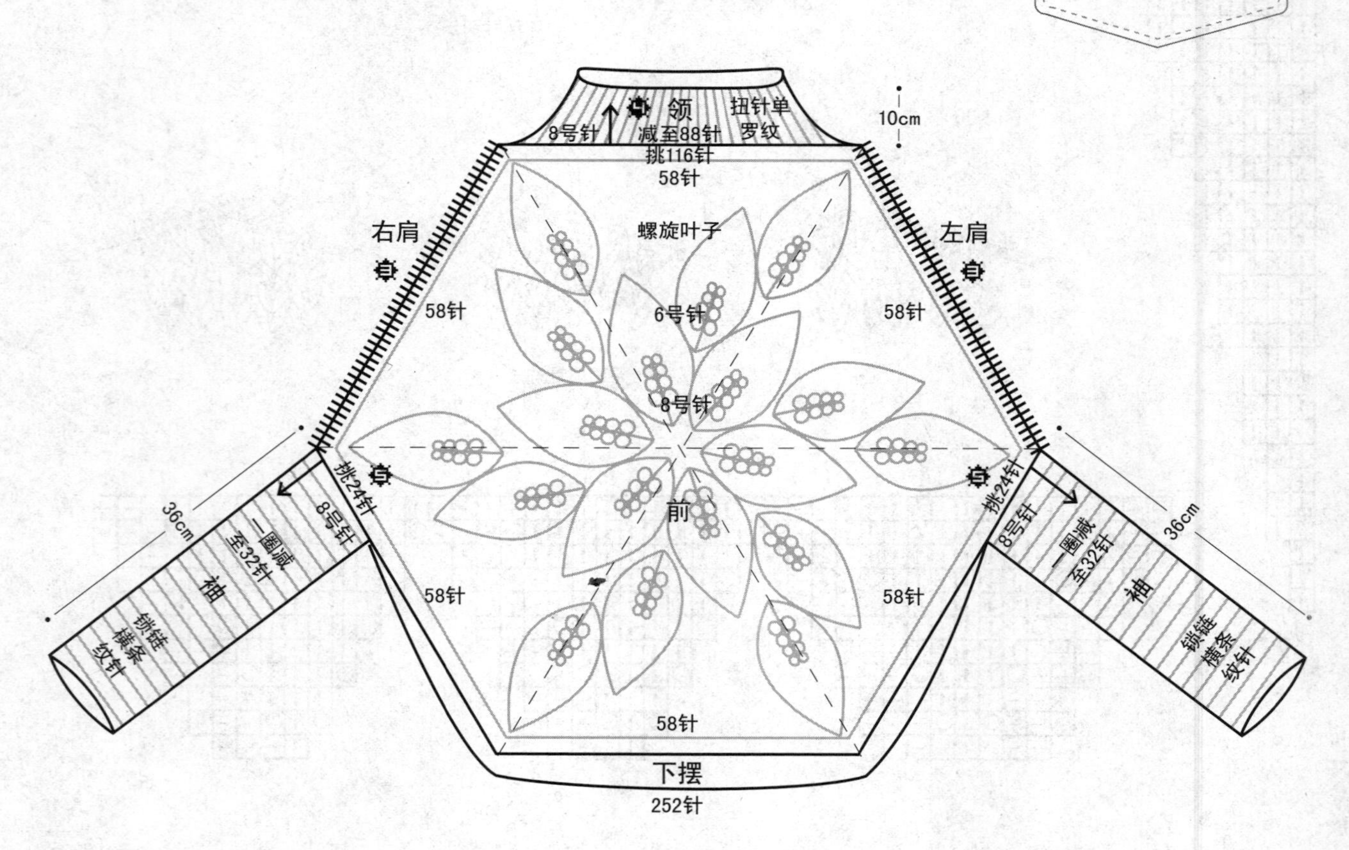

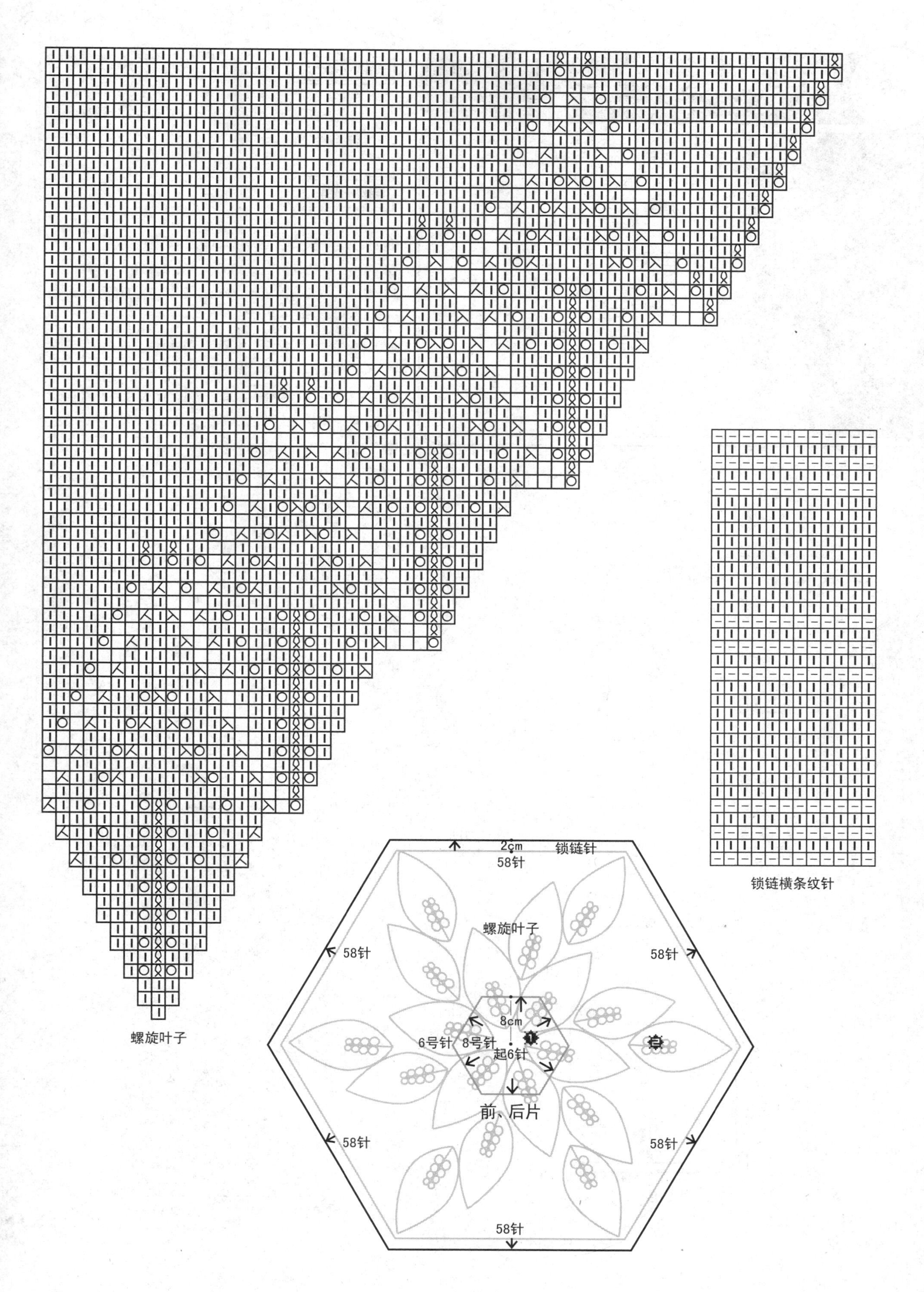
螺旋叶子
锁链横条纹针
2cm
锁链针
58针
螺旋叶子
58针
58针
8cm
6号针
8号针
起6针
前、后片
58针
58针
58针

P9 万头菊罩衫

材料：
棉纶合股线

用量：
450g

工具：
6号针　8号针　3.0钩针

尺寸(cm)：
以实物为准

编织简述：

起针后往返织后片，前片和两袖分别按花纹钩好后缝合，最后挑织袖口并钩领边。

编织步骤：

❶·后片用8号针起72针往返向上织2cm双罗纹针。

❷·换6号针往返向上织30cm正针后减袖窿，①隔1行减1针减3次，②隔3行减1针减3次，余针向上直织，袖窿高18cm时收平边形成后背片。

❸·用3.0钩针钩菊花一和菊花二并组合成前片，并在两肋缝合前后片。

❹·按花纹排列钩袖子并与正身缝合，最后从袖口挑出52针，环形织4cm双罗纹后收针。

❺最后用3.0钩针钩领边。

小提示：

注意"菊花二"各组间花瓣长度不同。

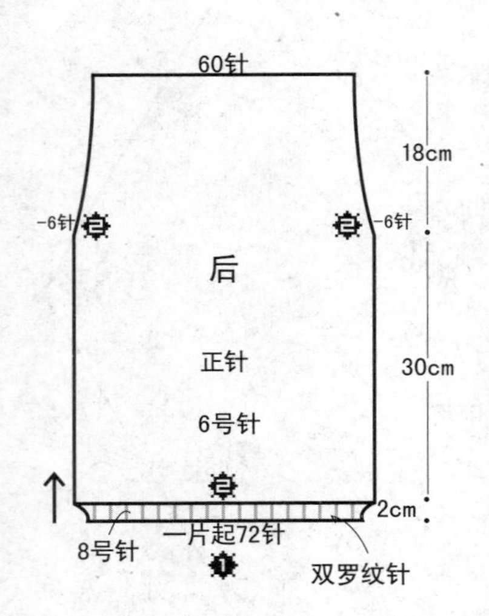

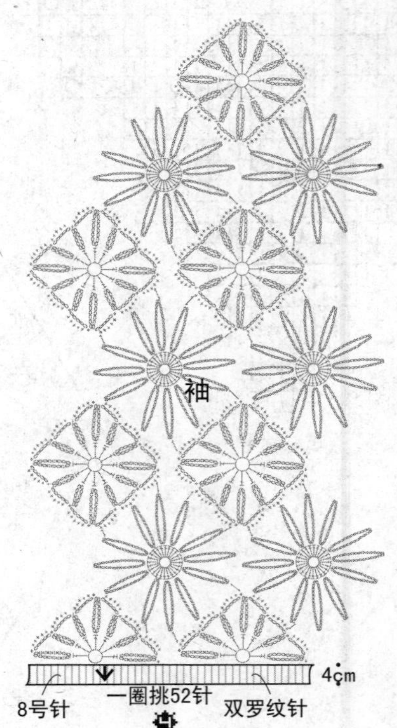

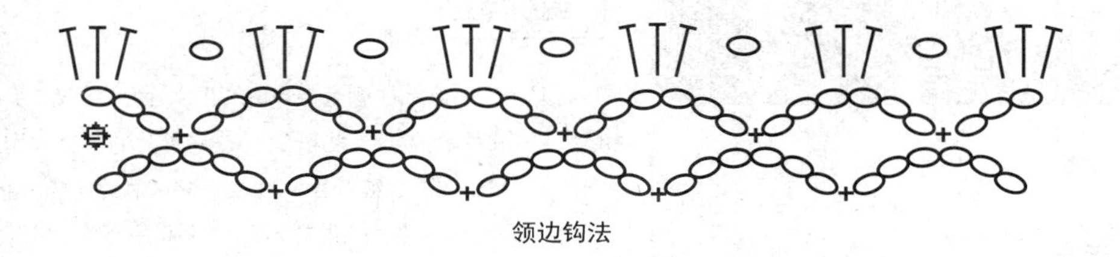

领边钩法

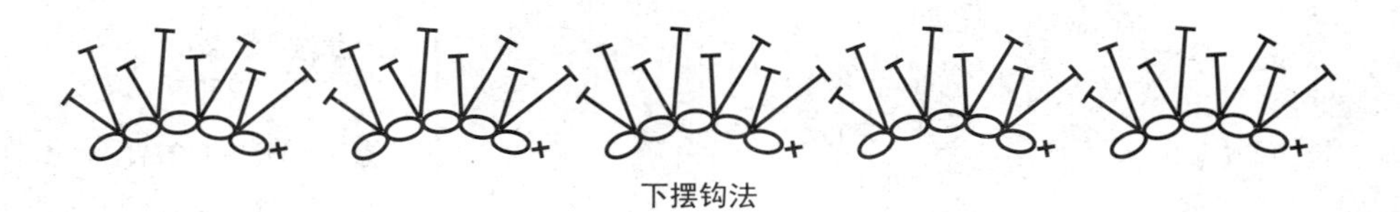

下摆钩法

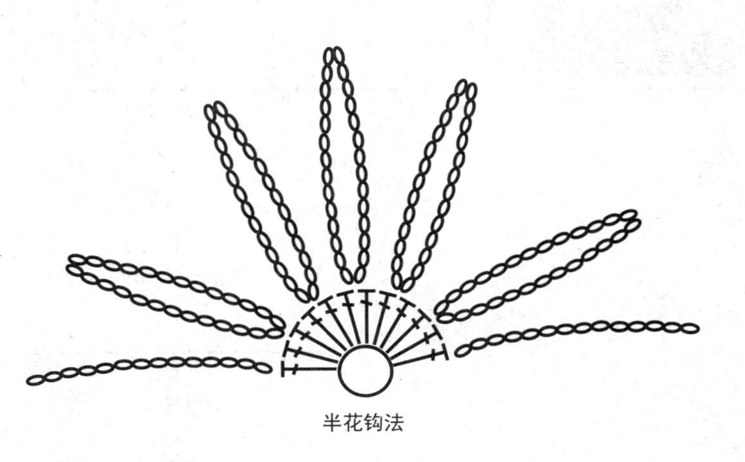

半花钩法

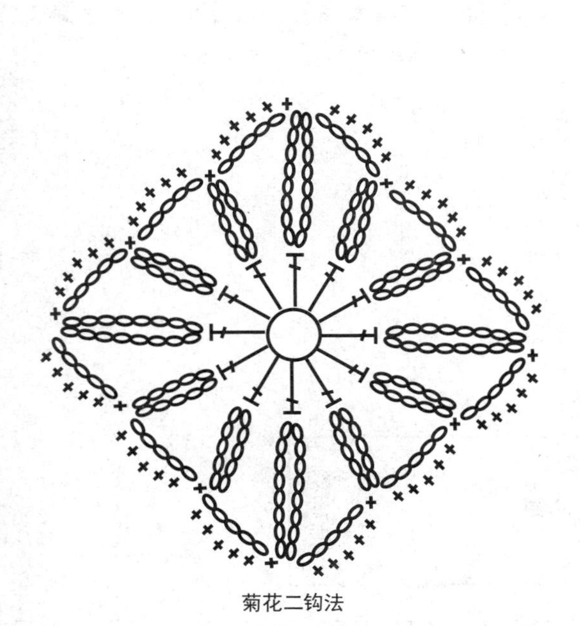

菊花二钩法

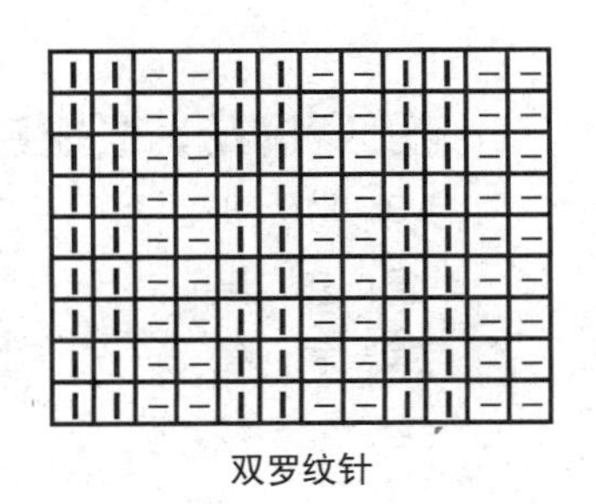

双罗纹针

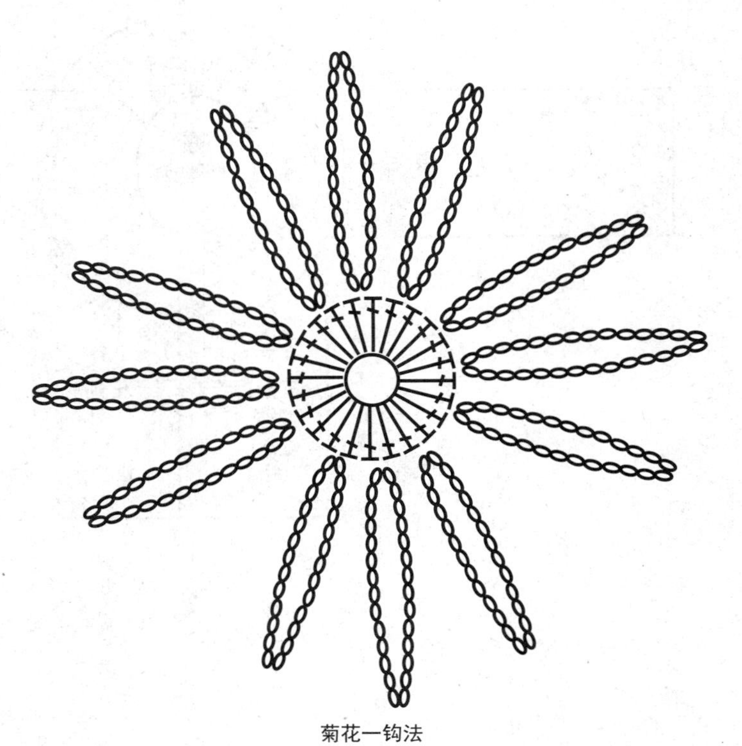

菊花一钩法

P10 拥肩球球开衣

材料：
纯毛合股线

用量：
600g

工具：
6号针　8号针

尺寸（cm）：
以实物为准

平均密度：
10cm²=19针×24行

编织简述：

从领口处起针往返织带开口的圆片，两肩各取32针串起待织，将后片的46针加至58针，左右前片的23针分别加至29针，然后在左右腋下各平加出8针将前后片连接，整个正身共132针合成大片往返向下织。最后将肩部待织的32针与正身腋部平加的8针串起，合成一圈环形向下织袖子。

编织步骤：

❶・用6号针起84针，每组7针，共分12组往返织锁链球球针。隔3行在每份内加1针，总长至14cm时形成有开口的中空圆片。

❷・正身按图分针并均匀加针，同时在两腋各平加8针，正身一整片合成132针用6号针按排花往返向下织25cm后，换8号针将中间的116针正针改织扭针双罗纹，星星针不变，至13cm后收机械边形成下摆。

❸・两袖各余32针，在正身腋下平加的8针位置再挑出8针，合成40针用6号针环形向下织正针，总长至32cm后，改织14cm锁链球球针并收平边形成袖口。

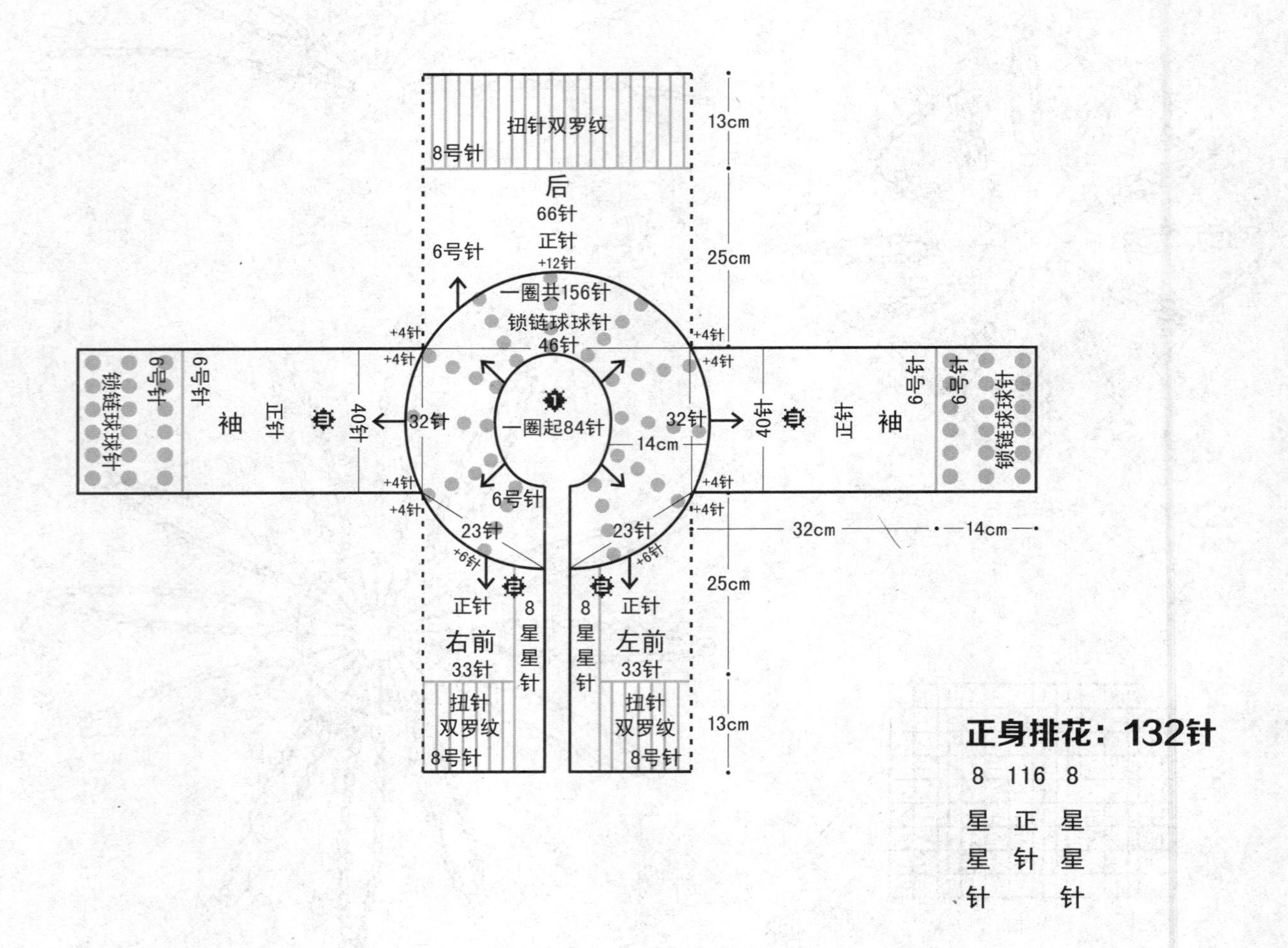

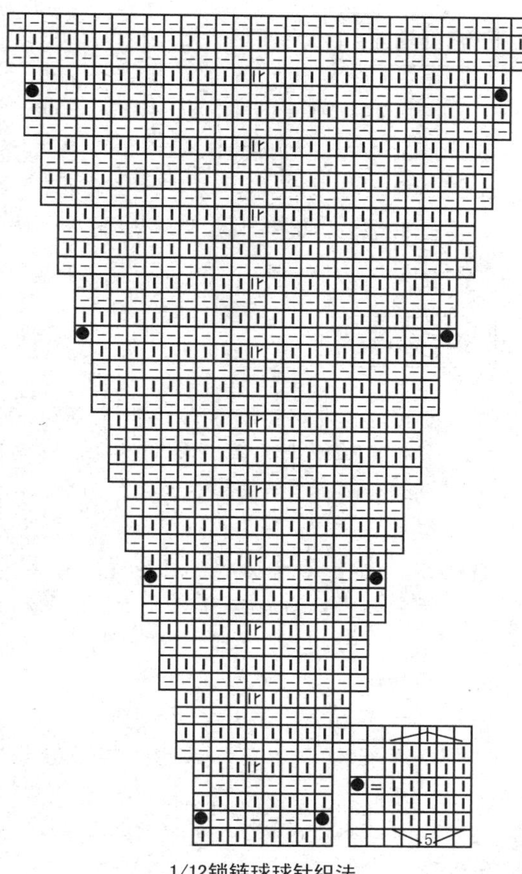

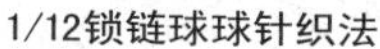

1/12锁链球球针织法

扭针双罗纹

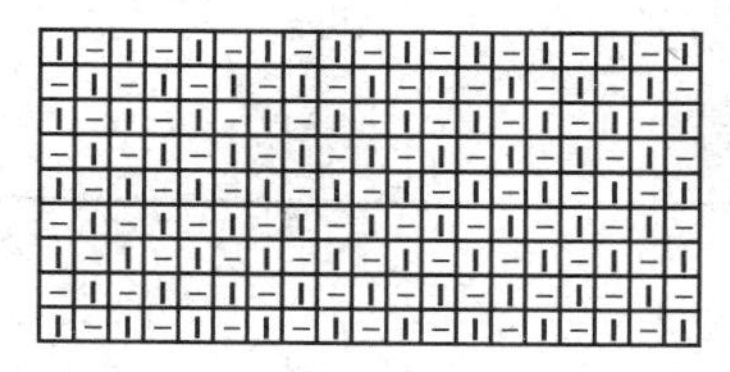

星星针

小提示：

完成带开口的中空圆片后分针，分针时注意，两肩不加针，只在前后片均匀加针。

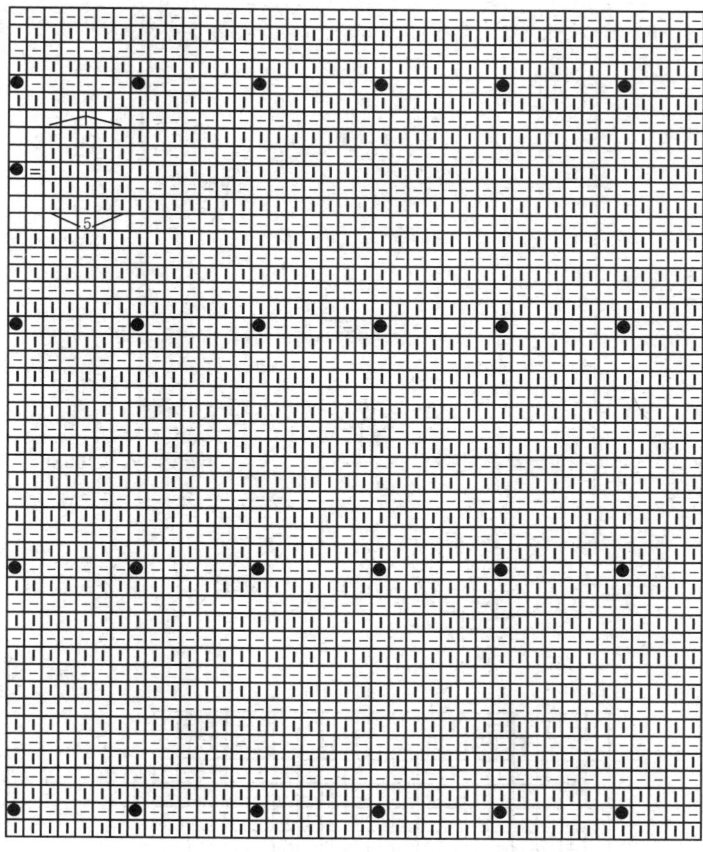

袖口锁链球球针织法

P11 双生儿披肩

材料:
纯毛合股线

用量:
600g

工具:
6号针

尺寸(cm):
以实物为准

平均密度:
$10cm^2$=17针×26行

编织简述:

从小羊的嘴起针后往返向上织，在两侧规律加针形成小羊的头部，然后在两侧平加针向上织小羊的身体，相应长后另线起针织第二只小羊，然后两个串在一起往返向上织，最后再分两片，尾部收针后，分别挑织四肢和耳朵，并缝好眼睛。

编织步骤:

❶·用6号针浅色线起12针往返向上织锁链针同时在两侧加针，①隔1行加3针加1次，②隔1行加2针加2次，③隔1行加3针加1次。整片共32针往返向上织至11cm后形成小羊的头部。

❷·在头的两侧各平加出10针，合成52针往返向上织10cm绵羊圈圈针后，再织10cm星星针。按此方法完成另一小羊的头部，两个小羊共104针合成大片往返交替向上织绵羊圈圈针和星星针。

❸·大片向上织50cm后，再次分两片向上织，每片52针，同时在两侧隔1行减1针共减18次，余16针平收形成小羊的尾部。

❹·分别从减针处挑出9针，用6号针浅色线往返织12cm锁链针后，换深色线再织3cm并收针形成小羊的腿。

❺·用两个扣子缝在小羊头部相应位置作为眼睛。

❻·用6号针浅色线在小羊头上方挑出10针环形织13cm正针后收成1针从内部拉紧系好形成小羊的耳朵。

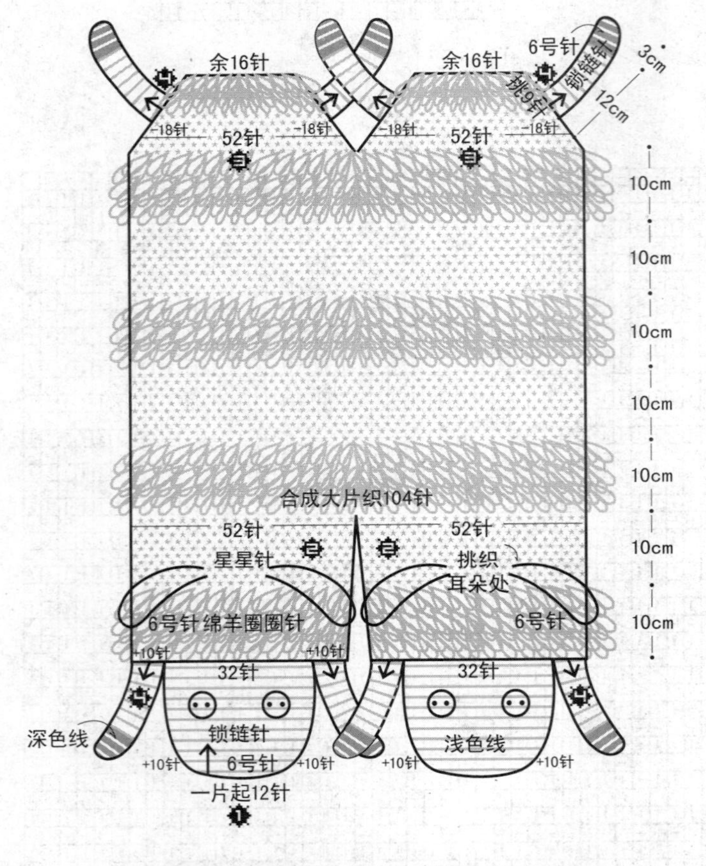

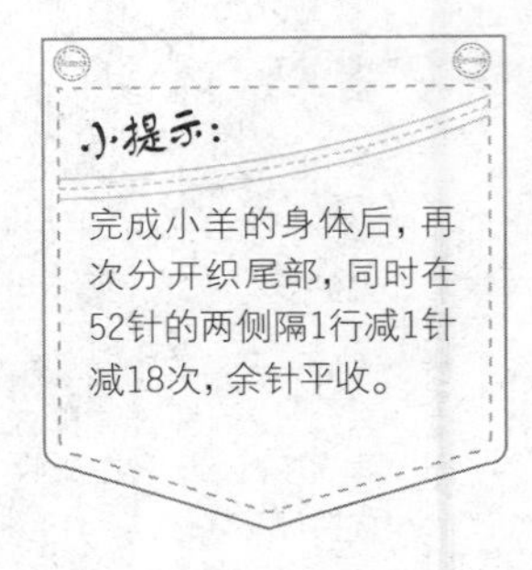

小提示:
完成小羊的身体后，再次分开织尾部，同时在52针的两侧隔1行减1针减18次，余针平收。

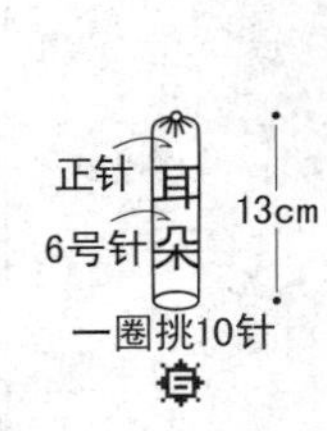

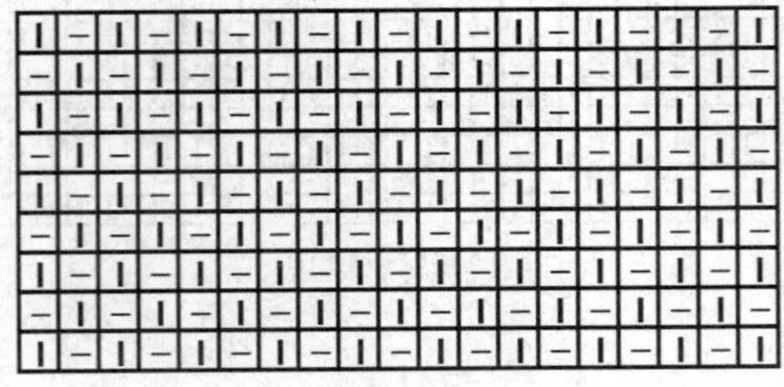

星星针

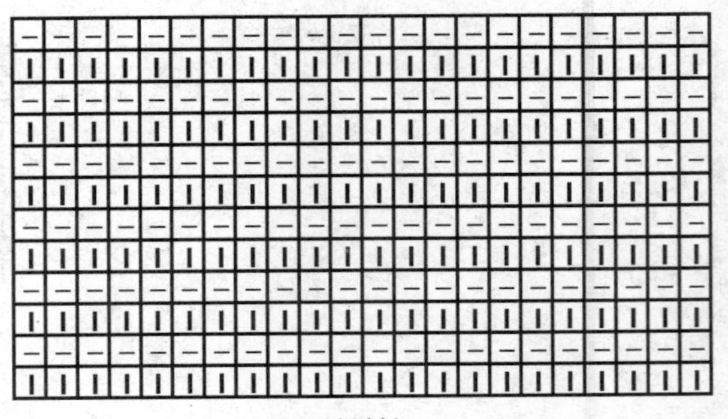

锁链针

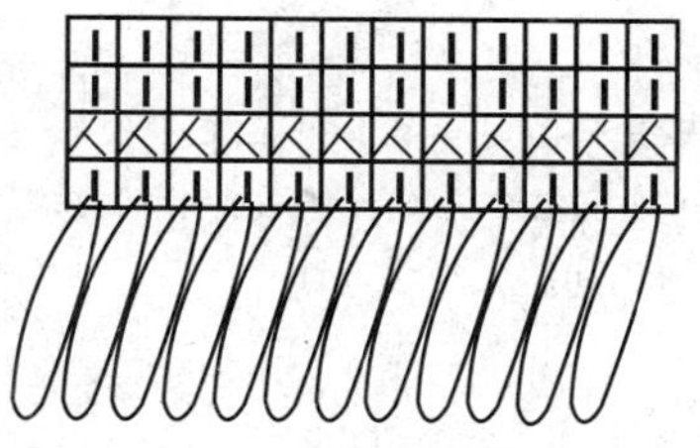

第一行：右食指绕双线织正针，然后把线套绕到正面，按此方法织第2针。
第二行：由于是双线所以2针并1针织正针。
第三、四行：织正针，并拉紧线套。
第五行以后重复第一到第四行。

绵羊圈圈针

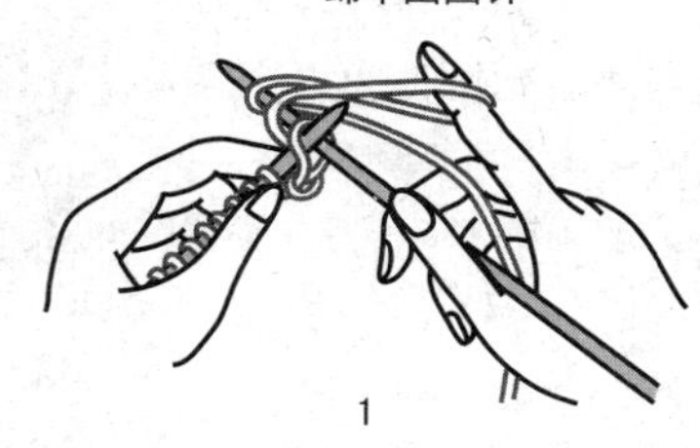
1

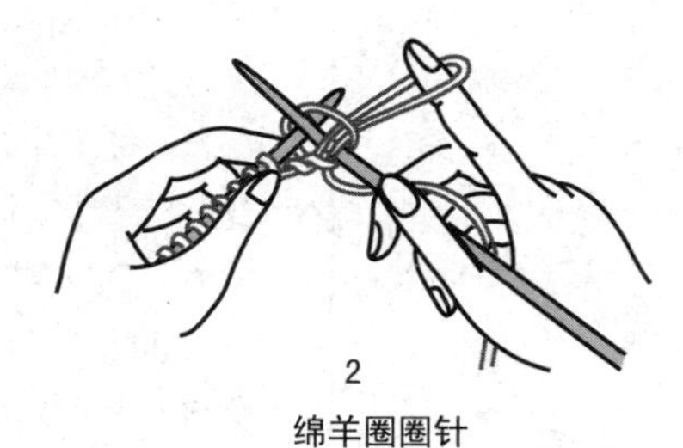
2

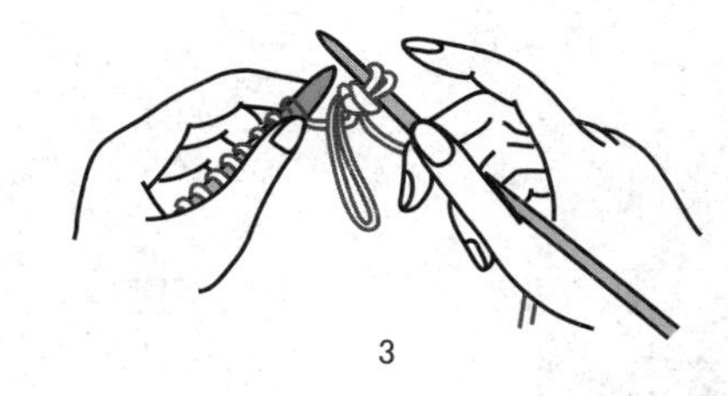
3

绵羊圈圈针

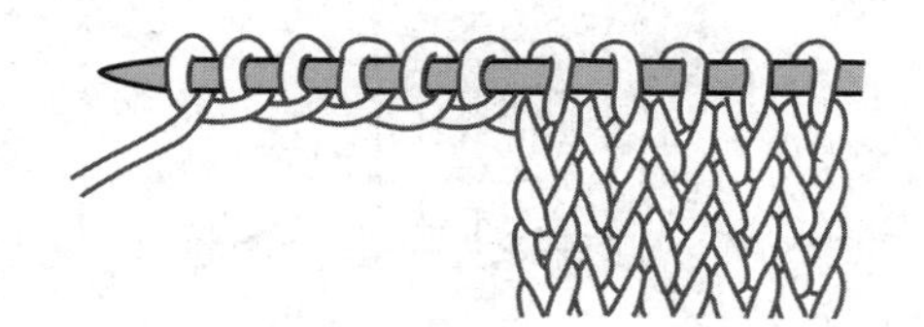
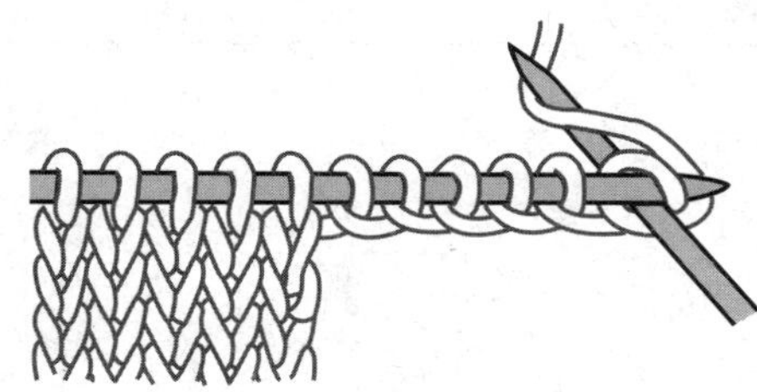
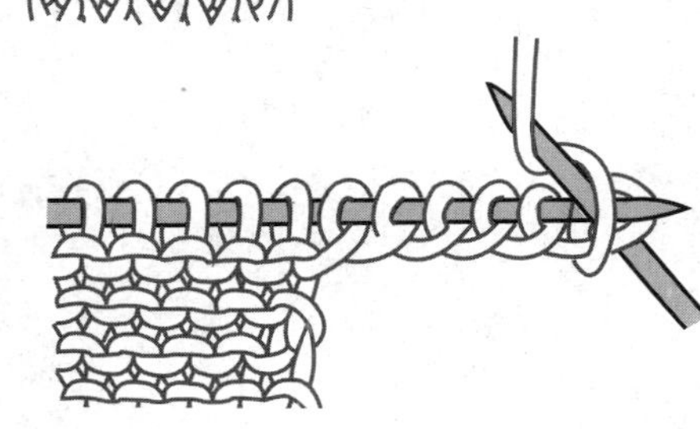

平加针方法

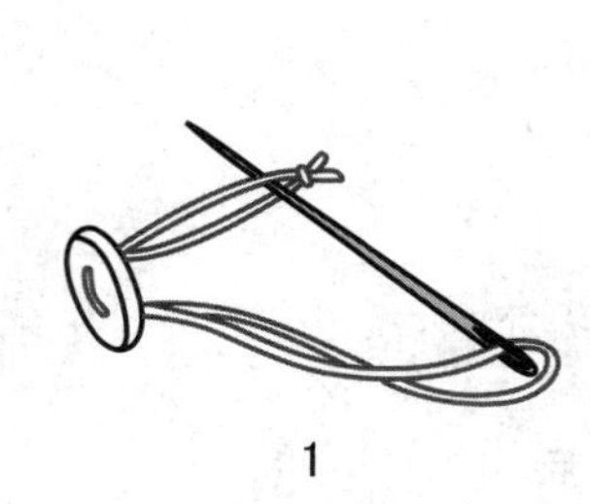
1

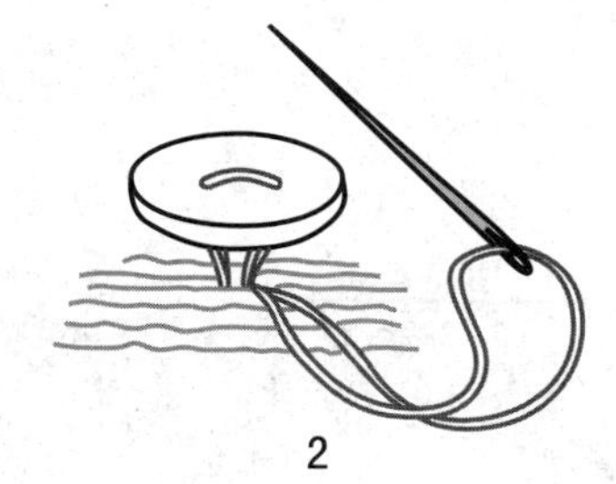
2

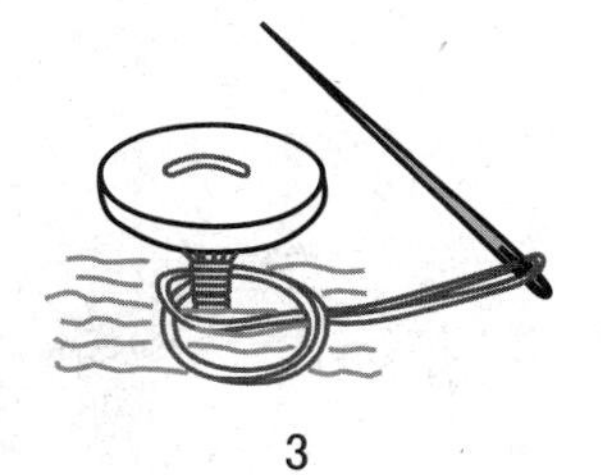
3

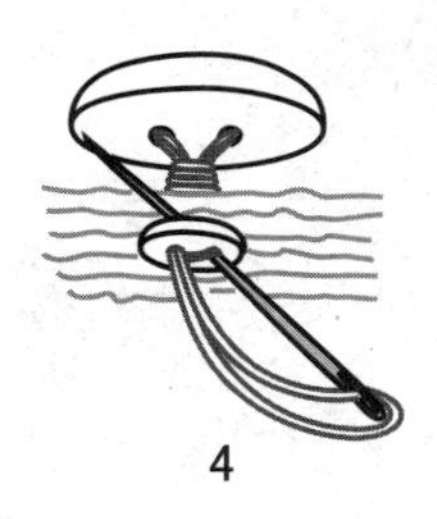
4

扣子缝法

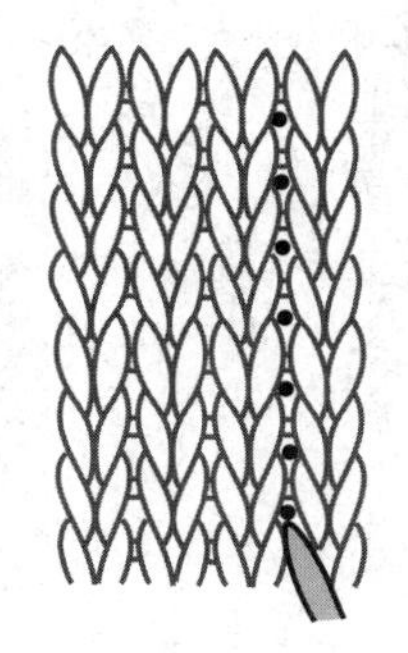

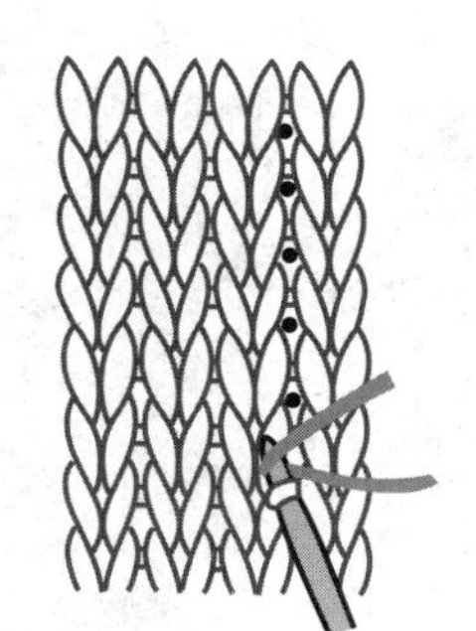
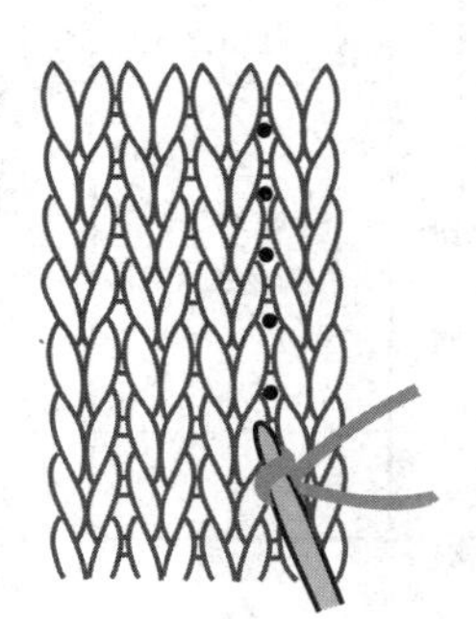

挑针织法

P12 木耳边套头衫

材料:
纯毛合股线

用量:
650g

工具:
6号针　8号针　3.0钩针

尺寸(cm):
以实物为准

平均密度:
$10cm^2$=19针×24行

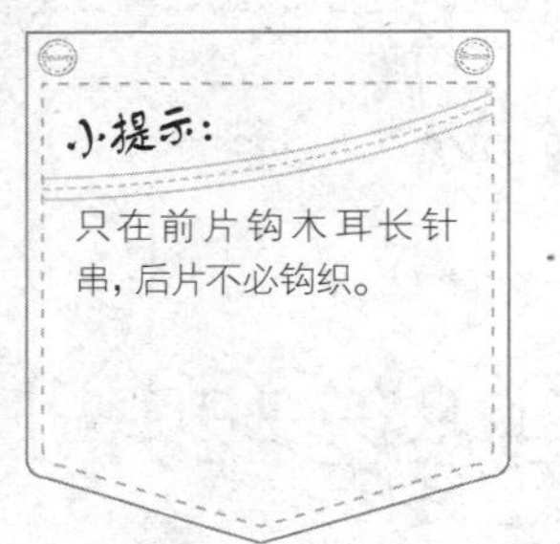

小提示:
只在前片钩木耳长针串，后片不必钩织。

编织简述:

从中心起针后按要求向四周环形织两个圆片，然后再织两个袖子，将袖子与正身按要求缝合，然后挑针环形织堆堆领，最后在前片钩木耳边。

编织步骤:

1 ·用6号针从中心起8针环形向四周织正针，每1针为1份，隔1行在每份内加1针，加出针织正针形成圆形。

2 ·半径为16cm时，改织4cm锁链针后，只在前、后下摆处收针，其他位置留针用于缝合。按以上方法共织两个相同大小的圆片。

3 ·袖口用8号针起32针环形向上织44cm横条纹针后，改往返向上织18cm，总长至62cm时，将这32针停针待织，按以上方法完成另一个袖子。

4 ·将前后片和左右两袖按相同字母缝合后形成正身。在前后片领口及两肩余下的44针位置环形挑出所有针，第二行时再减至88针，用6号针环形向上织13cm横条纹针后，换8号针改织2cm扭针单罗纹并收机械边形成堆堆领。

5 ·用3.0钩针在前片8条加针迹分别钩长针形成木耳边。

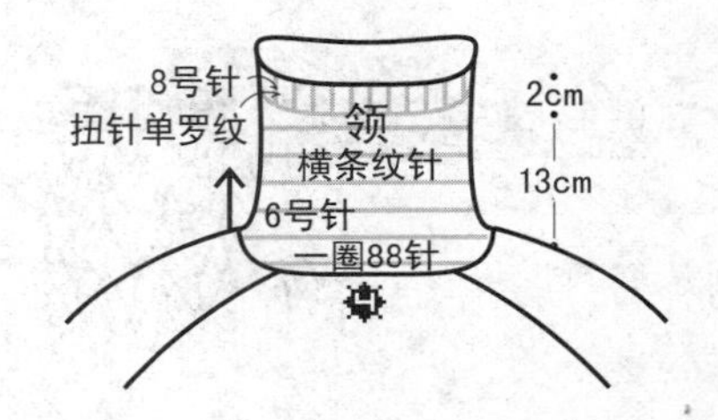

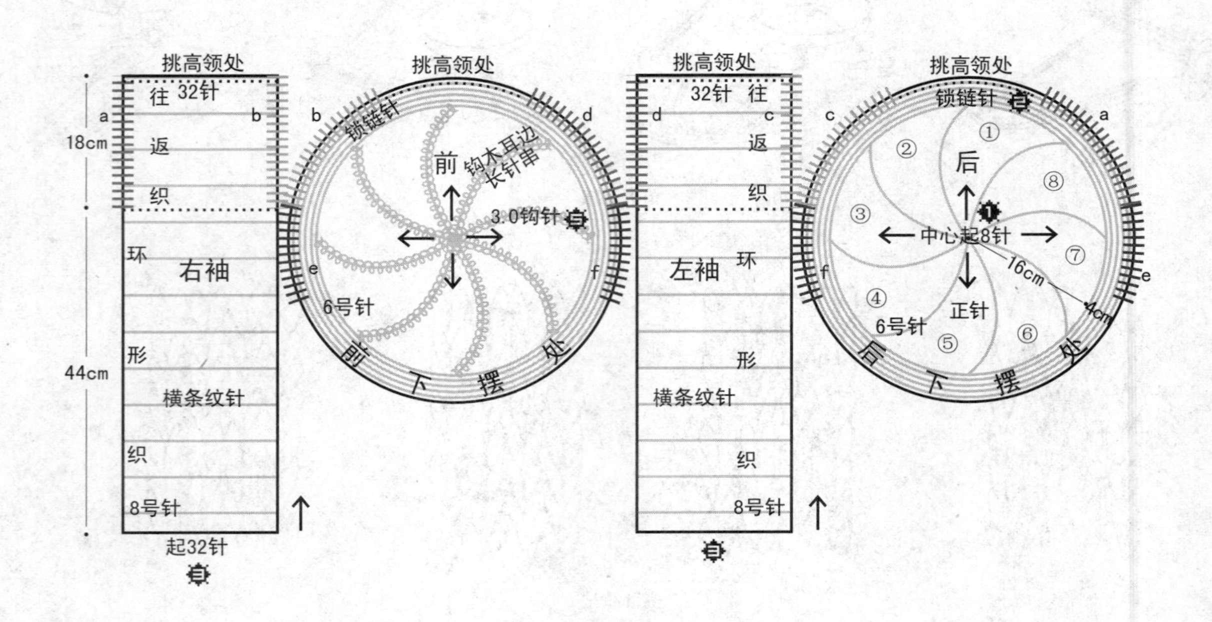

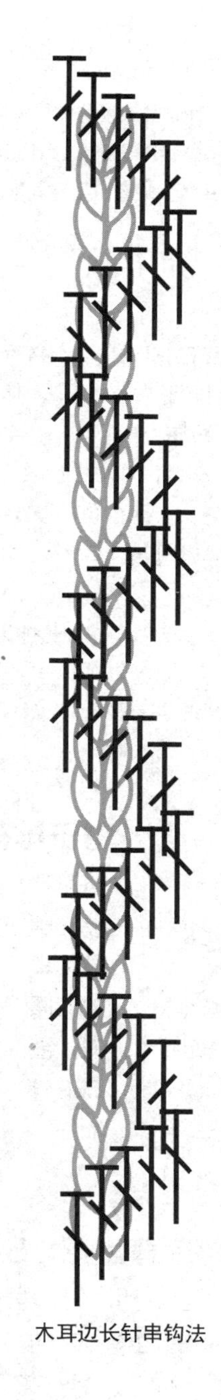

木耳边长针串钩法

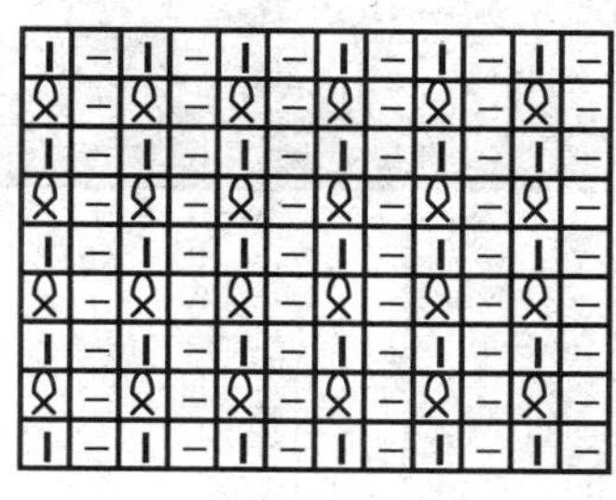

扭针单罗纹

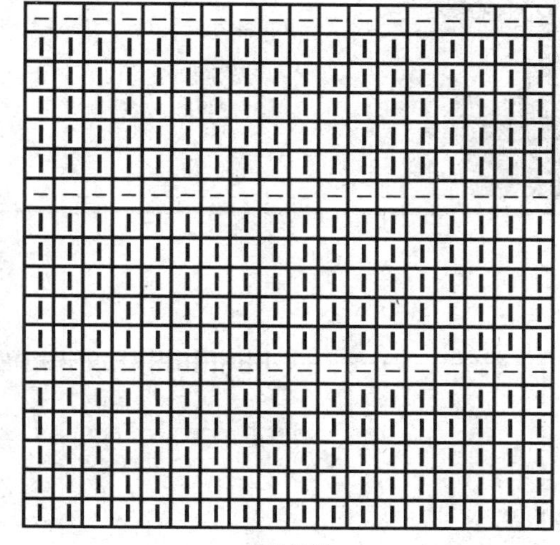

横条纹针

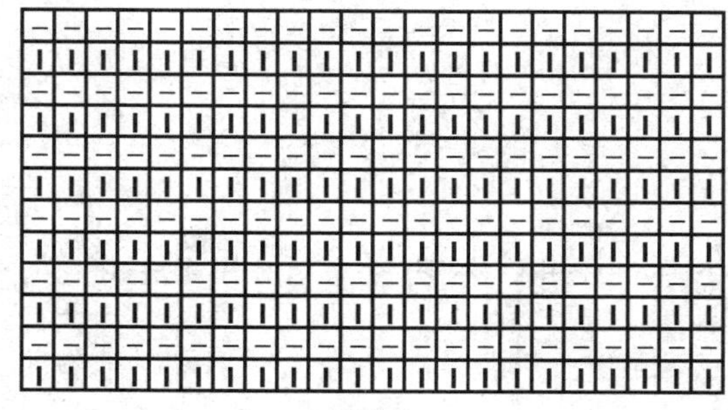

锁链针

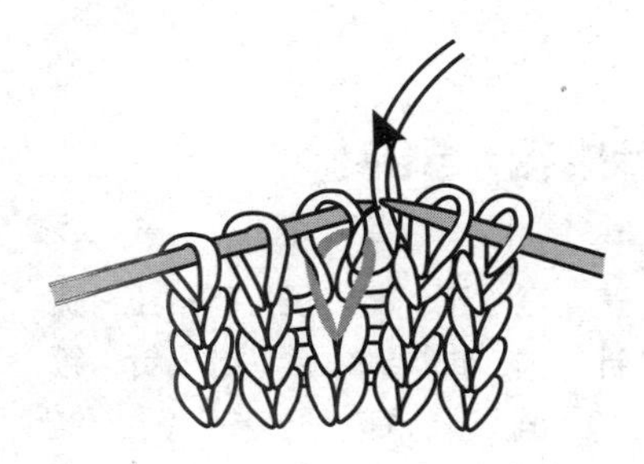

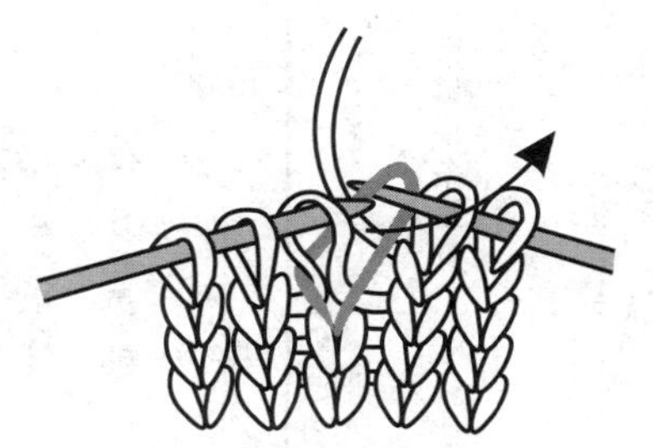

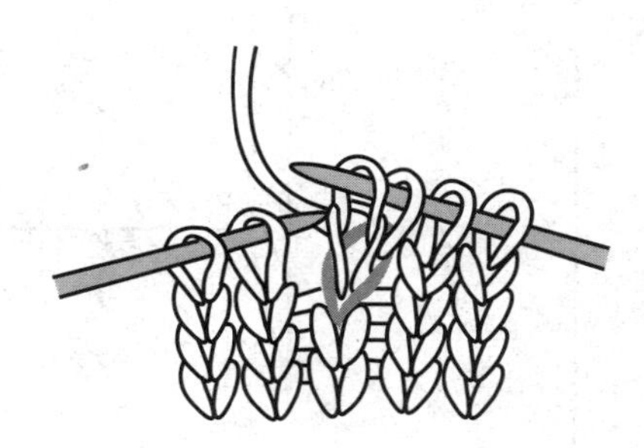

无洞加针方法

P13 明星气质帽衫

材料:
山羊绒棒针线

用量:
650g

工具:
6号针 8号针

尺寸(cm):
以实物为准

平均密度:
10cm²=20针×24行

编织简述:

分三次起针完成左前片、右前片和后背片,在肩头缝合后,三部分的余针串在一起往返向上织帽子,然后对折在头顶缝合,最后分别从两个袖窿口挑针向下环形织袖子。

编织步骤:

1·左前片用6号针起50针往返向上织44cm锁链横条纹针后,再按左、右前片排花往返向上织20cm。注意不收针。再按这种方法完成右前片。

2·后背片用6号针起54针按排花往返向上织44cm。

3·前后肩头各取17针缝合后,余下的86针串在一起,整片按帽子排花往返向上织帽片,总长至33cm后,将帽片竖对折从内部缝合。

4·用6号针从袖窿口挑出68针,按袖子排花环形向下织,同时在袖腋处隔3行减1次针,每次减2针,共减14次,总长至20cm时余40针,改用8号针织25cm扭针双罗纹后收机械边形成袖口。

小提示:
缝合帽片前注意,在完成1行绵羊圈圈针后立即收针,保持缝合处花纹与整体一致。

帽子排花:86针

5	15	46	15	5
宽锁链球球针	绵羊圈圈针	正针	绵羊圈圈针	宽锁链球球针

后背排花:54针

1	16	2	16	2	16	1
正针	麻花针	反针	麻花针	反针	麻花针	正针

左、右前片排花:50针

5	4	5	4	5	4	5	4	5	4	5
宽锁链球球针	正针	宽锁链球球针	正针	宽锁链球球针	正针	宽锁链球球针	正针	宽锁链球球针	正针	宽锁链球球针

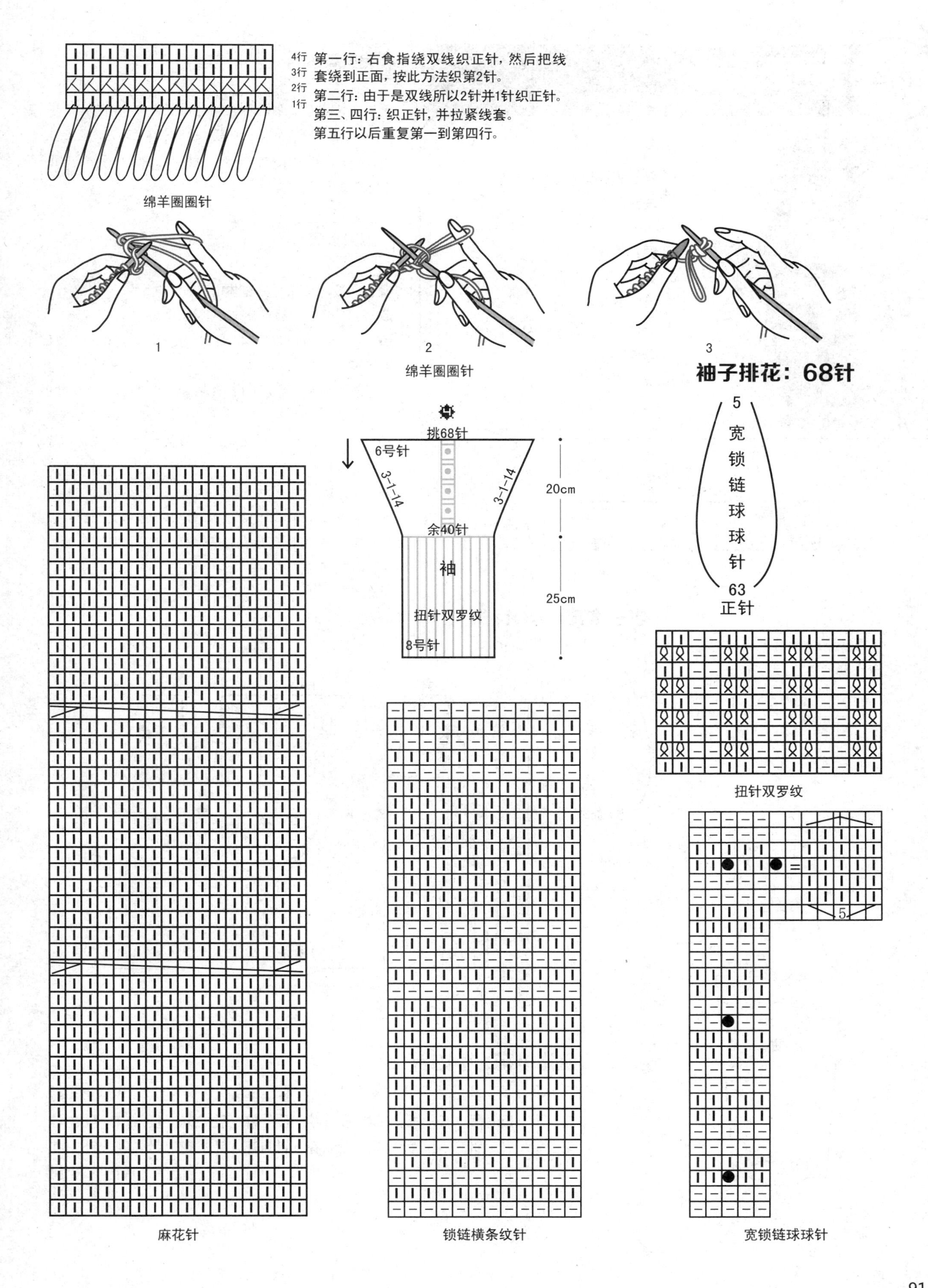
4行
3行
2行
1行
第一行：右食指绕双线织正针，然后把线套绕到正面，按此方法织第2针。
第二行：由于是双线所以2针并1针织正针。
第三、四行：织正针，并拉紧线套。
第五行以后重复第一到第四行。
绵羊圈圈针
1
2
3
绵羊圈圈针
袖子排花：68针
5
宽锁链球球针
63
正针
挑68针
6号针
3-1-14
3-1-14
20cm
余40针
袖
25cm
扭针双罗纹
8号针
扭针双罗纹
5
麻花针
锁链横条纹针
宽锁链球球针

P14 扇面开衫

材料：
275规格纯毛粗线

用量：
600g

工具：
6号针

尺寸(cm)：
衣长56　袖长54　胸围71　肩宽30

平均密度：
10cm²=20针×25行

编织简述：

从下摆起针后往返向上织，减领口与减袖窿同时进行，前后肩头缝合后挑织盖领；袖口起针后环形向上织，同时在袖腋处规律加针至腋下，减袖山后余针平收，与正身整齐缝合。

编织步骤：

❶·用6号针起143针按整体排花往返向上织10cm。

❷·将中间的21针桃花扇针改织横条纹针，其他花纹不变。

❸·总长至38cm时减袖窿，①平收腋正中6针，②隔1行减1针减3次。

❹·减袖窿的同时减领口，①在领一侧隔1行减1针减8次，②隔3行减1针减4次。前后肩头缝合后，从领口处挑出109针，用6号针往返向上织10cm樱桃针后收机械边形成盖领。

❺·袖口用6号针起40针按袖子排花环形向上织，同时在袖腋处隔19行加1次针，每次加2针，共加4次，总长至41cm时减袖山，①平收腋正中6针，②隔1行减1针减13次，余针平收，与正身整齐缝合。

盖领
松收机械边
左领口　后脖　右领口
樱桃针
6号针　41针　27针　41针
10cm
挑109针
❹

小提示：
盖领不必外翻，与翻领的花纹朝向不同。

袖子排花：40针

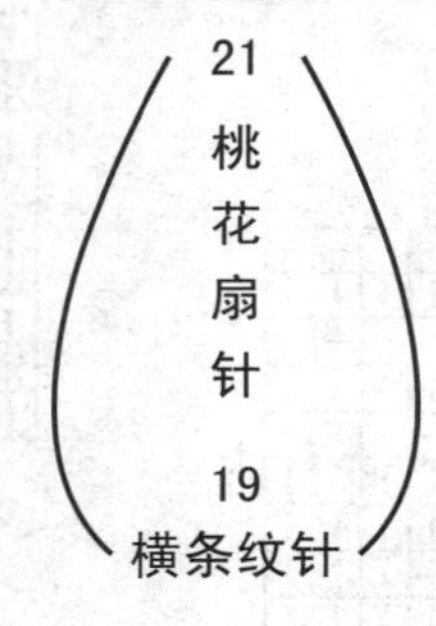

余16针
13cm
-13针　-13针
48针
-3针　-3针
19-1-4　袖　19-1-4
41cm
6号针
起40针
❺

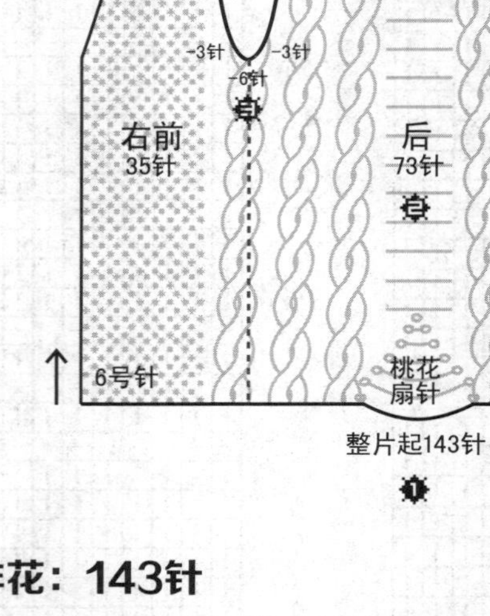

整体排花：143针

29	2	8	2	8	2	8	2	21	2	8	2	8	2	8	2	29
桂花针	反针	麻花针	反针	麻花针	反针	麻花针	反针	桃花扇针	反针	麻花针	反针	麻花针	反针	麻花针	反针	桂花针

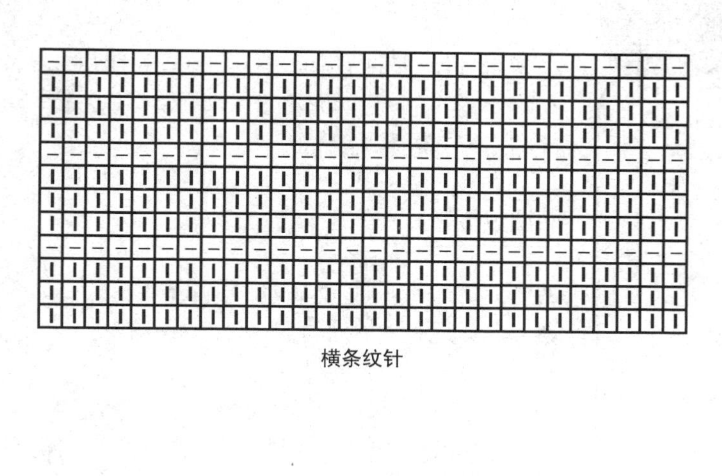

横条纹针

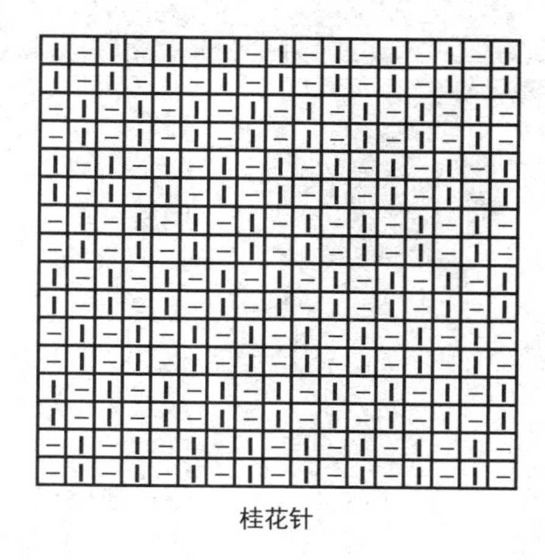

桂花针

麻花针

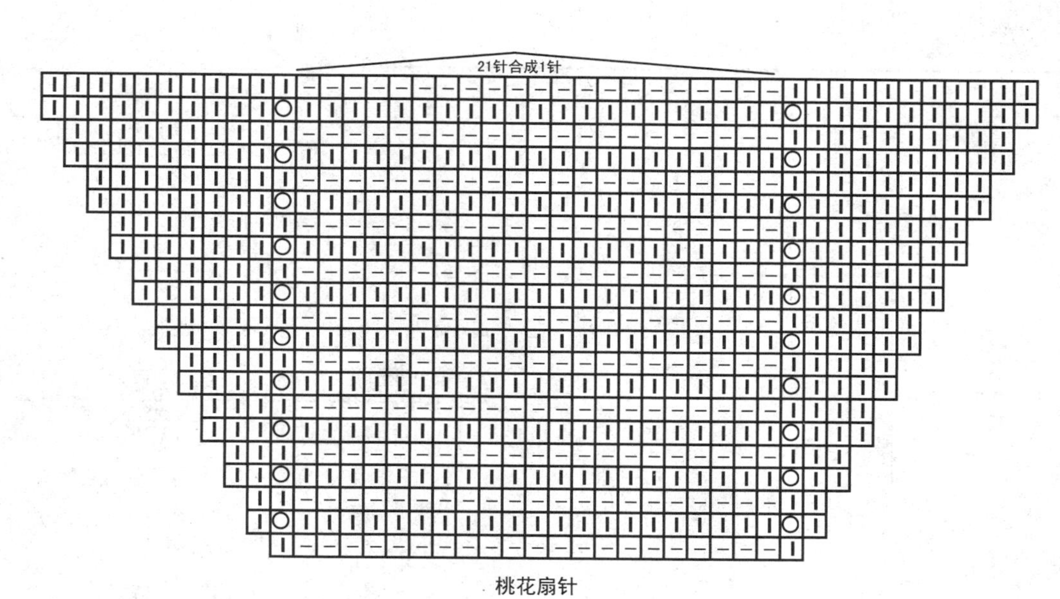

桃花扇针

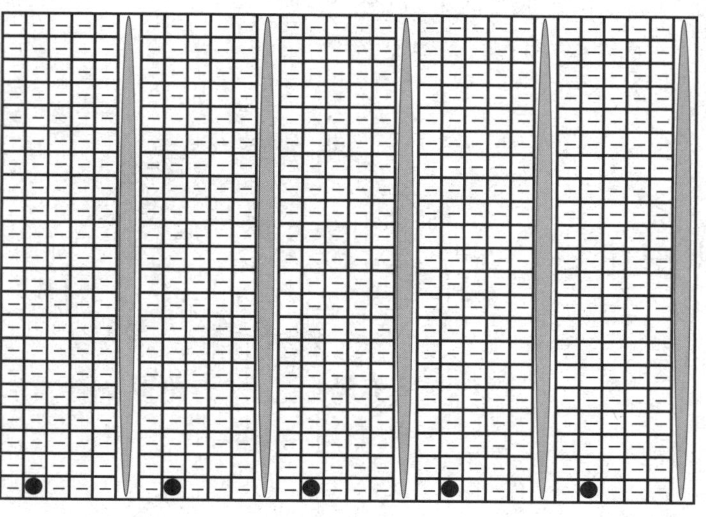

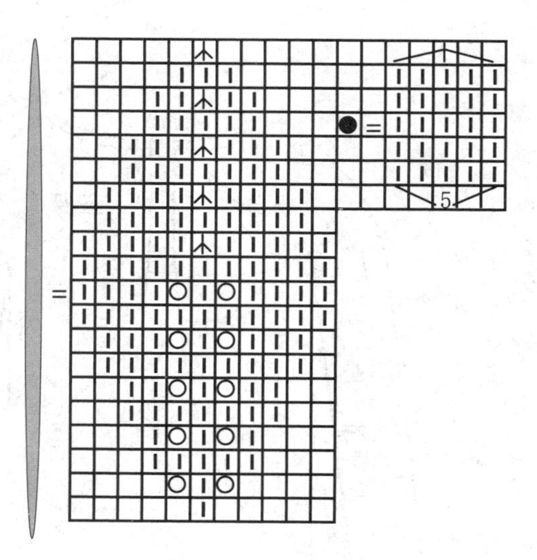

樱桃针

P15 修身的披肩式上衣

材料:
纯毛合股线

用量:
600g

工具:
6号针 8号针

尺寸(cm):
以实物为准

平均密度:
10cm²=19针×24行

编织简述:

从领口起针往返向四周织正身片，完成后停针待织。另线起针按要求织一个半圆形片，将半圆形片与正身片按要求缝合，最后挑织两袖。

编织步骤:

1·用8号针起84针往返织4cm扭针单罗纹球球针。

2·换6号针分8份，每份隔1行加1针至16cm后停针待织。

3·另线用6号针起4针往返织球球针，每针为1份，隔1行在每份内加1针，当半圆的直边长度至70cm时，改织3cm锁链针后松收平边。

4·将半圆形与之前停针的正身片按相同字母缝合，注意在半圆形左、右腋部各取4cm不必缝合，正身片左右袖各取46针不缝合。

5·在半圆形未缝的4cm位置挑出8针，与袖部留下的46针合圈并均匀减至32针，用6号针环形向下织45cm横条针纹后收针形成袖子。

小提示:
半圆形的3cm锁链针不必加针。

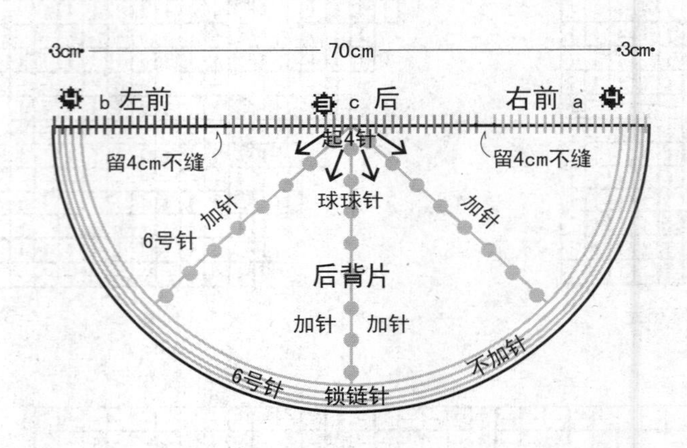

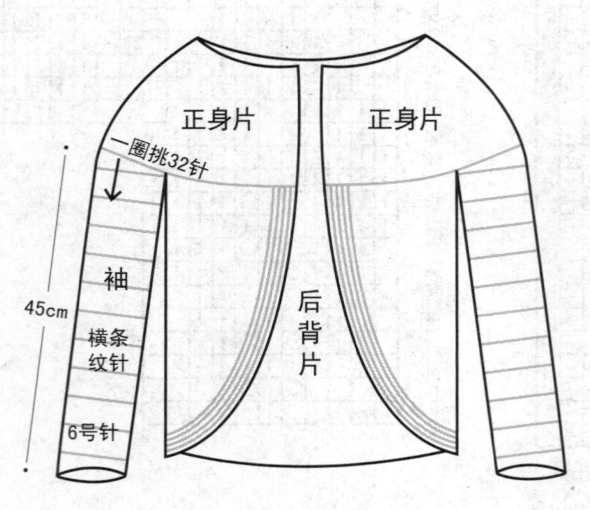

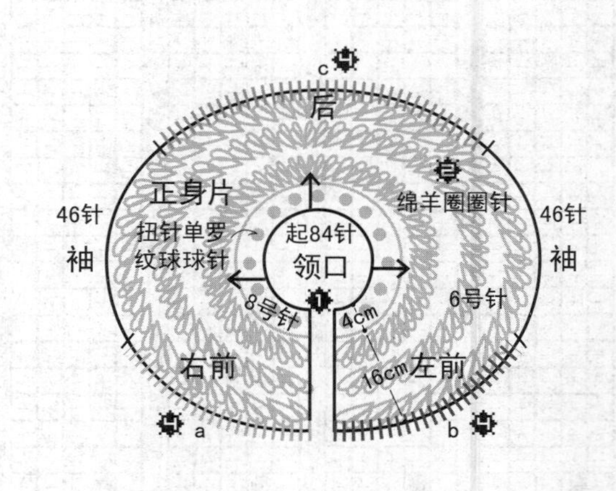

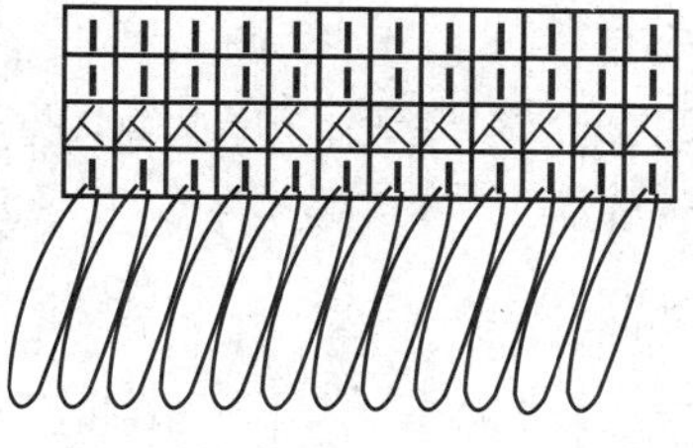

4行 第一行：右食指绕双线织正针，然后把线
3行 套绕到正面，按此方法织第2针。
2行 第二行：由于是双线所以2针并1针织正针。
1行 第三、四行：织正针，并拉紧线套。
第五行以后重复第一到第四行。

绵羊圈圈针

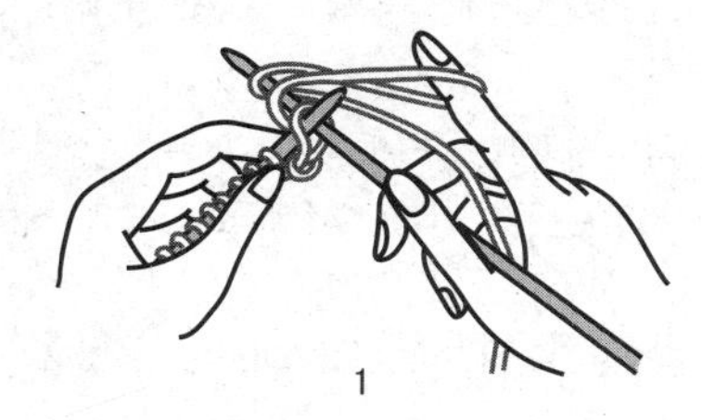

1

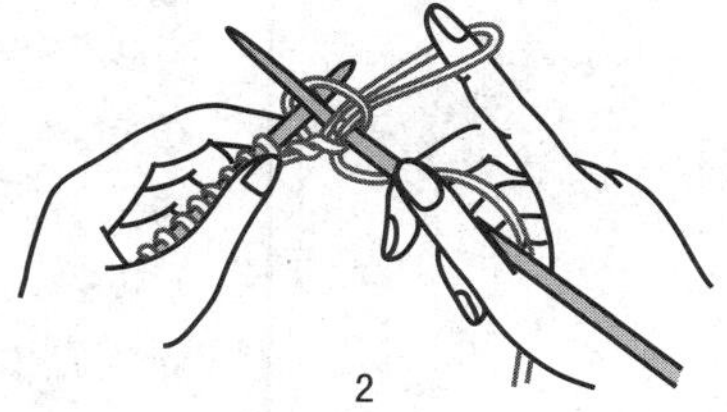

2

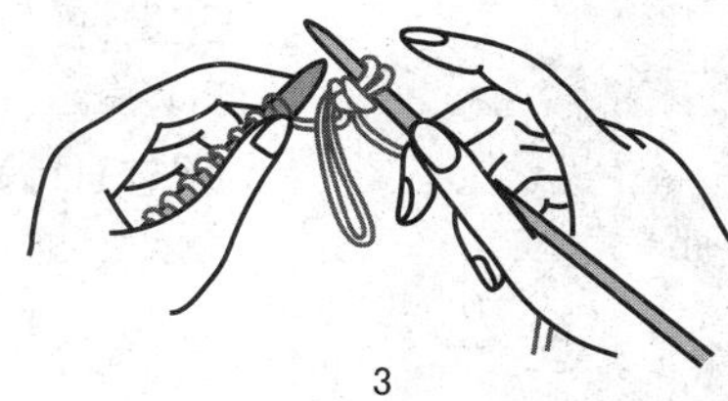

3

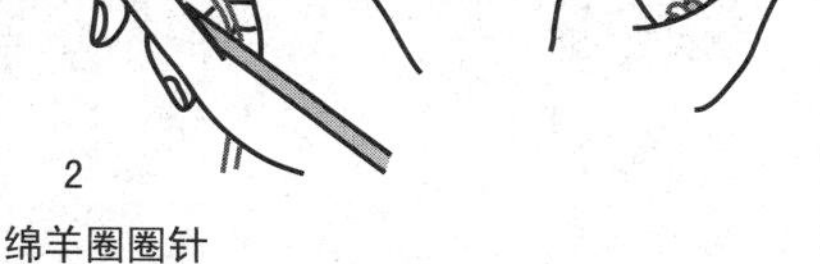

绵羊圈圈针

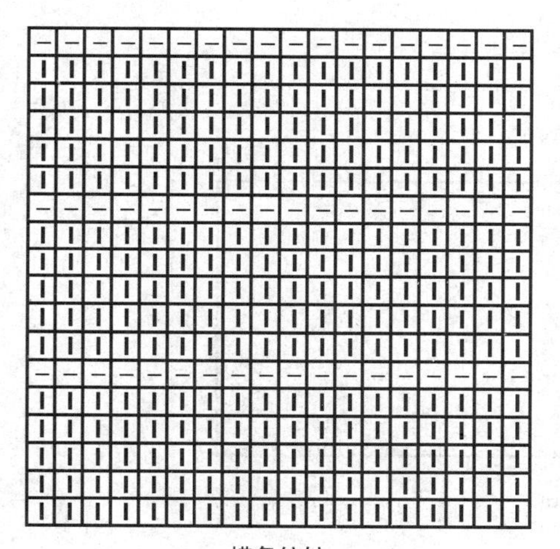

横条纹针

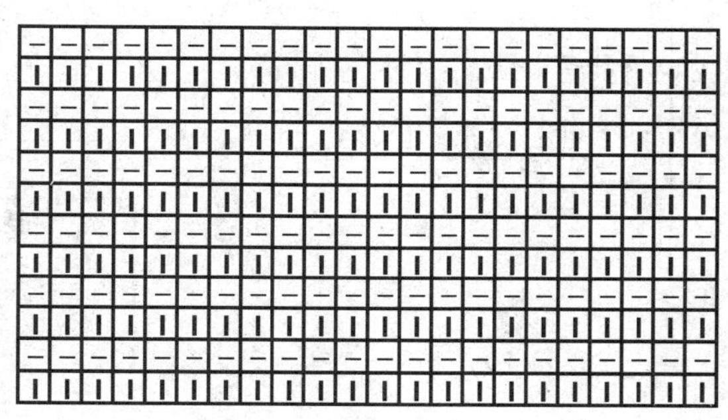

锁链针

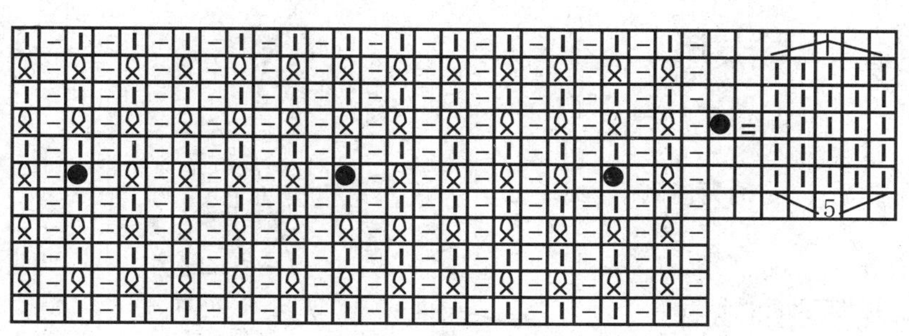

扭针单罗纹球球针

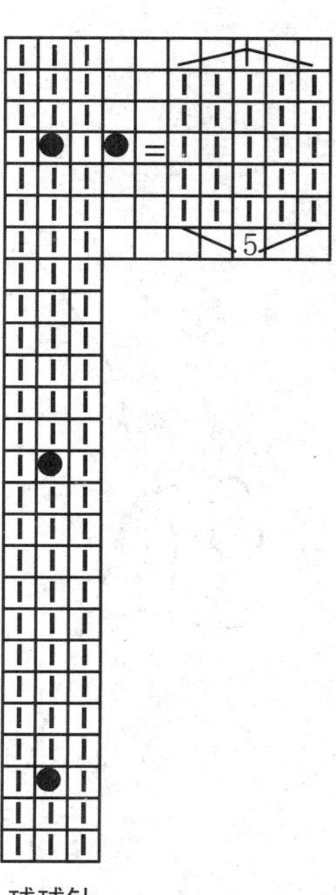

球球针

P16 圆摆短袖衫

材料:
纯毛212过渡花式线

用量:
550g

工具:
3.0钩针

尺寸(cm):
以实物为准

编织简述:

按花纹往返钩一个长方形后取相同长度缝合，然后环形钩荷叶边下摆和领边，最后钩两袖。

编织步骤:

❶·用3.0钩针起260针往返向上织钩32cm网纹针形成长方形。

❷·在长方形的两边各取18cm按相同字母缝合。

❸·用3.0钩针沿虚线按花纹环形钩荷叶边形成下摆和领边。

❹·在袖口同样用3.0钩针环形钩三排荷叶边。

小提示:
钩织时注意手法放松，
以保证花纹立体饱满。

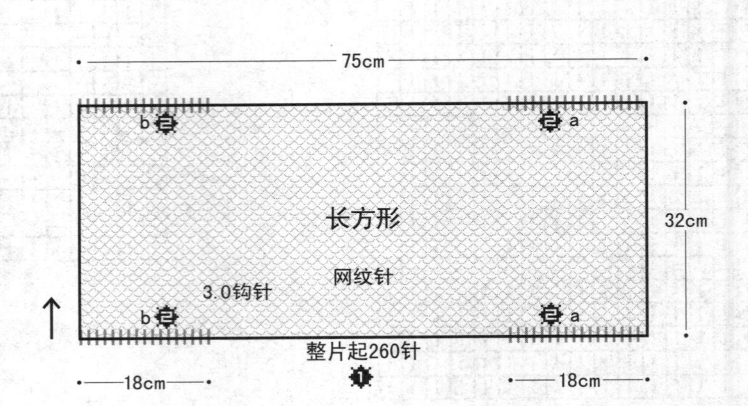

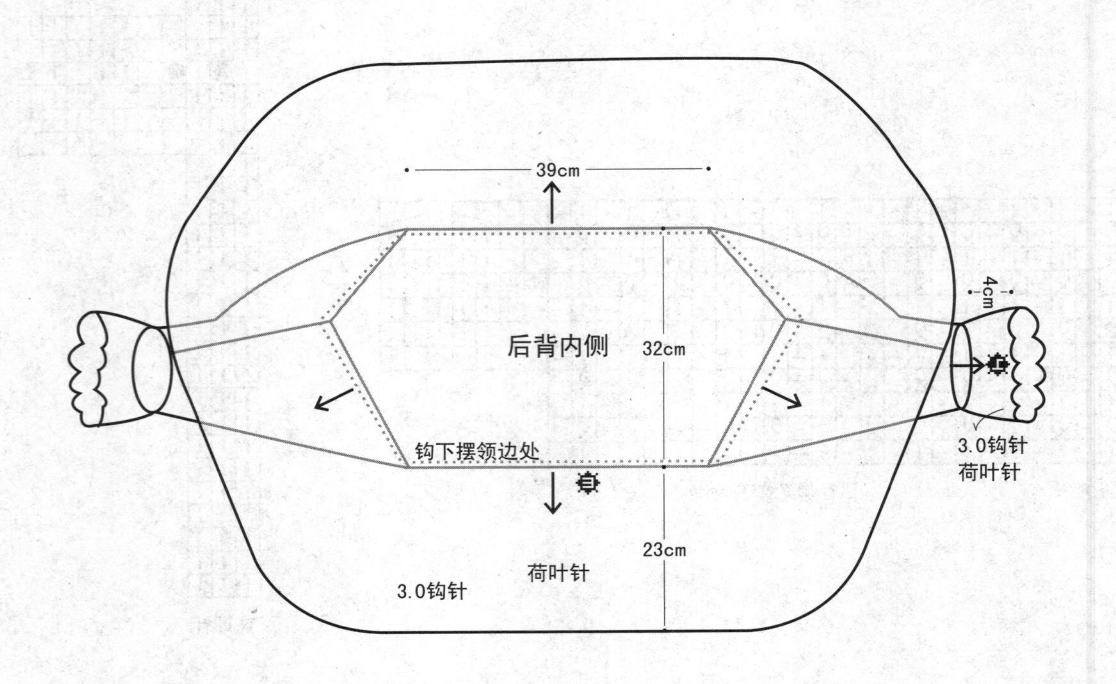

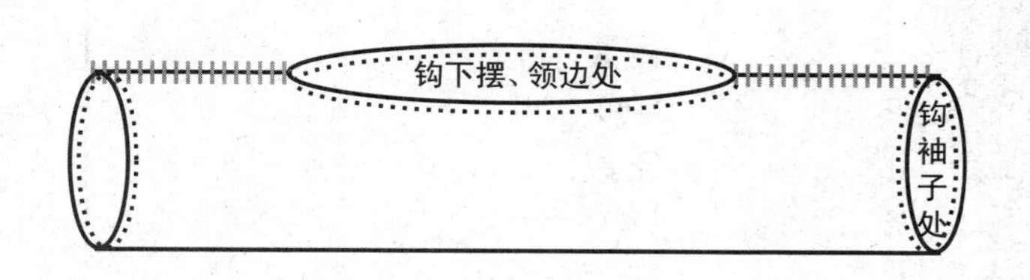

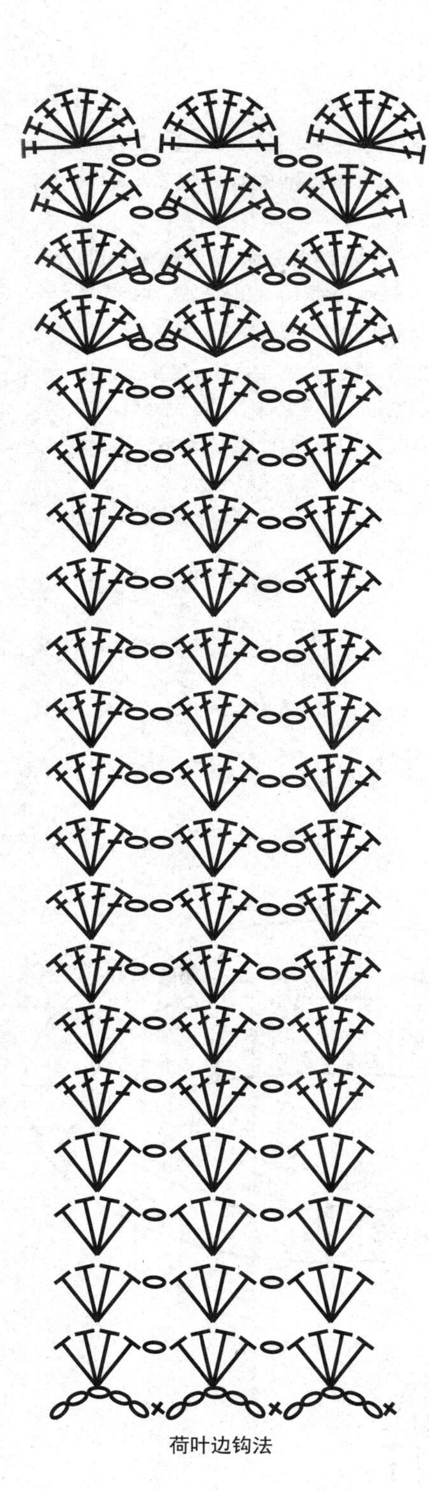
荷叶边钩法

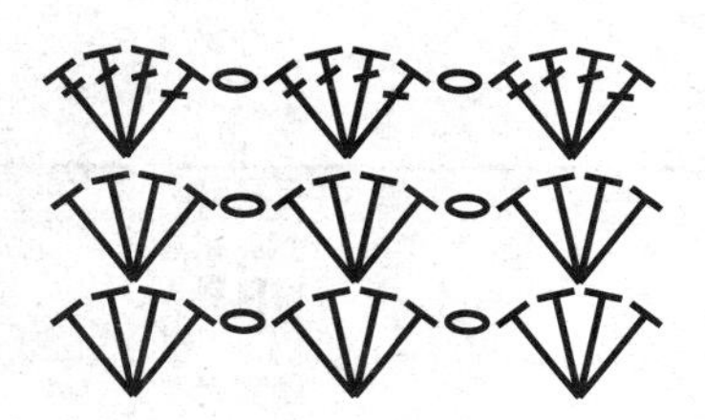
袖边荷叶边钩法

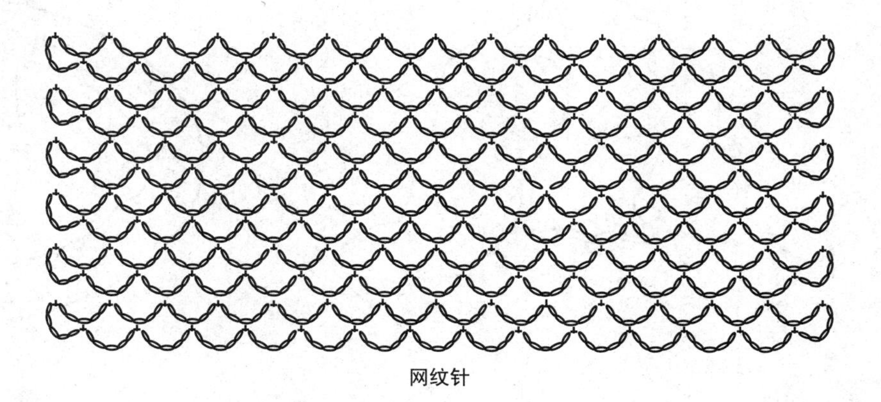
网纹针

P18 大风范小袖披肩

材料:
纯毛合股线

用量:
550g

工具:
6号针　8号针

尺寸(cm):
以实物为准

平均密度:
10cm²=19针×24行

编织简述:

起针后往返织一个长方形，竖对折缝合后形成披肩，然后分别挑织两袖和滚边，滚边完成后，后脖位置不收针，再次加针后往返织立领。

编织步骤:

❶·用6号针起123针往返向上织4cm星星针后，改织10cm樱桃针，然后再织4cm星星针，如此重复，总长至22cm时不收针形成长方形片。

❷·按相同字母竖对折缝合12cm形成两袖。在袖口处一圈挑出48针，用6号针环形织10cm樱桃针后，均匀加至56针改织5cm锁链针后松收平边形成袖边。

❸·两袖完成后，在披肩中部沿虚线一圈挑出240针，用6号针环形织樱桃针滚边，至10cm时，取后脖60针位置均匀加至120针，用6号针往返织15cm扭针单罗纹后收机械边形成立领，滚边的其他位置松收机械边。

小提示:
完成长方形片后不必收针，方便挑针与缝合。

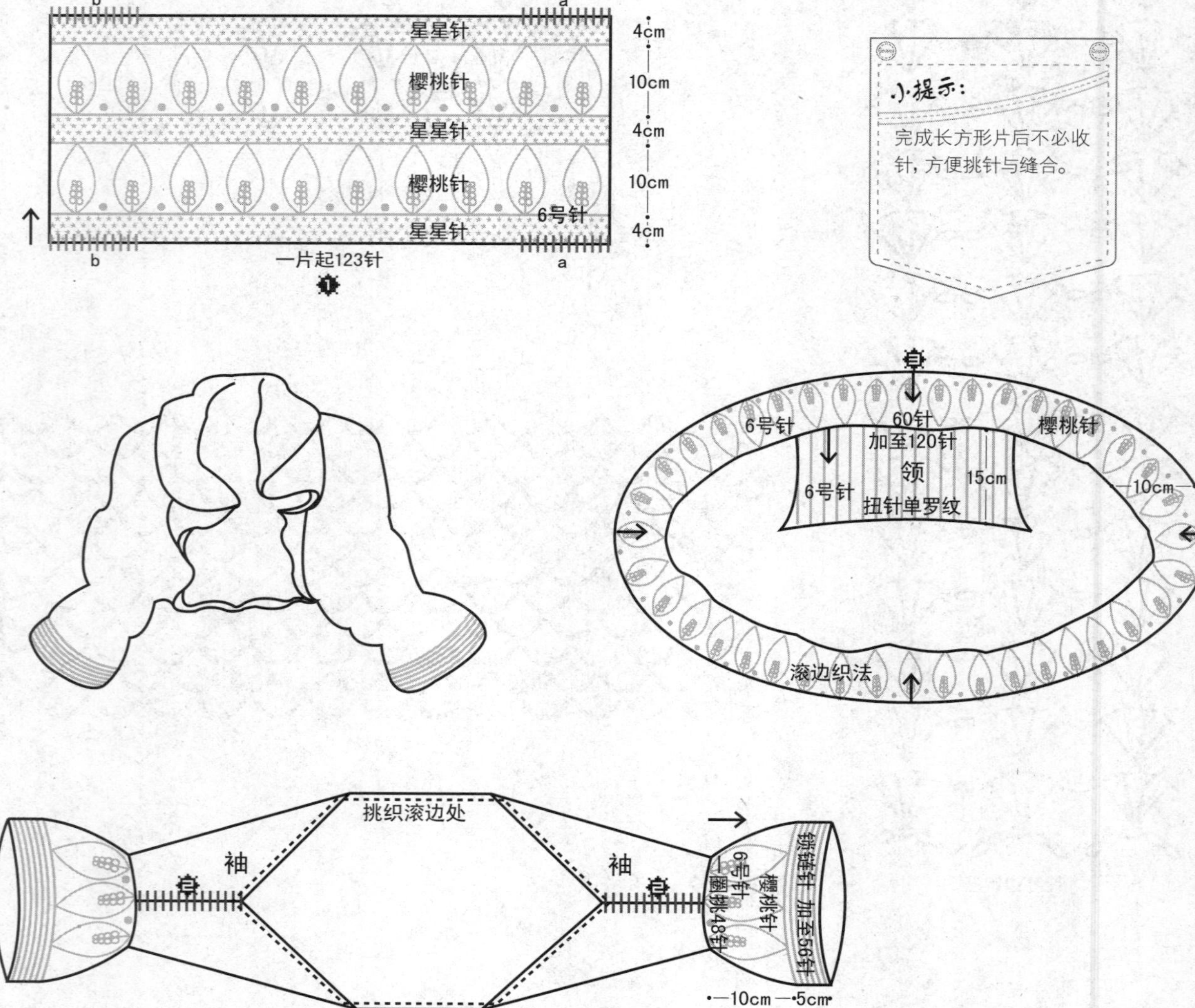

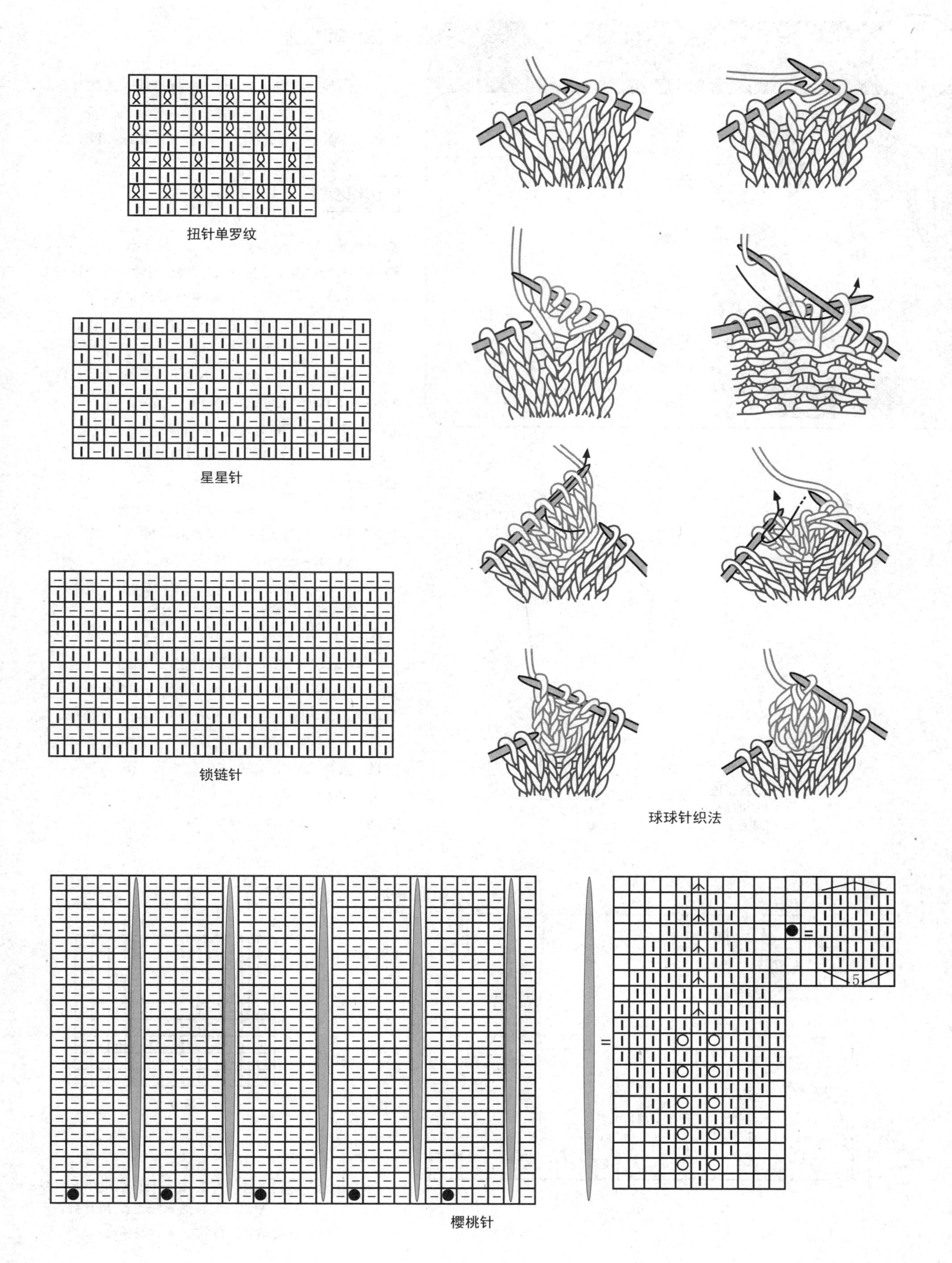

扭针单罗纹

星星针

锁链针

球球针织法

樱桃针

P19 修身洋装

材料:
纯毛合股线

用量:
550g

工具:
6号针　8号针　3.0钩针

尺寸(cm):
衣长52　袖长54　胸围83　肩宽35

平均密度:
10cm^2=17针×21行

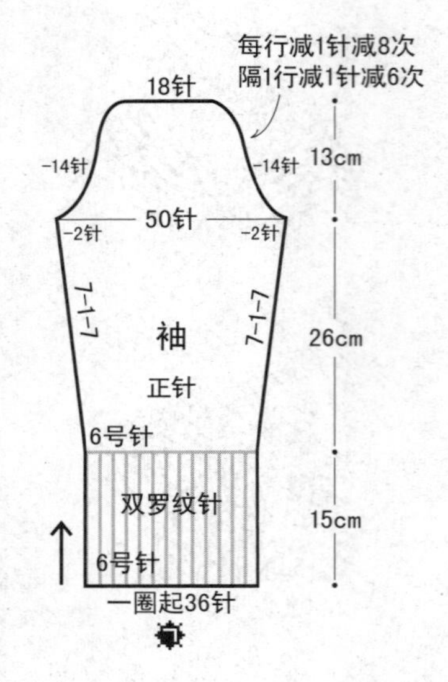

编织简述:

从下摆起针后往返向上织，减袖窿的同时减领口，然后缝合前后肩头。往返代针完成后领片，然后依次完成左门襟和右门襟，将三者缝合后，再将完整领与正身缝合。

编织步骤:

❶·用8号针起142针往返向上织2cm双层针。

❷·换6号针按整体排花往返向上织，同时在两肋隔7行减1针减4次，然后再隔7行加1针加4针，形成收腰效果。

❸·总长至16cm时注意，在排花的减针点和加针点处按规律移针。

❹·总长至34cm时减袖窿，①在腋正中分针，隔1行减1针减8次。②余针向上直织。

❺·在减袖窿的同时减领口，①隔3行减1针减13次，②余针向上直织。然后取前后肩头各12针缝合。

❻·后领片用8号针起82针往返向上织1.5cm双层针后，换6号针改织双罗纹，中间62针，两侧代针往返向上织，左右代满10针后，再向上直织3cm，最后再换8号针织1.5cm双层针。左门襟用8号针起104针织双层针，在左侧取2针往返代针向上织，左侧代10针、右侧代26针，共38针形成左翻领，然后整片104针向上直织3cm双罗纹后，再织1.5cm双层针完成左门襟。右门襟织法注意与左门襟对称。将左右门襟与后领缝合后，再与正身标注位置缝合。

❼·袖口用6号针起36针环形向上织15cm双罗纹后，换6号针改织正针，同时在袖腋处隔7行加1次针，每次加2针，共加7次，总长至41cm时减袖山，①平收腋正中4针，②隔1行减1针减6次，③每行减1针减8次。余针平收，与正身整齐缝合。

❽·用3.0钩针按图钩好包扣并缝在左门襟位置。

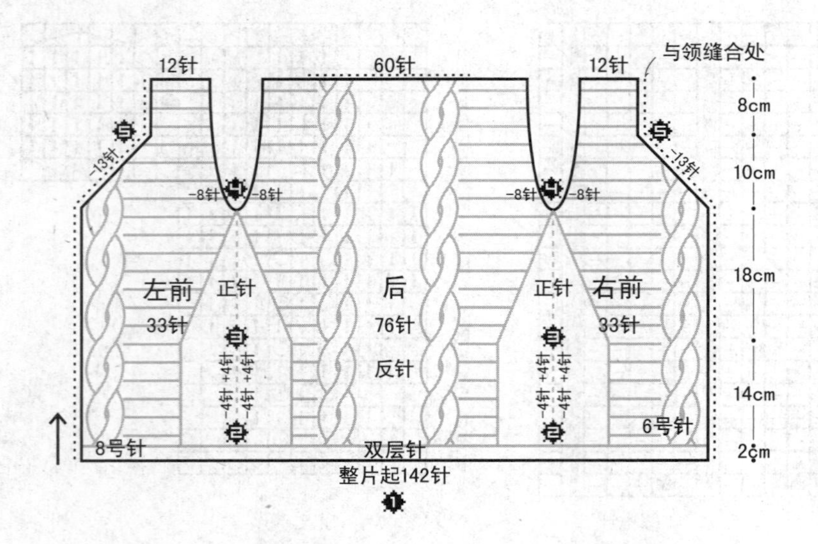

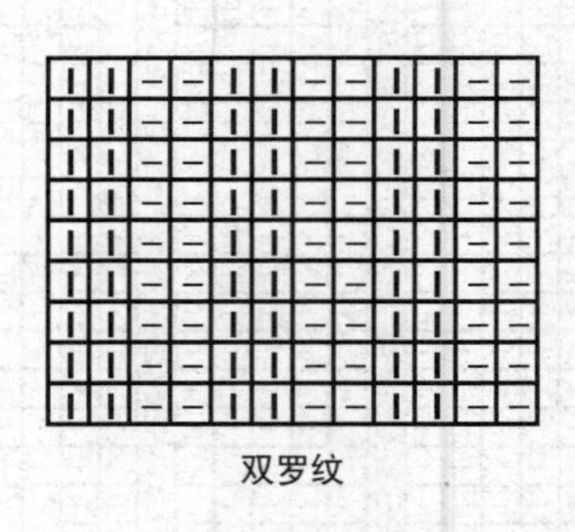

双罗纹

双层针织法: 第一行只织正针,反针挑下不织;第二行时依然只织正针,反针挑下不织,如此重复,便形成中间的双层针。

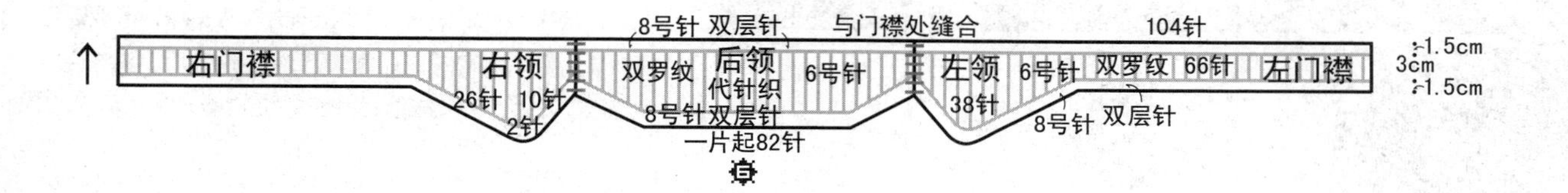

整体排花：142针

				加针点		减针点							后背正中							减针点		加针点				
1	1	6	4	1	2	1	34	1	2	1	4	6	14	6	4	1	2	1	34	1	2	1	4	6	1	1
正针	反针	麻花针	竹节针	反针	正针	反针	正针	反针	正针	反针	竹节针	麻花针	反针	麻花针	竹节针	反针	正针	反针	正针	反针	正针	反针	竹节针	麻花针	反针	正针

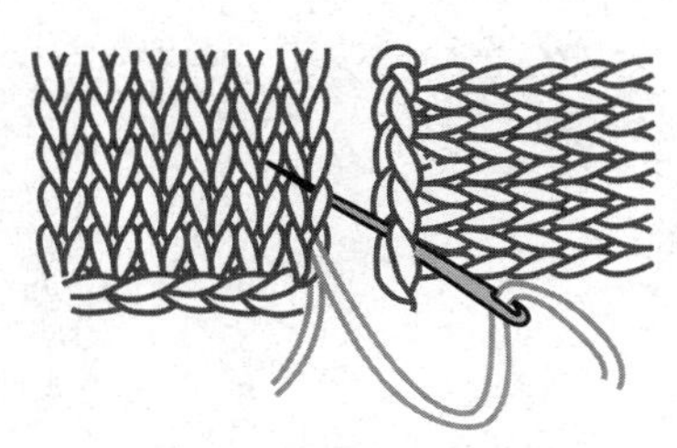

竖正针横正针缝合

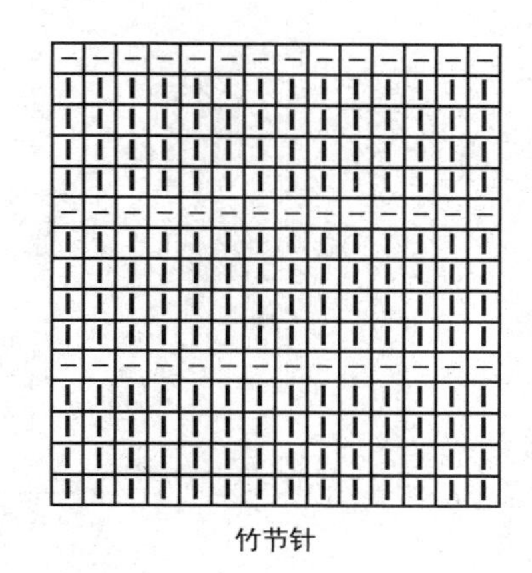

竹节针

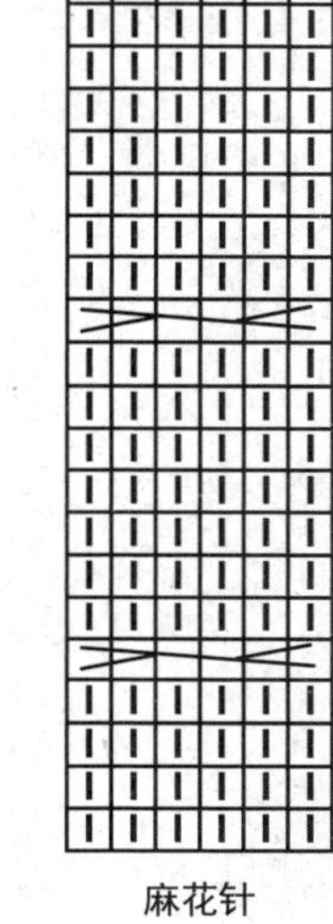

麻花针

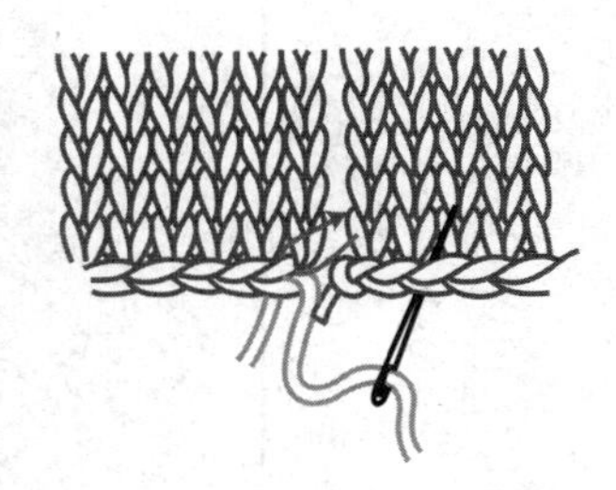

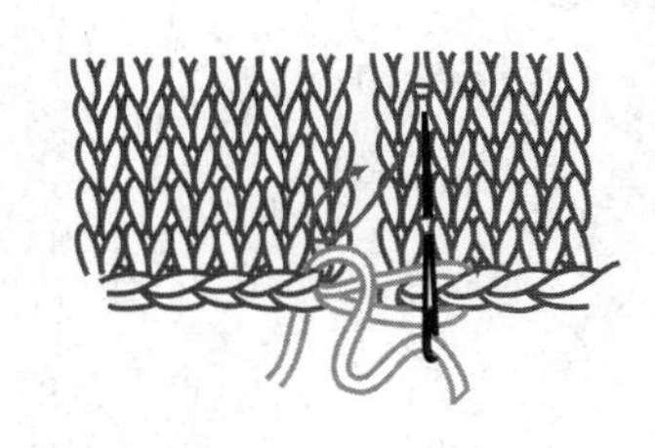

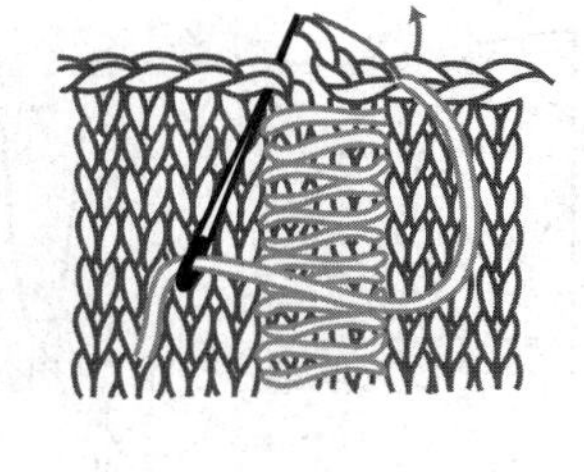

竖缝合方法

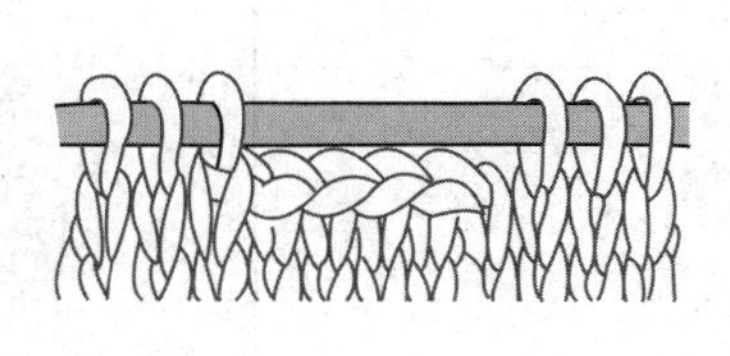

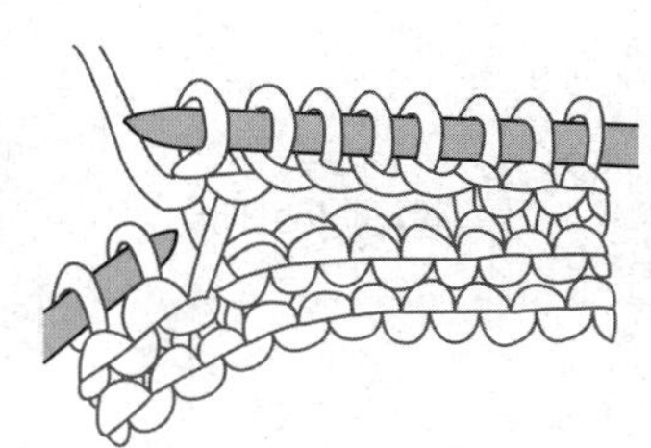

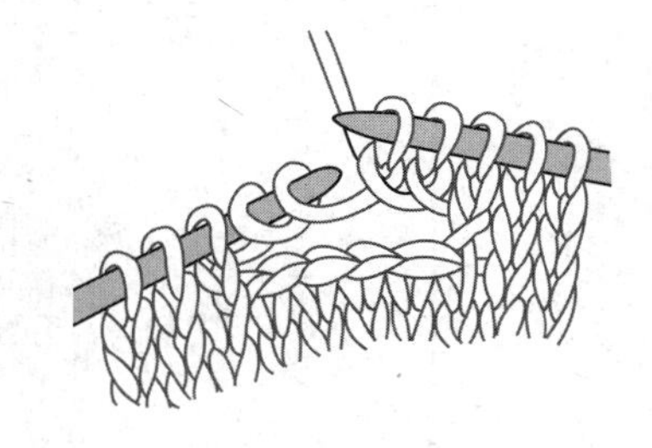

扣眼织法

P20 大荷叶边开衫

材料:
花式马海毛双股线

用量:
500g

工具:
6号针

尺寸(cm):
衣长82　袖长58　胸围106　肩宽32

平均密度:
10cm²=20针×21行

.)·提示:

袖子从袖口起针环形向上织，袖腋处不必加针。

编织简述:

从下摆起针后往返向上织，同时在两侧加针形成圆门襟效果，至腋下后减袖窿，领口不必减针，前后肩头缝合后挑织圆荷叶边，最后将织好的袖子与正身整齐缝合。

编织步骤:

❶·用6号针起100针按排花往返向上织，同时在两侧每行加1针共加16次，此时整片共132针按整体排花往返向上织。

❷·总长至41cm时减袖窿，①在腋一侧每行减1针减3次，②隔1行减1针减3次。

❸·领口不必减针，向上直织与后片等高时各取20针缝合前后肩头。

❹·从后领口、左右门襟、下摆、后腰处共挑出270针，用6号针环形织7cm单罗纹后，再改织15cm元宝针形成荷叶摆并收机械边。

❺·袖口用6号针起48针环形向上织13cm元宝针后改织正针，总长至45cm时减袖山，①以袖腋处为界改往返向上织，②隔1行减1针减14次。余针平收，与正身整齐缝合。

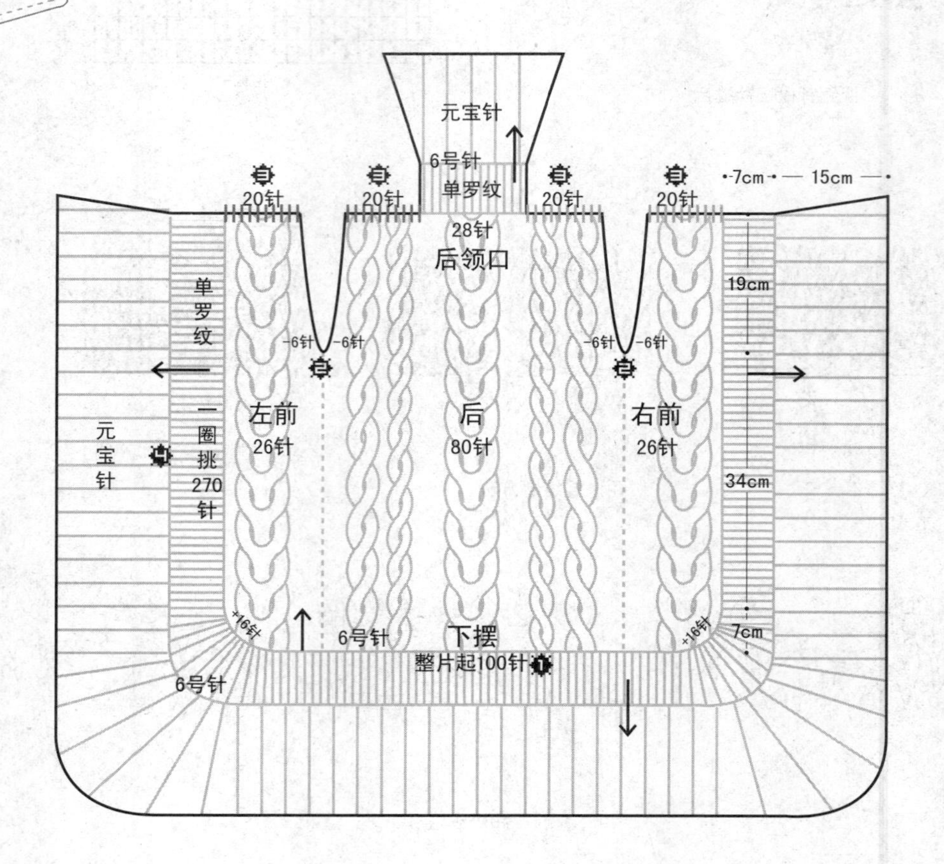

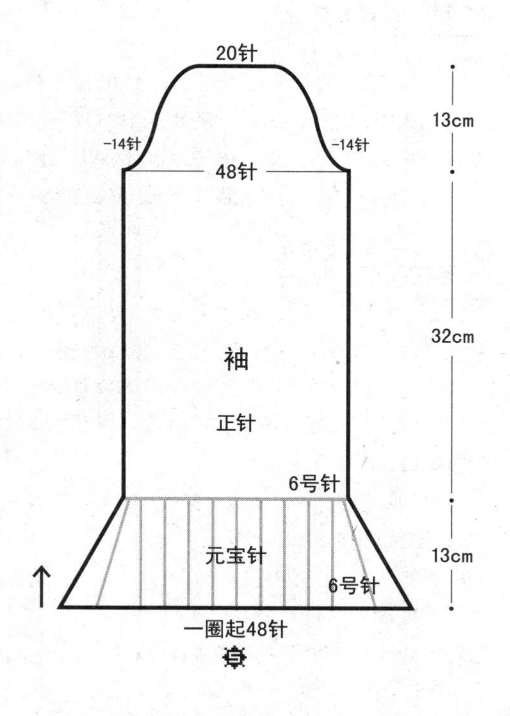

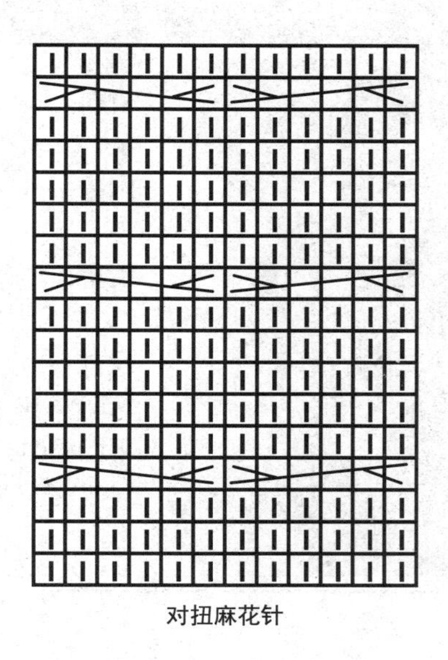

对扭麻花针

整体排花：132针

4	12	20	8	3	6	3	1	3	12	3	1	3	6	3	8	20	12	4
反针	对扭麻花针	反针	麻花针	反针	麻花针	反针	正针	反针	对扭麻花针	反针	正针	反针	麻花针	反针	麻花针	反针	对扭麻花针	反针

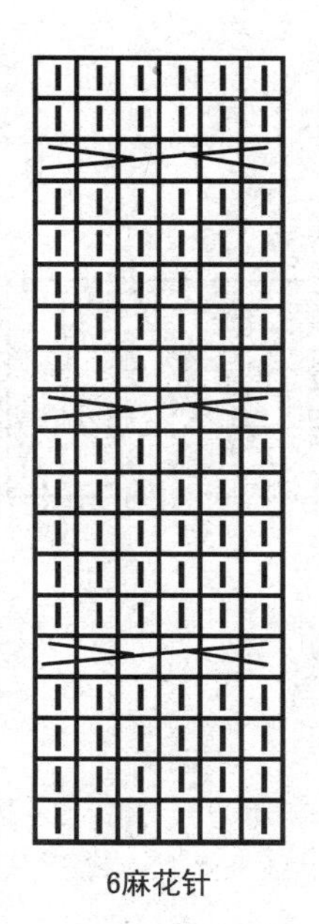

6麻花针

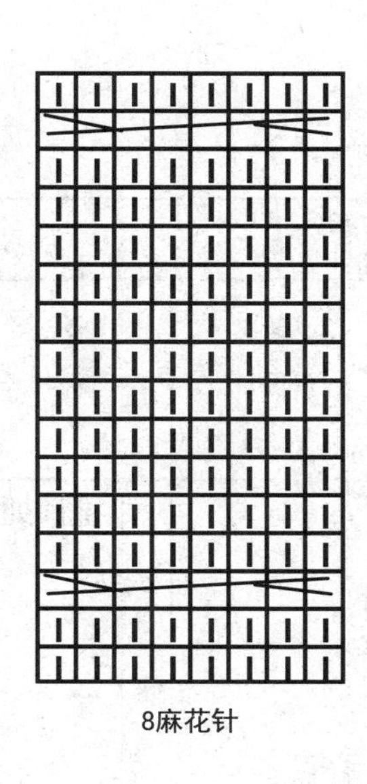

8麻花针

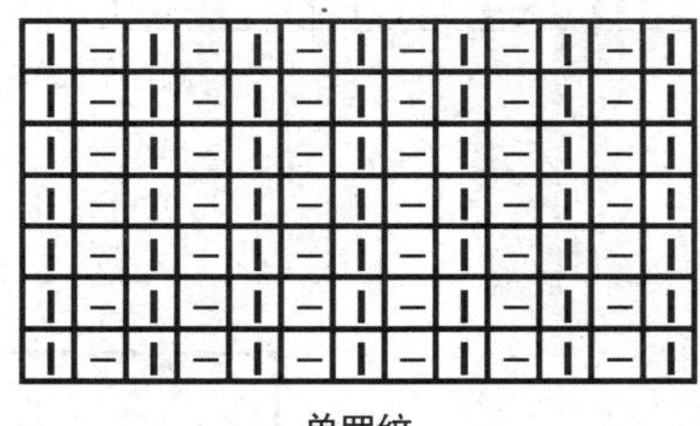

单罗纹

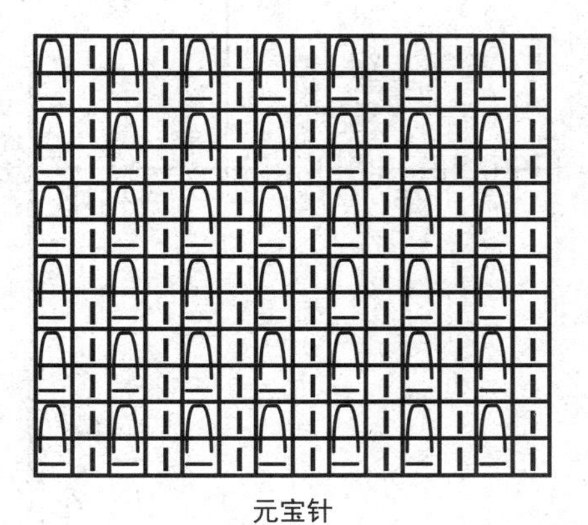

元宝针

P21 叶成荫开衫

材料:
羔羊毛棒针线

用量:
650g

工具:
6号针　8号针

尺寸(cm):
以实物为准

平均密度:
10cm²=20针×24行

编织简述:

按图织四个方叶子花，缝合成短围巾后，分别从两头挑针织成长围巾，然后在方叶子的上沿挑织领子。后背片另线起针织好后，缝合在方叶子位置，然后把长围巾的两个侧面重叠后与后背片的侧面缝合，最后挑织两袖。

编织步骤:

1·用6号针起8针从中间向四周环形织，每2针为一个加针点，隔1行在每个加针点的两侧加1针，每组织法同方叶子1/4织法，后形成方片。按此方法共织4个相同大小的方片并相互缝合形成短围巾。

2·分别从短围巾的两端挑出80针，用6号针往返向上织35cm扭针双罗纹后收针形成长围巾。

3·在四个花片上沿挑出160针，用8号针往返紧织8cm扭针单罗纹后收机械边形成领子。

4·后背片用6号针起75针往返向上织38cm蜡笔叶子针后，与中间的两个方叶子缝合形成后背。

5·将长围巾一侧35cm扭针双罗纹重叠后，再与后背片一侧的18cm位置缝合，形成自然的褶皱效果。

6·用6号针从挑袖处挑出39针，环形向下织不对称树叶花，至45cm时收平边形成袖子。

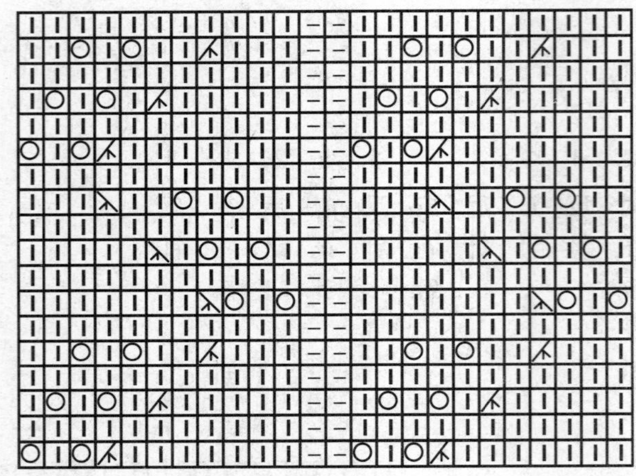

不对称树叶花

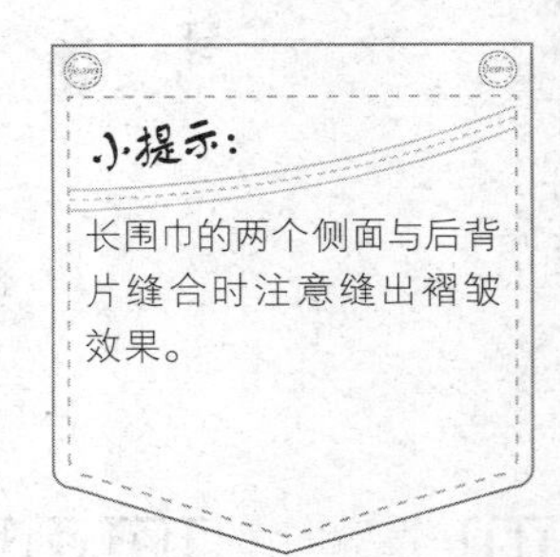

小提示:
长围巾的两个侧面与后背片缝合时注意缝出褶皱效果。

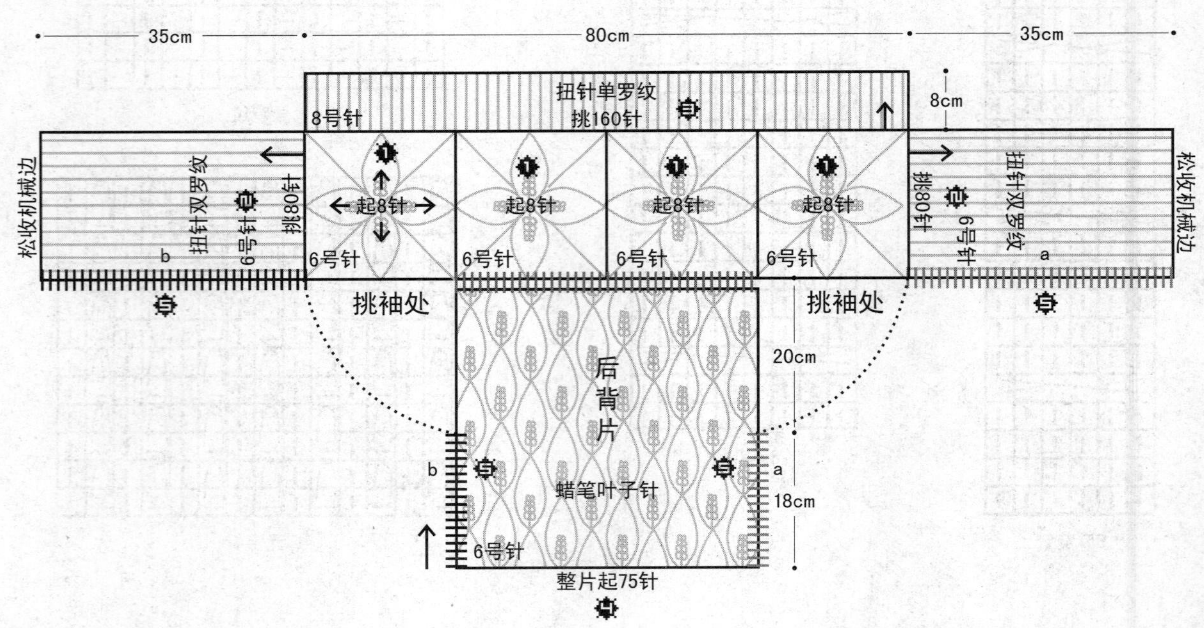

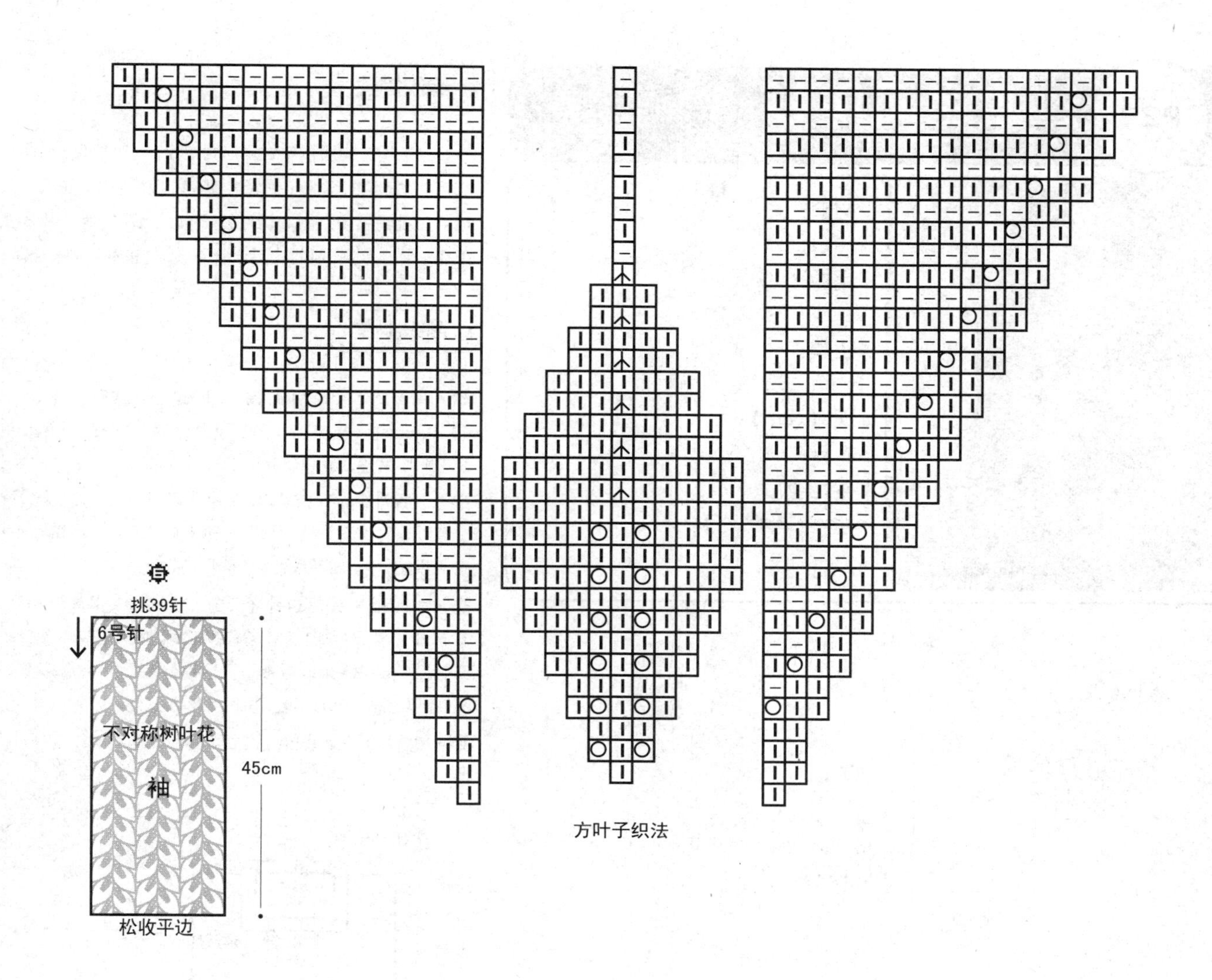

方叶子织法

扭针单罗纹

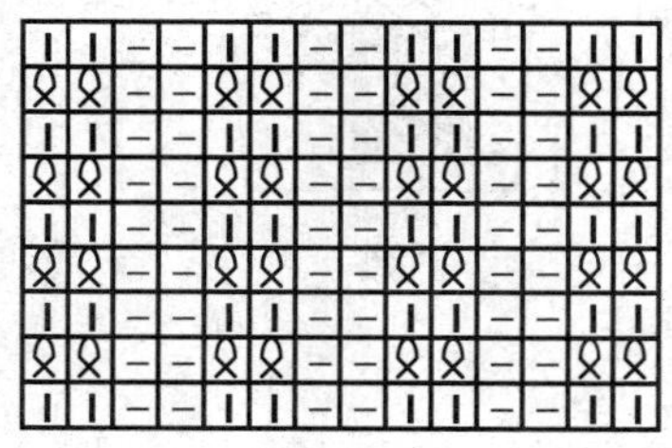

扭针双罗纹

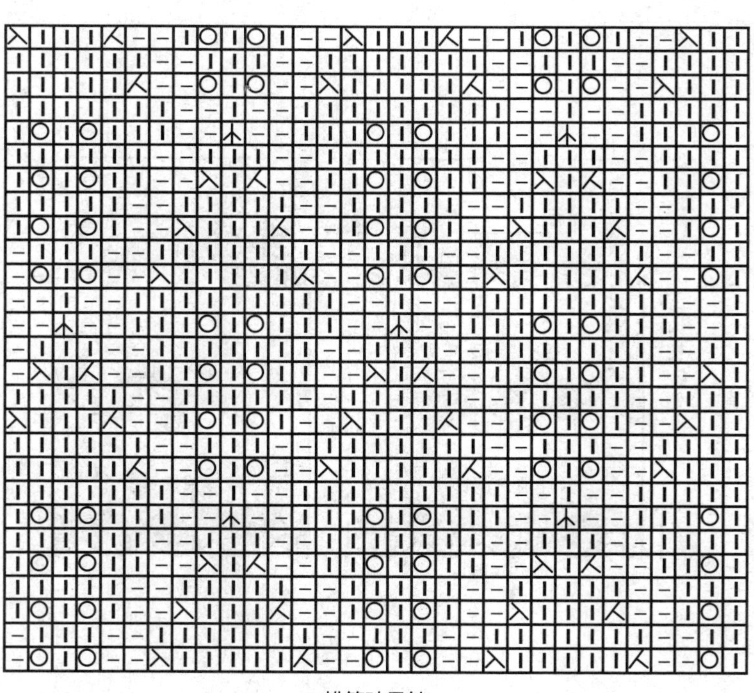

蜡笔叶子针

P22 过渡色凤尾衫

材料：
纯毛合股线

用量：
450g

工具：
6号针　8号针　3.0钩针

尺寸（cm）：
衣长54　袖长56　胸围71　肩宽27

平均密度：
10cm²=19针×24行

编织简述：

从下摆起针后按花纹环形向上织，同时每隔6cm换一次毛线的颜色，至腋下后减袖窿，然后减领口，前后肩头缝合后挑织领子；袖口起针后环形向上织，同时在袖腋处规律加针至腋下，减袖山后余针平收，与正身整齐缝合。

编织步骤：

❶·用6号针起136针环形向上织双波浪凤尾针。

❷·每6cm换一次颜色，总长至36cm时减袖窿，①平收腋正中9针，②隔1行减1针减4次。

❸·距后脖10cm时减领口，①平收领正中20针，②余针向上直织。前后肩头缝合后，从领口挑出100针，用8号针环形紧织2cm扭针单罗纹后收机械边形成小方领。

❹·袖口用6号针起34针环形向上织双波浪凤尾针，同时在袖腋处隔13行加1次针，每次加2针，共加7次，加出针织正针。总长至43cm时减袖山，①平收腋正中8针，②隔1行减1针减13次，余针平收，与正身整齐缝合。

❺·按前片正身虚线位置钩立体的长针。

小提示：
在腋下分针时注意，取一组17针完整花纹作为腋部正中，方便减针。

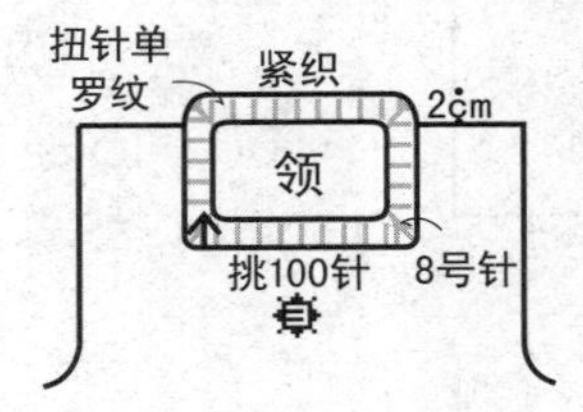

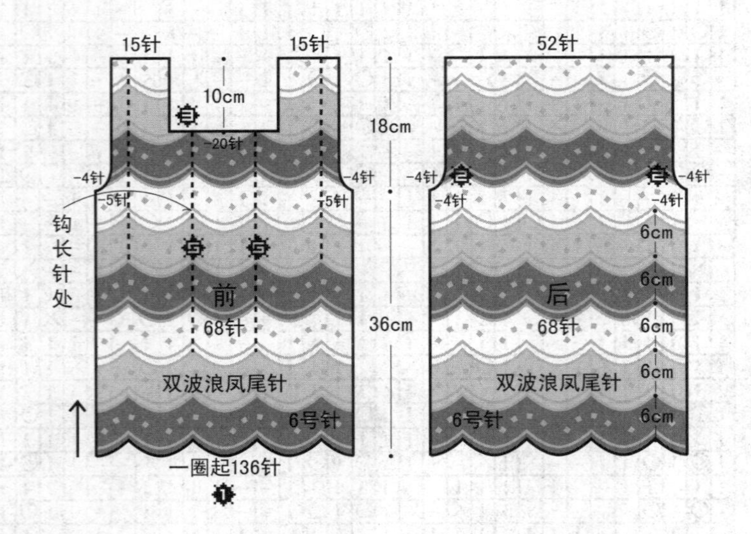

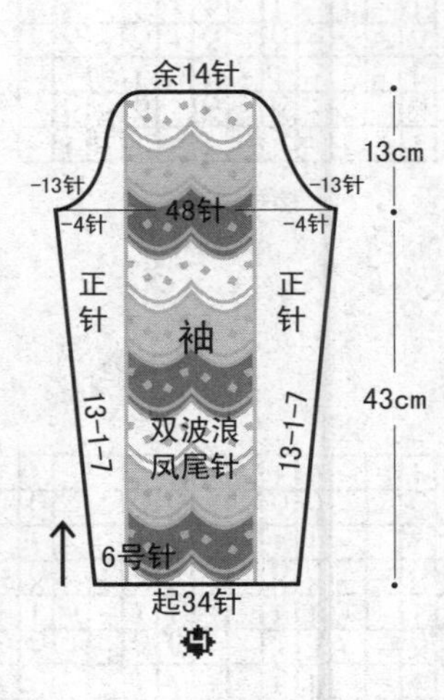

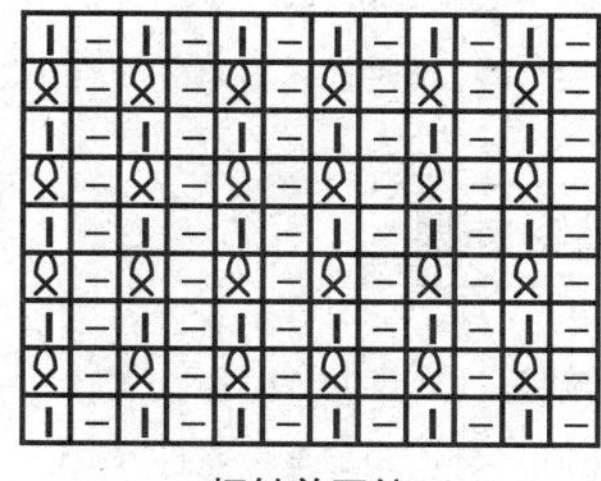
扭针单罗纹

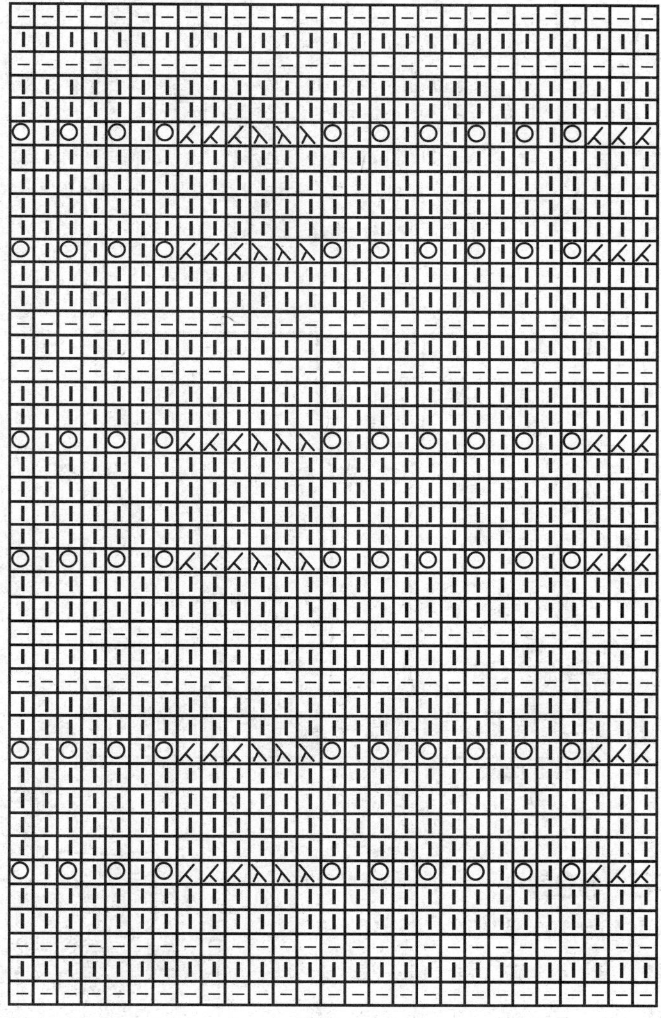
双波浪凤尾针

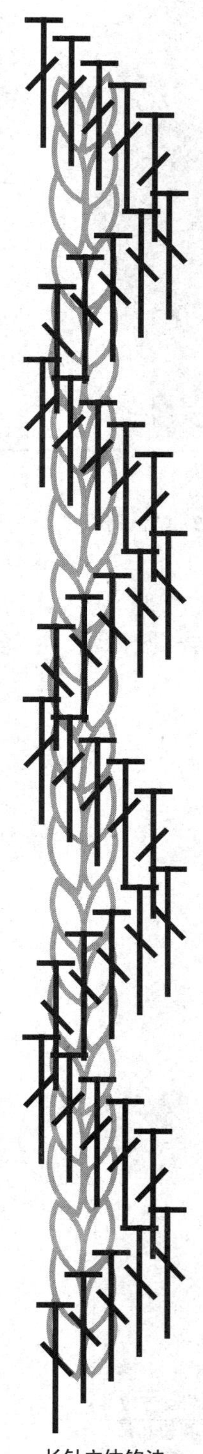
长针立体钩法

P23 高蓬袖皮草上衣

材料:
275规格纯毛粗线

用量:
650g

工具:
6号针　8号针

尺寸(cm):
衣长58　袖长57　胸围69　肩宽25

平均密度:
10cm²=19针×24行

编织简述:

从下摆起针后环形向上织，先减袖窿后减领口，前后肩头缝合后挑织高领；袖口起针后按排花环形向上织，加针后形成高蓬袖效果，至腋下后减袖山，最后将余针再次减针后平收，然后与正身整齐缝合。

编织步骤:

❶·用8号针起120针环形向上织10cm扭针单罗纹。

❷·换6号针均匀加至132针改横条纹针。

❸·总长至40cm时减袖窿，①平收腋正中8针，②隔1行减1针减5次。

❹·距后脖8cm时减领口，①平收领正中12针，②隔1行减3针减1次，③隔1行减2针减2次，④隔1行减1针减1次。前后肩头缝合后，从领口处挑出80针，用6号针环形织5cm绵羊圈圈针后，换8号针改织8cm扭针单罗纹并收机械边形成高领。

❺·袖口用8号针起36针环形向上织4cm扭针单罗纹后，换6号针均匀加至50针按紧袖排花环形向上织28cm后，再次加至80针按袖肩排花环形向上织12cm后减袖山，①平收腋正中8针，②隔1行减1针减13次，余针再次均匀减至20针后平收，然后与正身整齐缝合。

紧袖排花：50针

1	6	1	4	1	16	1	4	1	6	1
反针	麻花针	反针	松针	反针	对扭麻花针	反针	松针	反针	麻花针	反针

8
宽锁链针

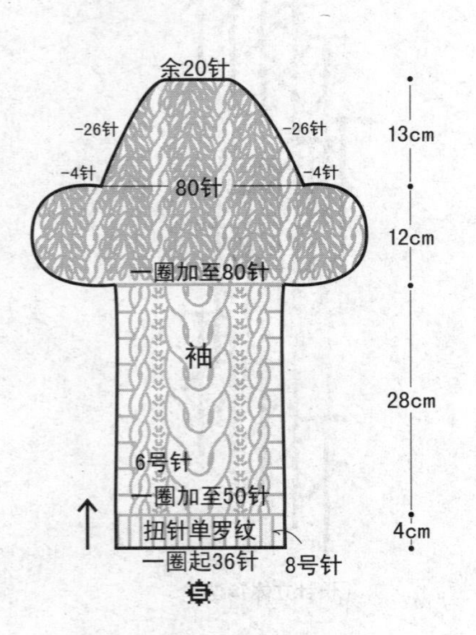

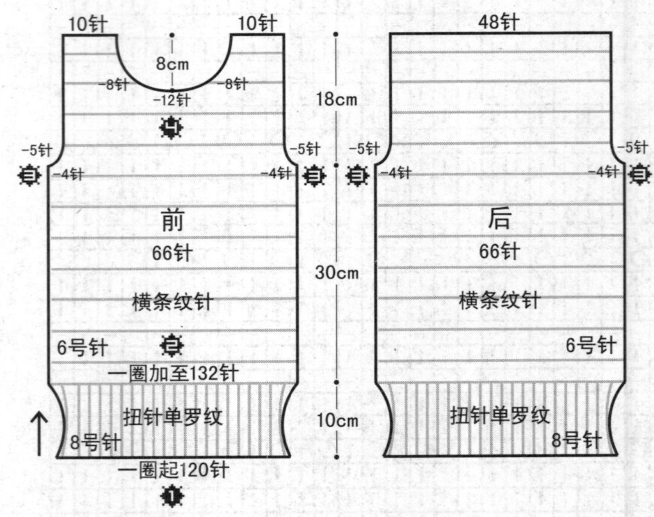

袖肩排花：80针

10	6	10	6	10	6	10	6	10	6
绵羊圈圈针	麻花针	绵羊圈圈针	麻花针	绵羊圈圈针	麻花针	绵羊圈圈针	麻花针	绵羊圈圈针	麻花针

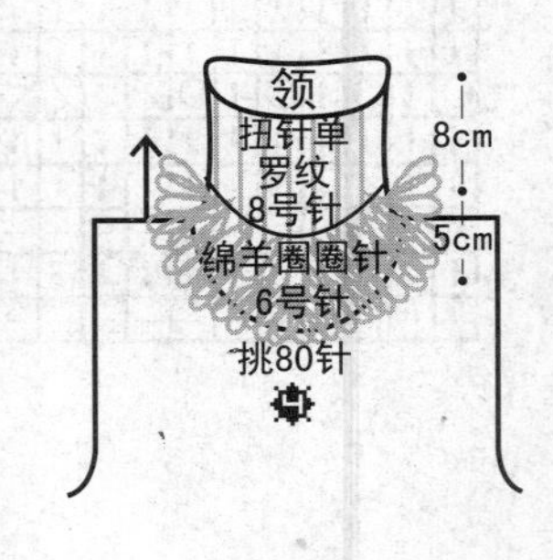

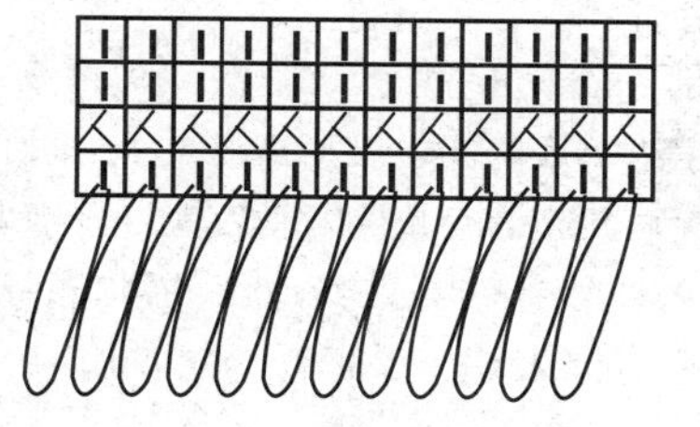

第一行：右食指绕双线织正针，然后把线套绕到正面，按此方法织第2针。
第二行：由于是双线所以2针并1针织正针。
第三、四行：织正针，并拉紧线套。
第五行以后重复第一到第四行。

绵羊圈圈针

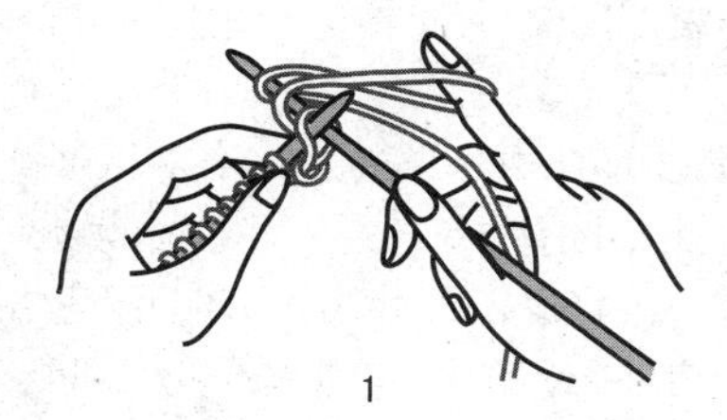
1

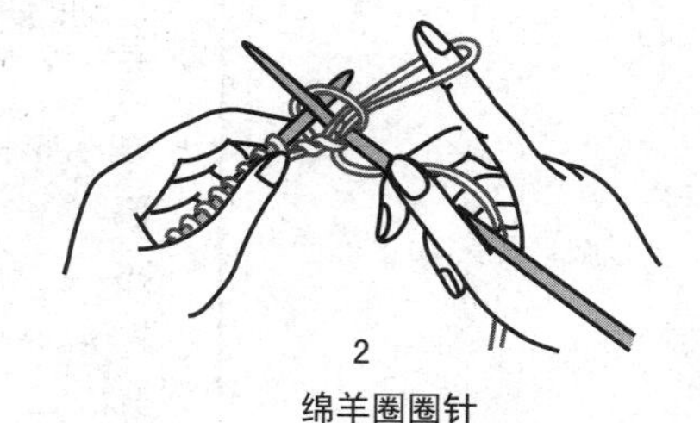
2

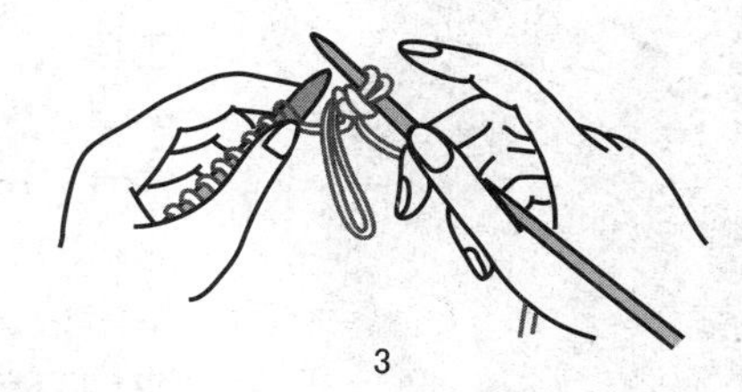
3

绵羊圈圈针

小提示：

领部的绵羊圈圈针长度在3cm左右，即短又密集；肩部的绵羊圈圈针长度在4cm左右。

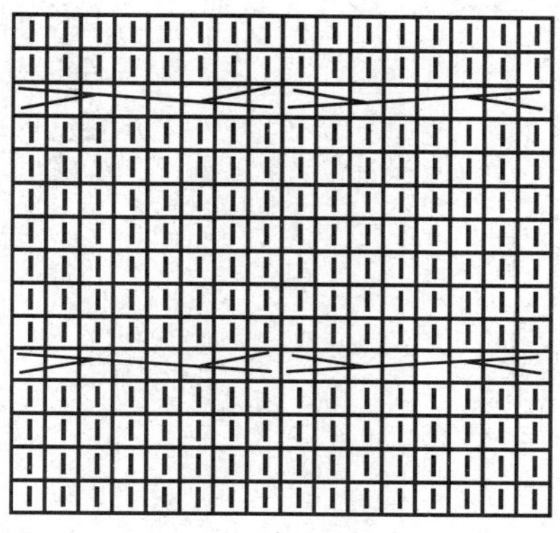
对扭麻花针

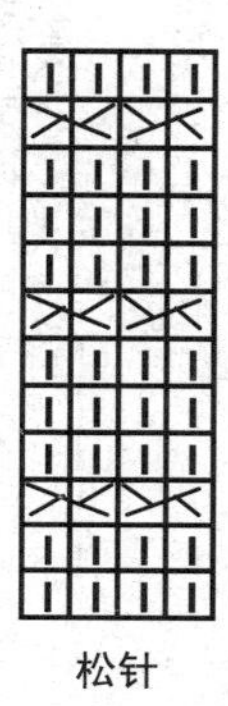
松针

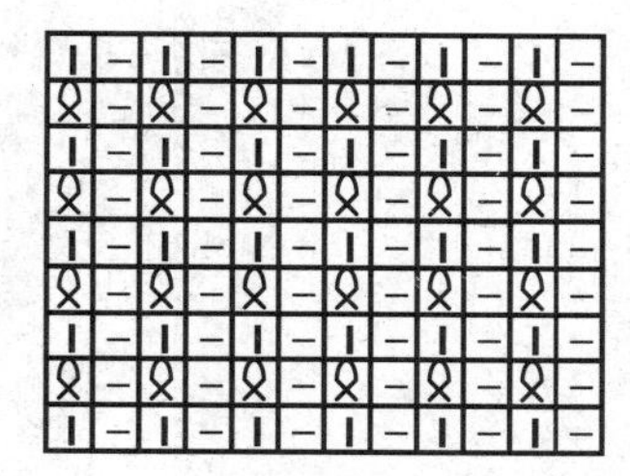
扭针单罗纹

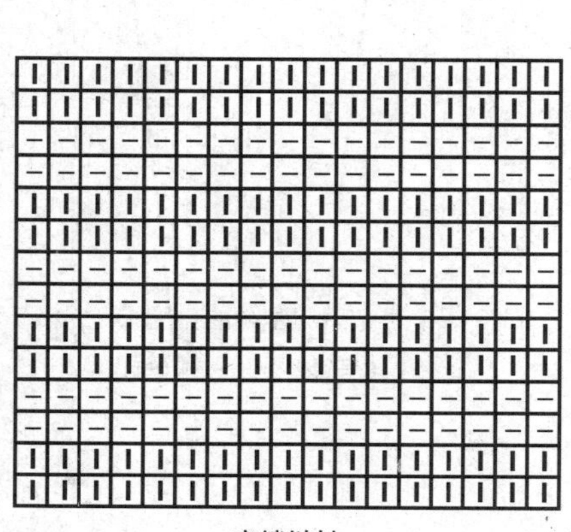
宽锁链针

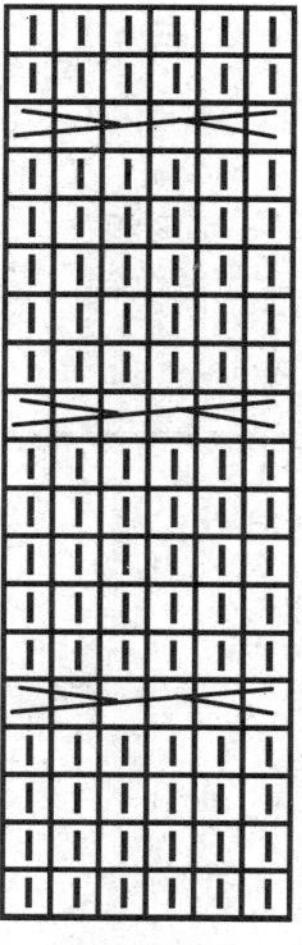
麻花针

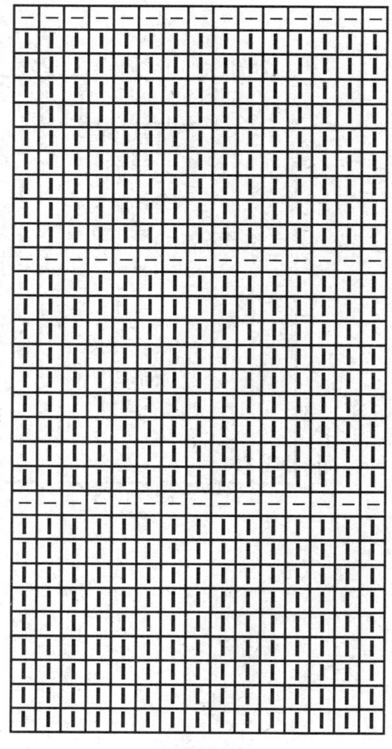
横条纹针

P24 圆肩束腰上衣

材料：
纯毛合股线

用量：
650g

工具：
6号针　8号针

尺寸(cm)：
衣长53　袖长42（腋下至腋口）
胸围72　肩宽36

平均密度：
10cm²=22针×24行

编织简述：

从下摆起针后环形向上织，至腋下后不减袖窿，直接分前后片向上织，然后减领口，前后肩头缝合后挑织高领。袖从袖窿口挑针环形向下织，然后在袖口收针。最后在腰部用手针缝合花纹。

编织步骤：

1·用6号针起160针环形向上织宽罗纹针。

2·总长至33cm时分前后向上织，袖窿处不必减针。

3·距后脖6cm时，取前片正中30针平留，左右余针向上直织。前后肩头缝合后，从领口处挑出80针，用6号针按原花纹规律环形向上织12cm宽罗纹针后收机械边形成高领。

4·用6号针从袖窿口挑出40针环形向下织正针，同时在袖腋处隔13行减1次针，每次减2针，共减8次，总长至40cm时余24针，换8号针改织2cm锁链针后收平边形成袖口。

5·按图在腰部缝合形成菱形花纹同时起到收腰效果。

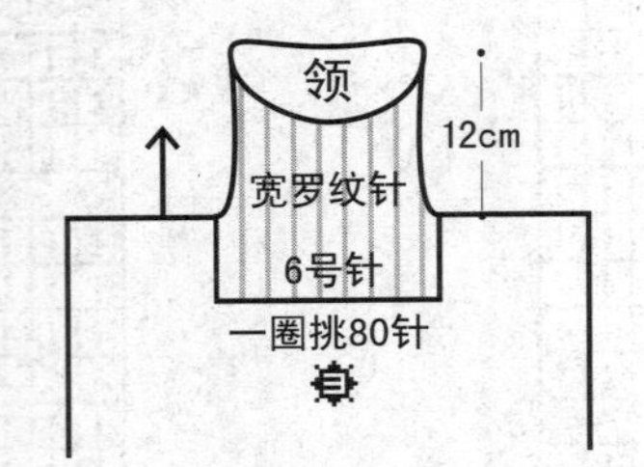

小提示：
腋下分针织前后片时，取2反针为腋正中，刚好前后片各1反针。

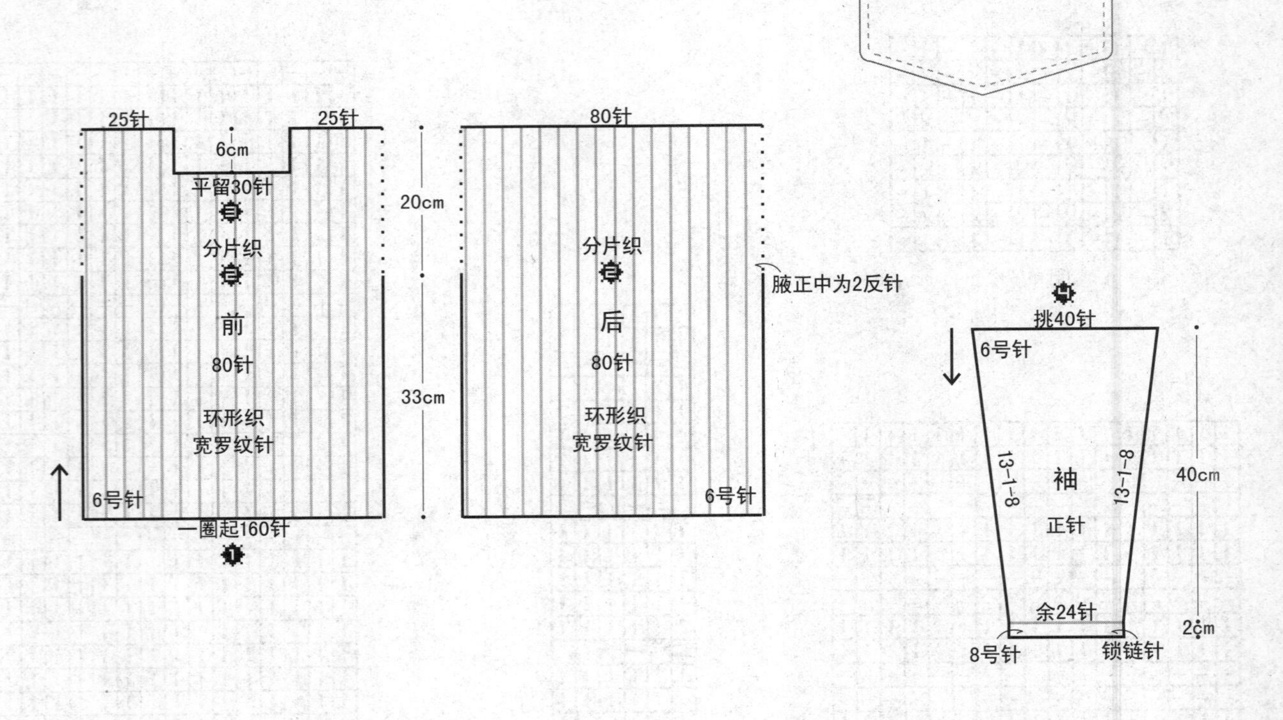

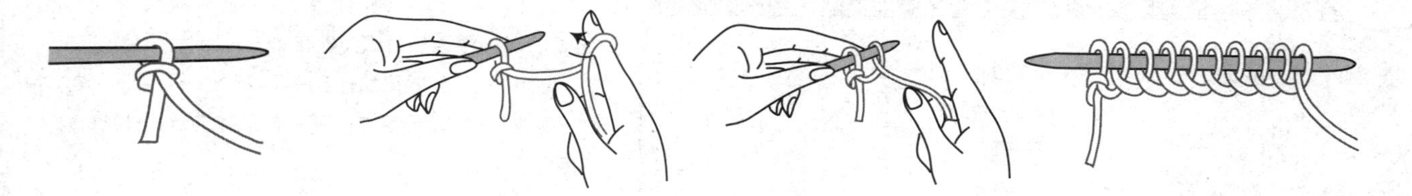

绕线起针法

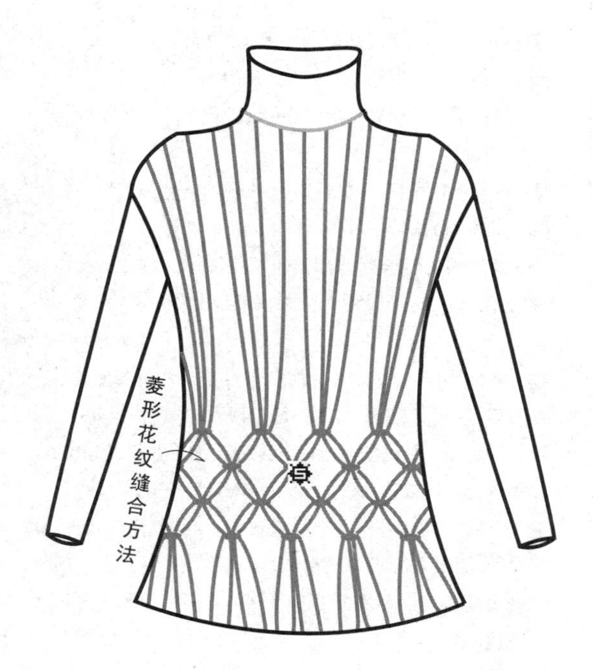

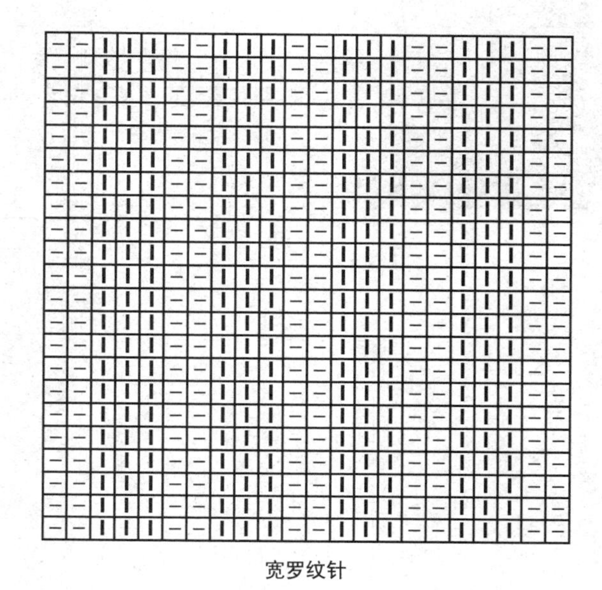

宽罗纹针

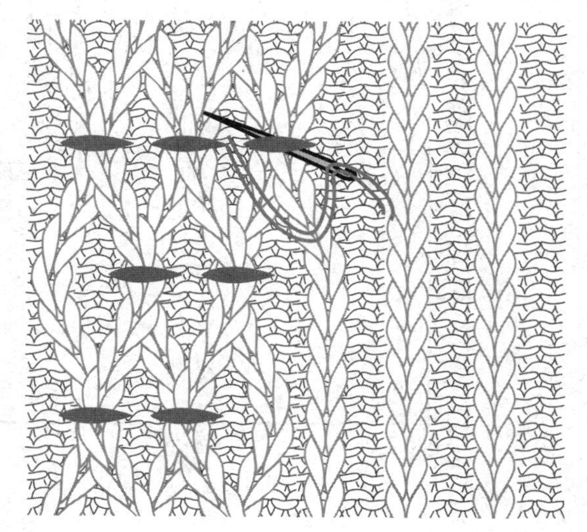

菱形花纹缝法

P25 铃铛花开衣

材料：
纯毛合股线

用量：
650g

工具：
6号针　8号针

尺寸（cm）：
衣长58　袖长57　胸围75　肩宽26

平均密度：
10cm²=19针×24行

小提示：
X花纹织花纹的一行时，先在右针上绕两圈，然后织左针，第二行时，每4针扭一次麻花。

编织简述：

从下摆起针后往返向上织，减袖窿和减领口同时进行，前后肩头缝合后挑织门襟花边。袖口起针后环形向上织，同时在袖腋处规律加针至腋下，减袖山后余针平收，与正身整齐缝合，最后在肩部袖与正身缝合迹挑针往返织两层铃铛花。

编织步骤：

❶·用6号针起124针往返向上织18cmX花纹。

❷·不换针改织22cm正针。

❸·总长至40cm时减袖窿，①平收腋正中8针，②隔1行减1针减4次。

❹·在减袖窿的同时减领口，①在领的一侧隔1行减1针减7次，②隔3行减1针减4次。

❺·前后肩头缝合后，从后脖、左右领口、左右门襟边共挑出181针用6号针往返织5cm铃铛花后松收平边形成门襟花边。

❻·袖口用8号针起36针环形向上织15cm扭针单罗纹后，换6号针改织正针，同时在袖腋处隔7行加1次针，每次加2针，共加8次，总长至44cm后减袖窿，①平收腋正中8针，②隔1行减1针减13次，余针平收，与正身整齐缝合。

❼·在肩部袖与正身缝合的位置挑出21针，用6号针往返织7cm铃铛花后松收平边形成底层花边；重新从原来挑针的位置再挑出21针往返织5cm铃铛花后松收平边形成上层花边。

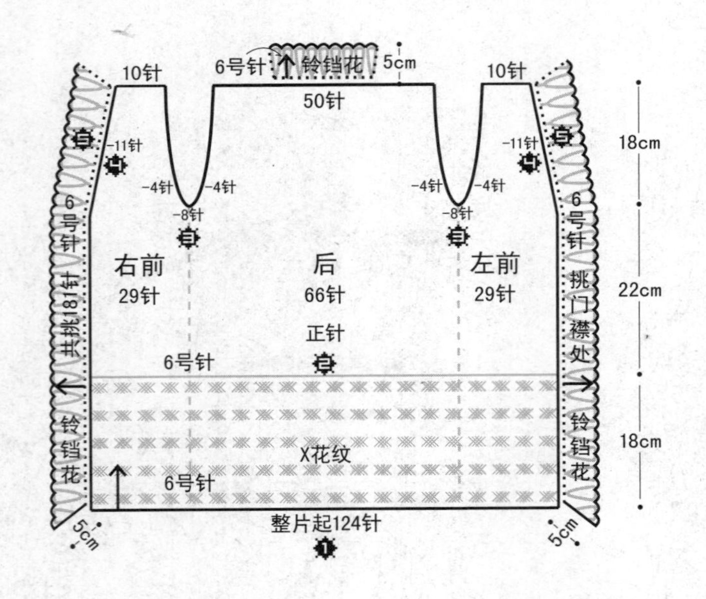

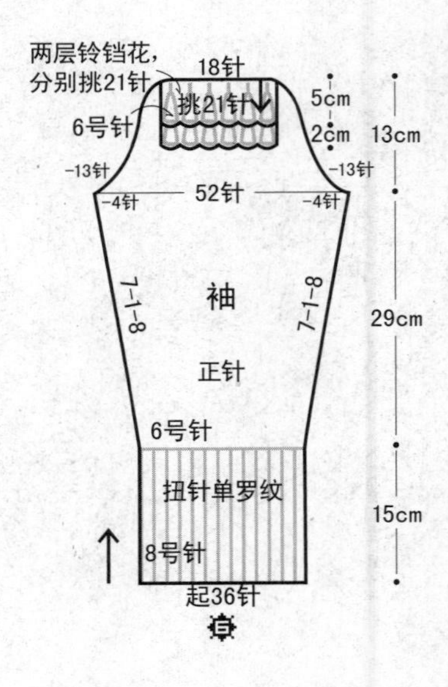

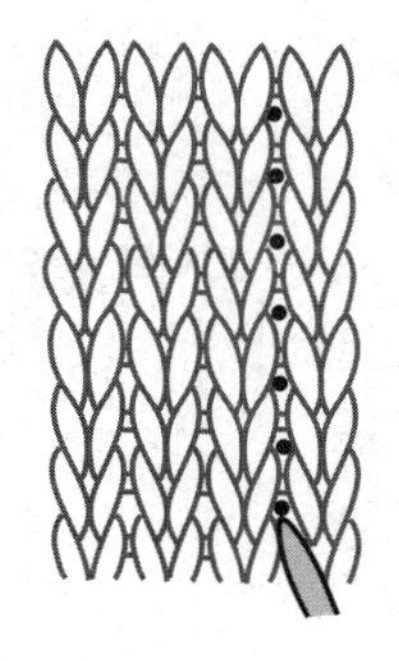

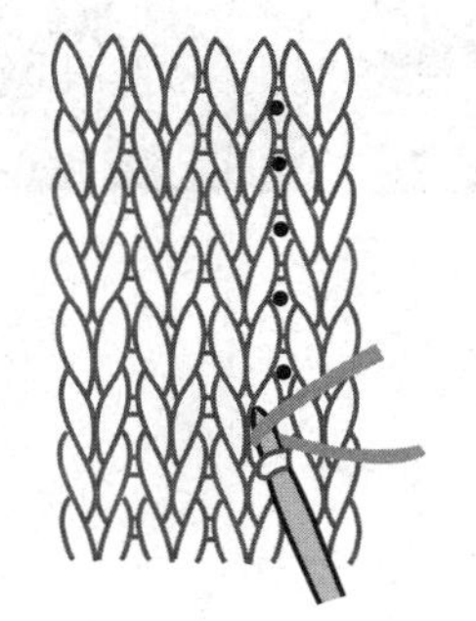
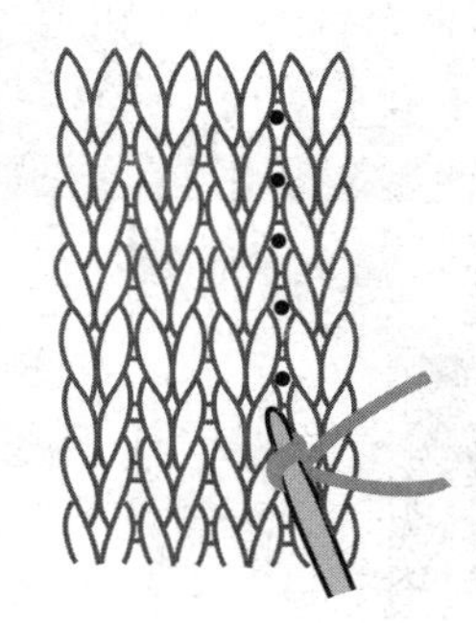

挑针方法

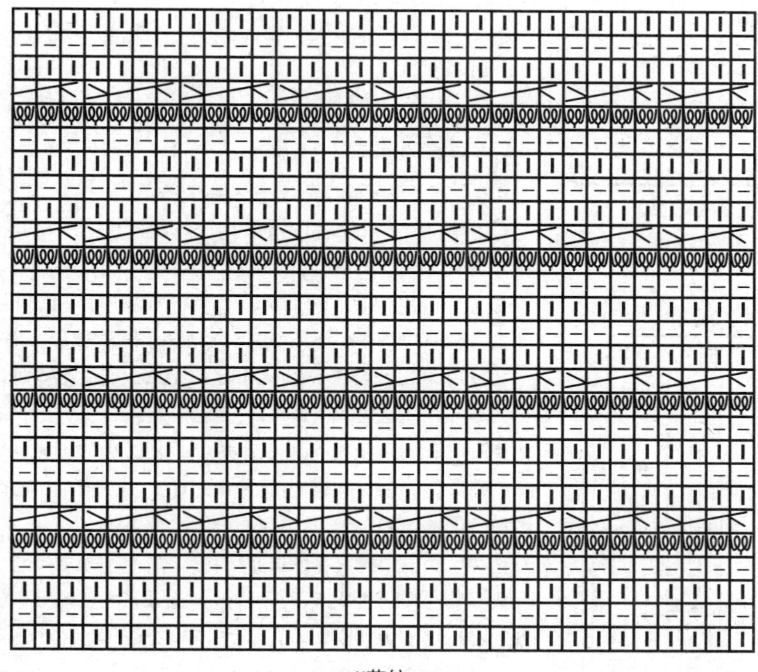

X花纹

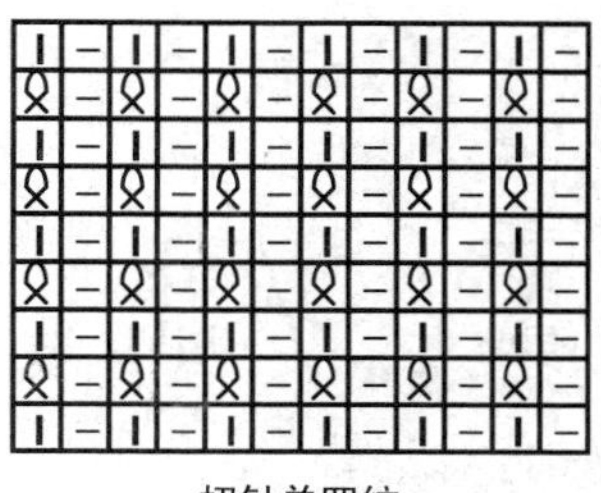

扭针单罗纹

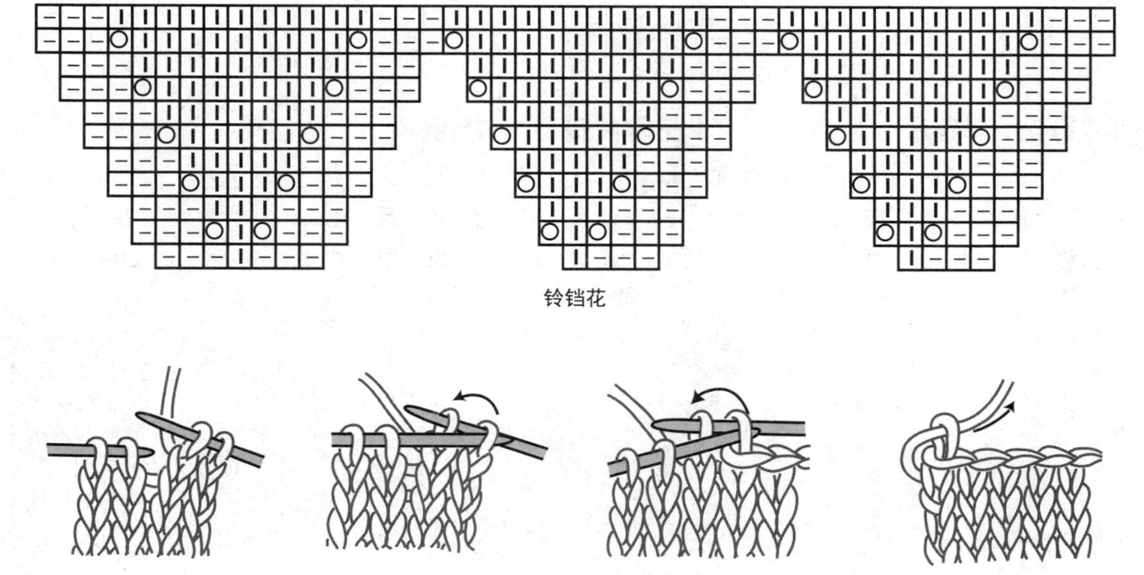

铃铛花

收平边方法

P26 美胸高腰上衣

材料:
275规格纯毛粗线

用量:
650g

工具:
6号针　8号针

尺寸(cm):
衣长51　袖长56　胸围70　肩宽27

平均密度:
10cm²=20针×24行

编织简述:

按花纹分别完成左右肩片，然后环形织正身，至胸部时分前后片按要求向上往返织，完成后松缝合形成上身最后将织好的两袖与袖窿口缝合。

编织步骤:

1 · 用6号针起23针织旋胸花纹。

2 · 形成半圆后，将起针处一并挑起，整片共46针按右肩片排花往返向上织。

3 · 在向上织的同时减右腋袖窿，平收4针，隔1行减1针减4次。

4 · 领口位置同时减针，①在4麻花针的内侧减针，②隔1行减1针减20次后完成右肩片。

5 · 按此方法织左肩片，注意花纹对称。

6 · 用6号针另线起140针环形向上织22cm扭针单罗纹后，先织前片。

7 · 将70针从中间均分两份，取其中一份将中间的11针平收，然后在两侧隔1行减1针减3次，隔1行减2针减1次，隔1行减1针减3次，隔3行减1针减4次。减针后，前片形成两个凹陷，刚好把左右肩片嵌入，并用针松缝合。

8 · 后片向上直织至33cm后在两侧减袖窿，①平收腋一侧4针，②隔1行减1针减4次，余针向上直织，总长至51cm时，前后肩头合取18针缝合。

9 · 袖口用8号针起36针环形向上织15cm扭针单罗纹后，换6号针按袖子排花环形向上织，同时在袖腋处隔17行加1次针，每次加2针，共加5次，总长至43cm时减袖山，①平收腋正中8针，②隔1行减1针减13次，余针平收，与正身整齐缝合。

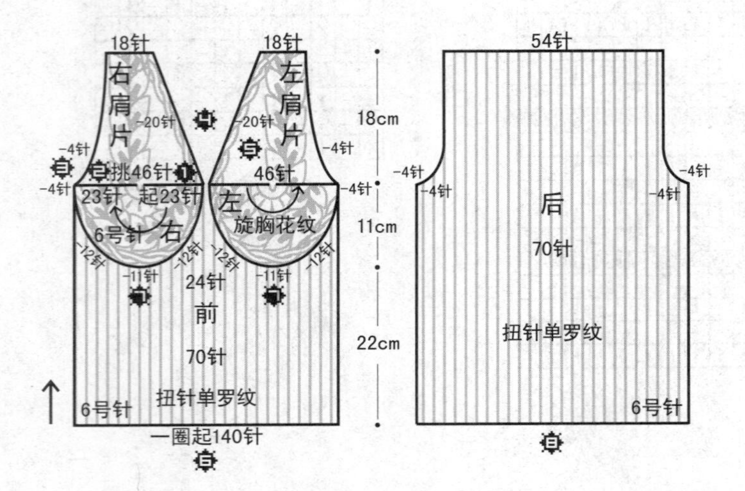

右肩片排花：46针

15	1	11	1	12	1	4	1
正针	反针	不对称树叶花	反针	正针	反针	麻花针	正针

左肩片排花：46针

1	4	1	12	1	11	1	15
正针	麻花针	反针	正针	反针	不对称树叶花	反针	正针

小提示:

领口减针时，注意在4麻花针的内侧规律减针，麻花刚好形成自然的领边。

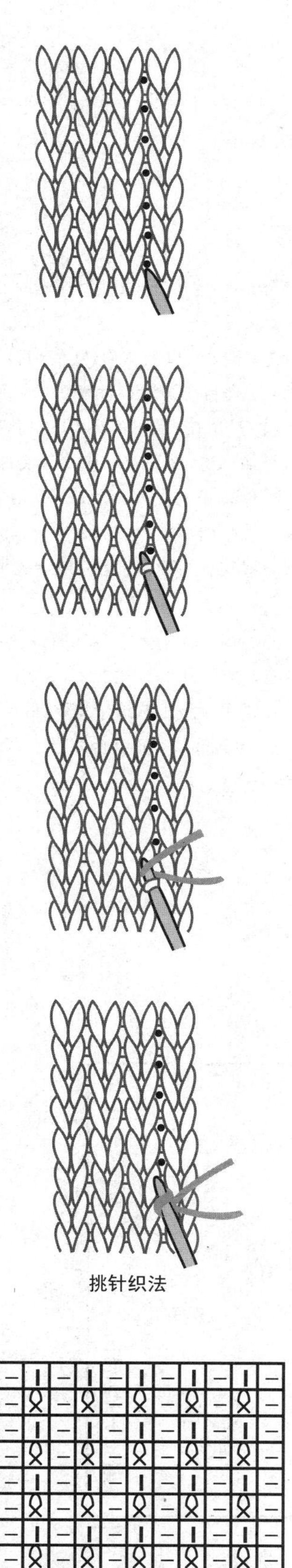

挑针织法

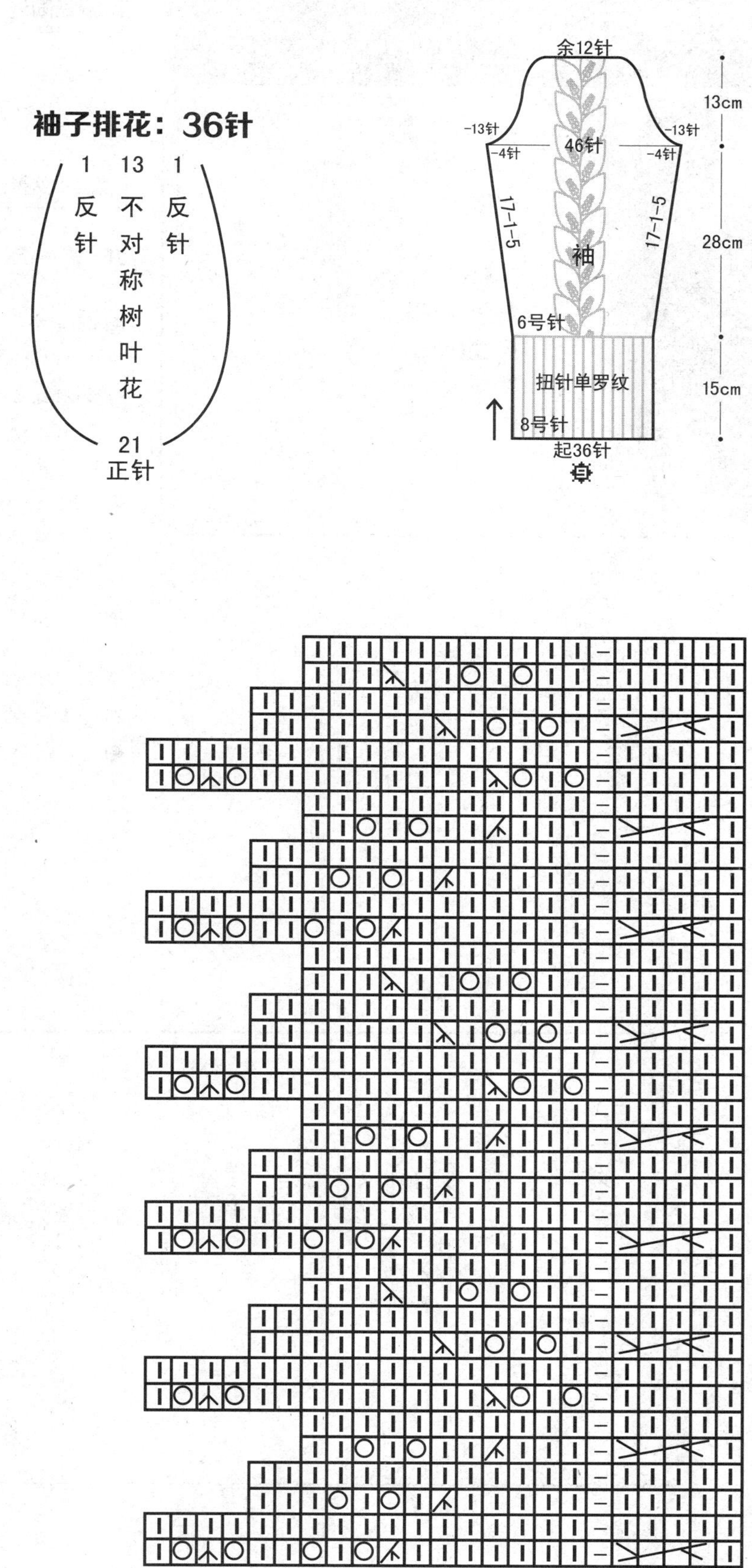

扭针单罗纹

旋胸花纹

P27 紫依百合开衫

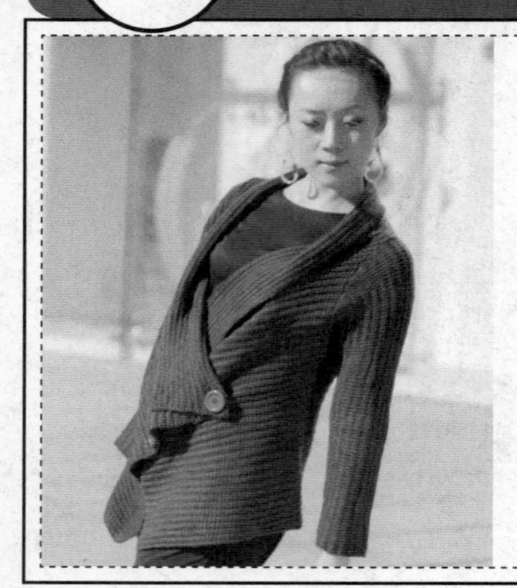

材料：
棉纶合股线
用量：
550g
工具：
直径0.6cm粗竹针
尺寸（cm）：
以实物为准

小提示：
注意右前片的扣子缝在服装的内侧。

编织简述：

起针后往返织有两个长洞的一个长方形，长洞为袖窿口，将织好的袖子整齐缝在袖窿口处。

编织步骤：

1. 右门襟用直径0.6cm粗竹针起104针往返向上织双元宝针。
2. 总长至35cm时，取左侧50针停针、中间14针平收、右边40针停针，然后在腋部隔1行减1针减6次，同时在肩部每行减1针减14次；然后在腋部隔1行加1针加6次、同时在肩部每行加1针加14次，最后平加出14针合成原来的104针大片往返向上织，形成的六边形长洞为袖窿口。
3. 合成104针大片时，再往返直织44cm后完成第二个袖窿口，第二次合成104针后再往返织35cm收平边形成左门襟。
4. 袖口用直径0.6cm粗竹针起36针后环形向上织双元宝针，隔25行在袖腋处加1次针，每次加2针，共加5次。总长至42cm时减袖山，①平收腋正中8针，②隔1行减1针减15次，余针平收，与正身袖窿口整齐缝合。
5. 按图在相应位置缝好扣子。

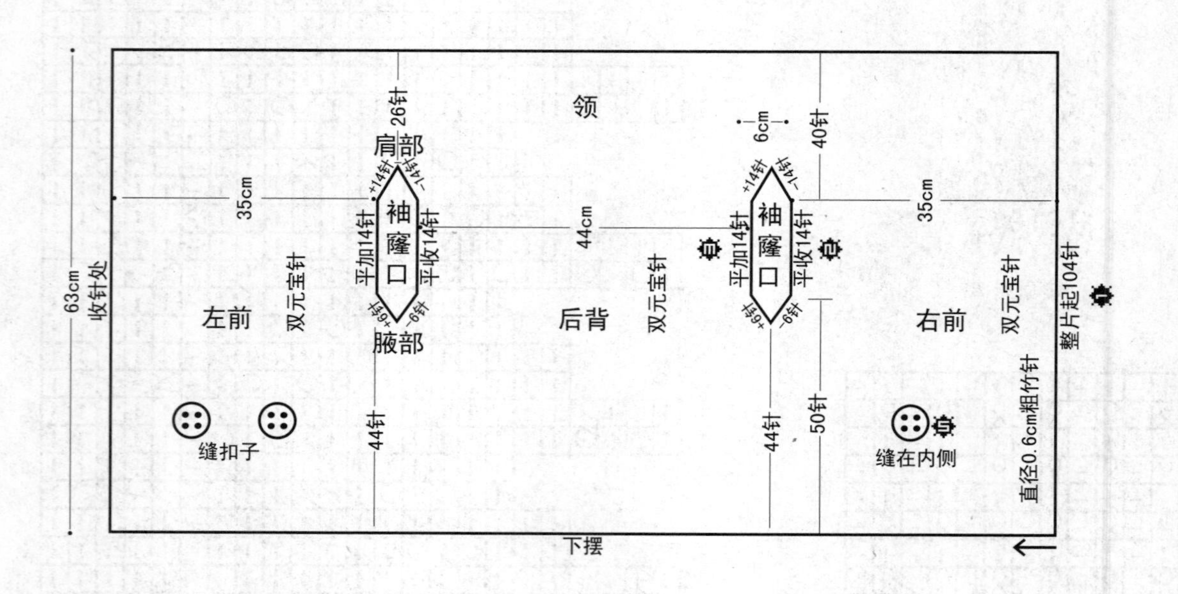

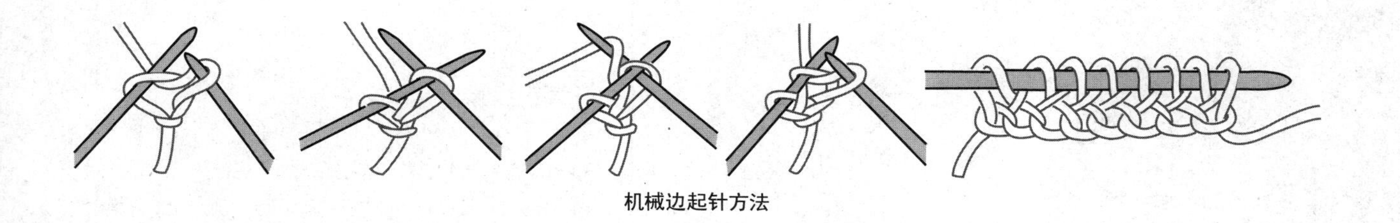

机械边起针方法

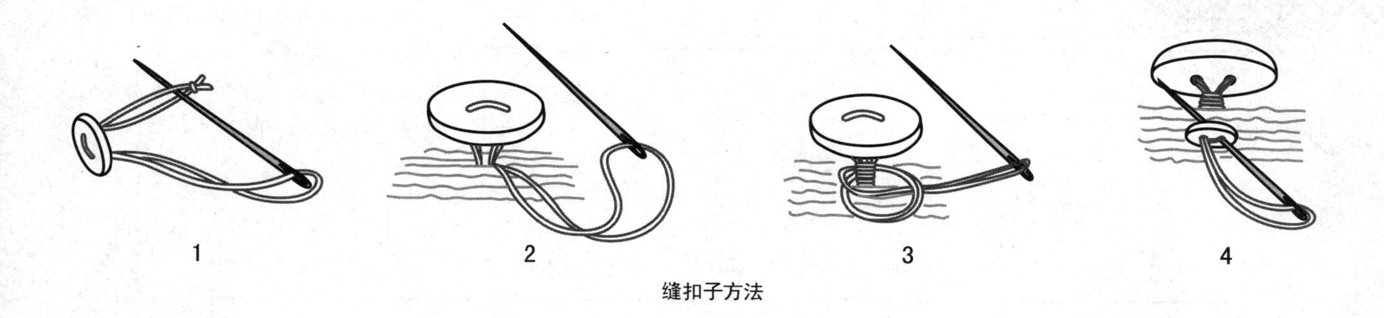

缝扣子方法

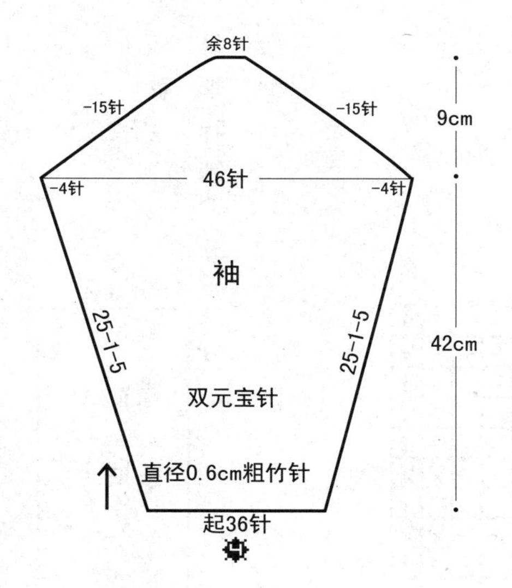

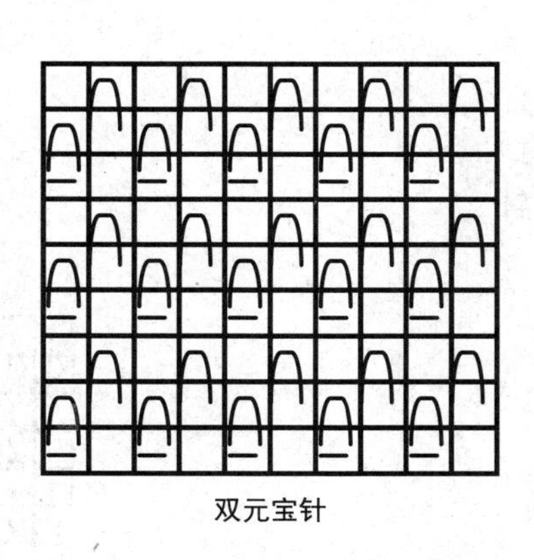

双元宝针

P28 小花叶纤腰开衫

材料：
纯羊毛中粗线

用量：
650g

工具：
6号针　8号针

尺寸(cm)：
以实物为准

平均密度：
10cm^2=20针×24行

编织简述：

按排花往返织一条长围巾，然后另织后背片，将后背片与长围巾按要求缝合后，再从袖窿口挑针向下环形织袖子。

编织步骤：

1. 用8号针起40针往返向上织3cm星星针。
2. 换6号针按长围巾排花往返向上织130cm后，再换8号针改织3cm星星针后收针形成长围巾。
3. 用8号针另线起66针往返向上织15cm扭针双罗纹后，换6号针按后背片排花往返向上织15cm后，缝合在长围巾左侧中段30cm位置形成后背片。
4. 将长围巾一侧30cm位置重叠后，再与后背片一侧15cm位置缝合，形成自然的褶皱效果。
5. 用6号针从袖窿口处挑出36针，环形向下织横条纹针，总长至35cm后，换8号针改织10cm扭针双罗纹后收机械边形成袖子。

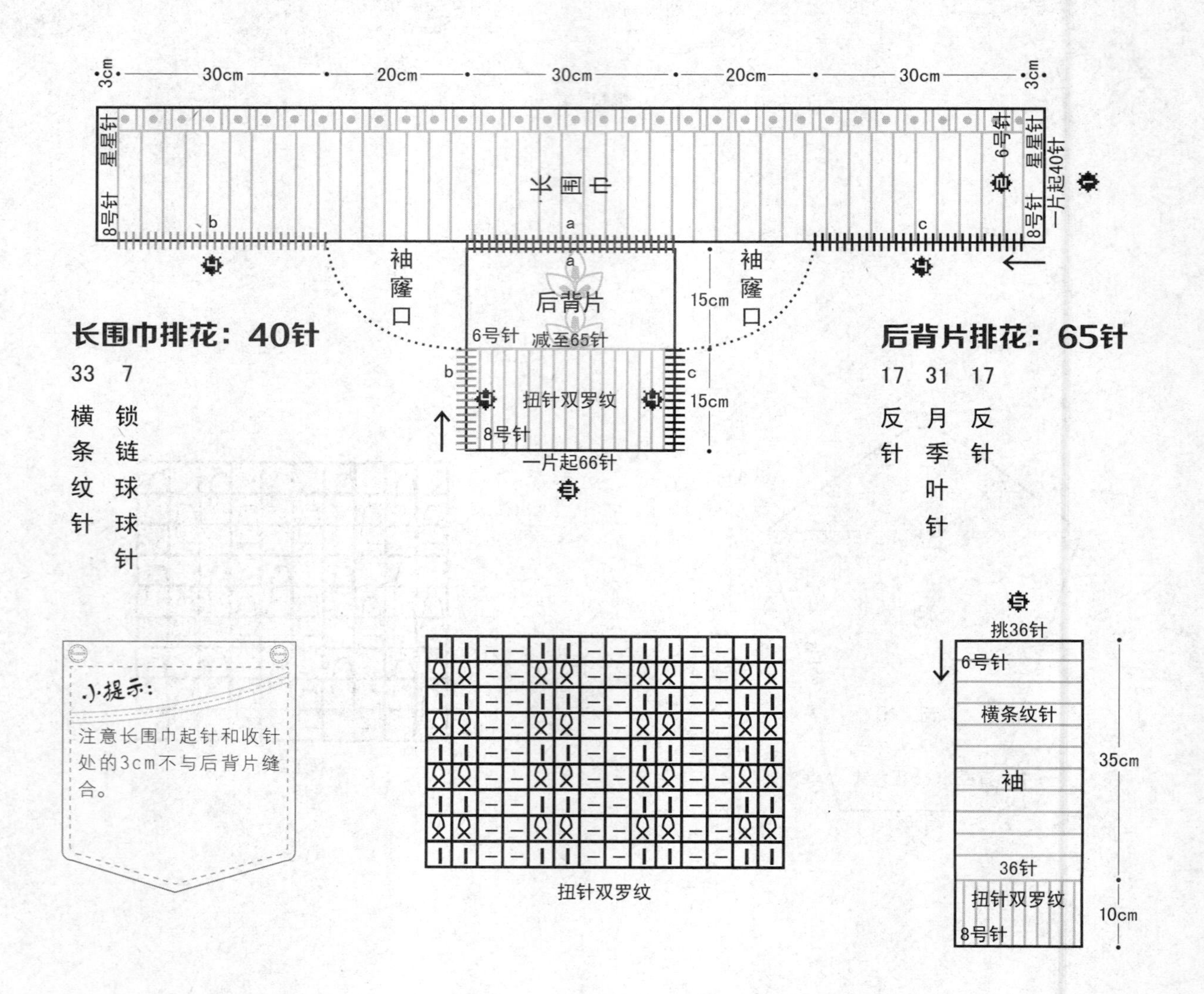

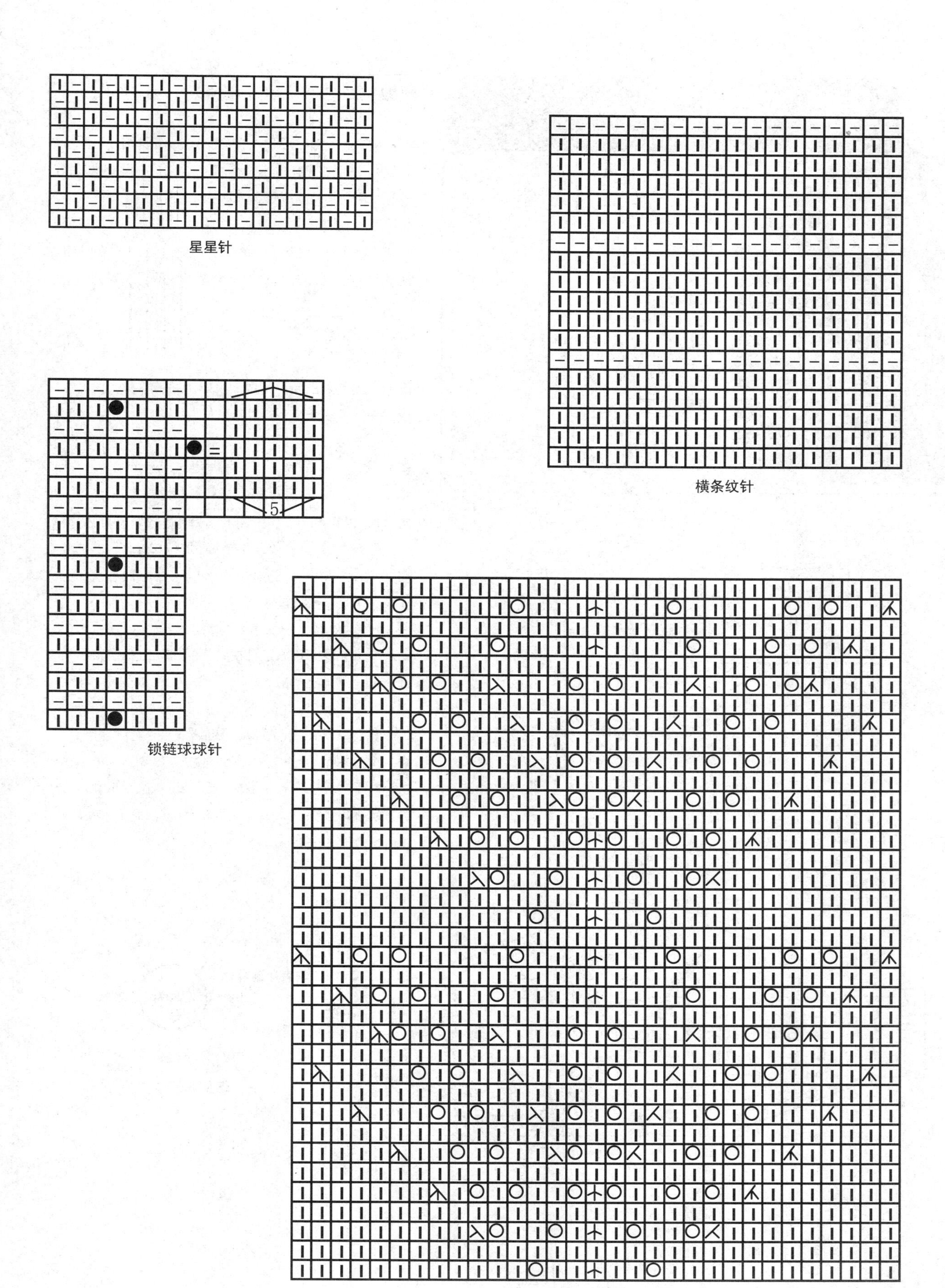

星星针

横条纹针

锁链球球针

月季叶针

P29 双层飞肩上衣

材料:
羊仔毛手织线

用量:
500g

工具:
6号针　8号针

尺寸(cm):
衣长56　袖长45(腋下至袖口)　胸围69

平均密度:
10cm²=19针×24行

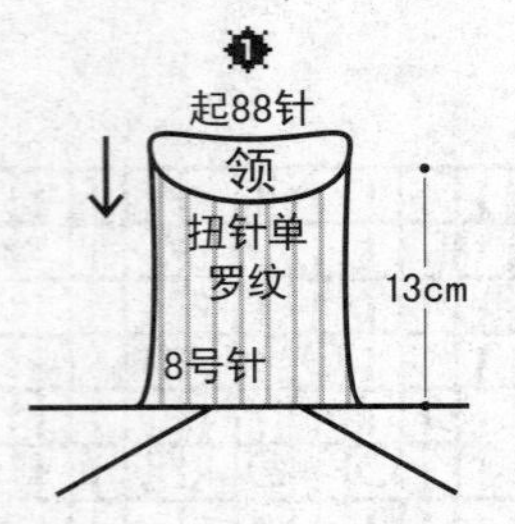

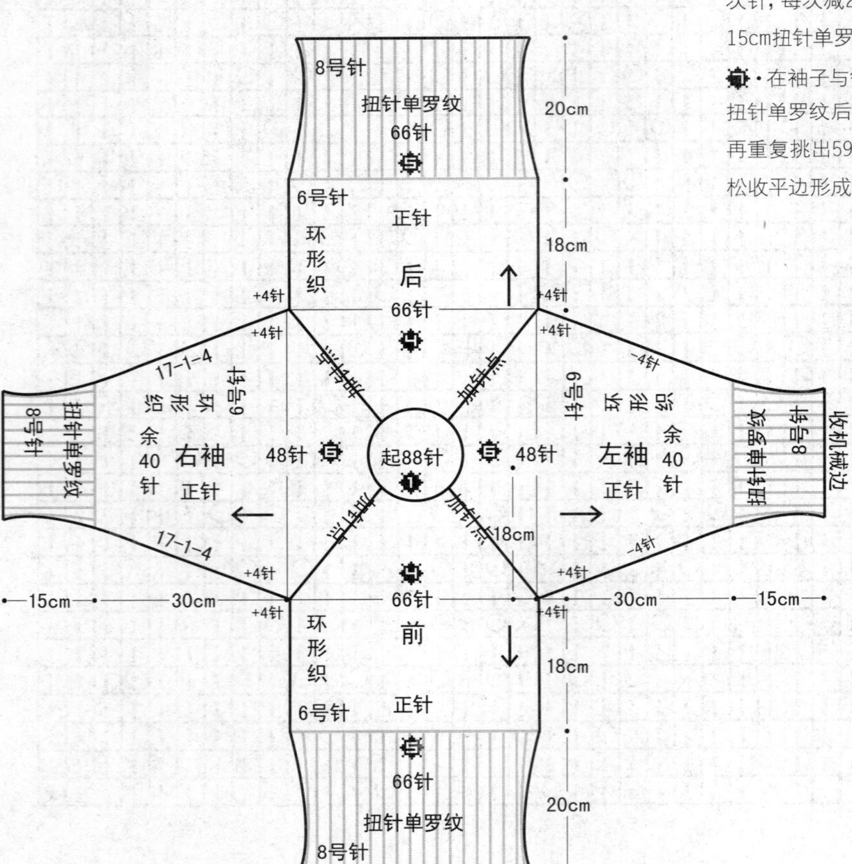

编织简述:

从领边起针后环形向下织领子，按分针图分出两肩和前后片，然后按要求向下加针，相应长后，在两腋平加针，与前后片合圈向下织正身，最后织下摆收针；两袖按要求加针后，将腋部的针挑出，与加针后的袖片合圈向下环形织袖子，同时在袖腋处规律减针至袖口，然后在袖边收针。最后在左右领与肩的位置分别挑织双层飞肩。

编织步骤:

❶·用8号针起88针环形向下织13cm扭针单罗纹。

❷·按分针图分针，左右肩及前后片各20针，每个加针点分别为2针。

❸·换6号针环形向下织正针，在前后片的两侧隔1行加1针加18次、在左右肩的两侧隔3行加1针加9次。

❹·前后片各56针、左右加针点各均分至1针、两腋各平加8针，整圈共132针合成正身向下环形织18cm正针。

❺·换8号针环形向下织20cm扭针单罗纹后收机械边形成下摆。

❻·袖原有20针，在其左右各加9针后为38针、左右加针点各均分至1针、挑出正身在腋部加的8针，袖子整圈共48针，用6号针环形向下织正针，同时在袖腋处隔17行减1次针，每次减2针，共减4次，总长至30cm时，换8号针改织15cm扭针单罗纹后收机械边形成袖子。

❼·在袖子与领的20针位置横挑出59针，往返向上织16cm扭针单罗纹后松收平边形成下层飞肩。在其上层原来位置再重复挑出59针，用8号针往返向上织12cm扭针单罗纹后松收平边形成上层飞肩。

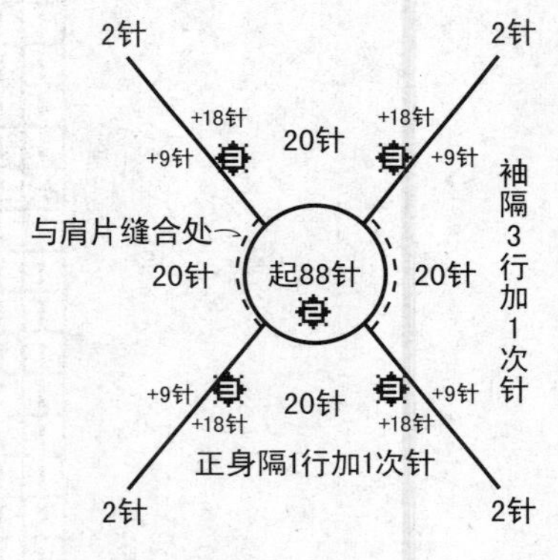

小提示:
挑织飞肩时注意，下层长，上层短。

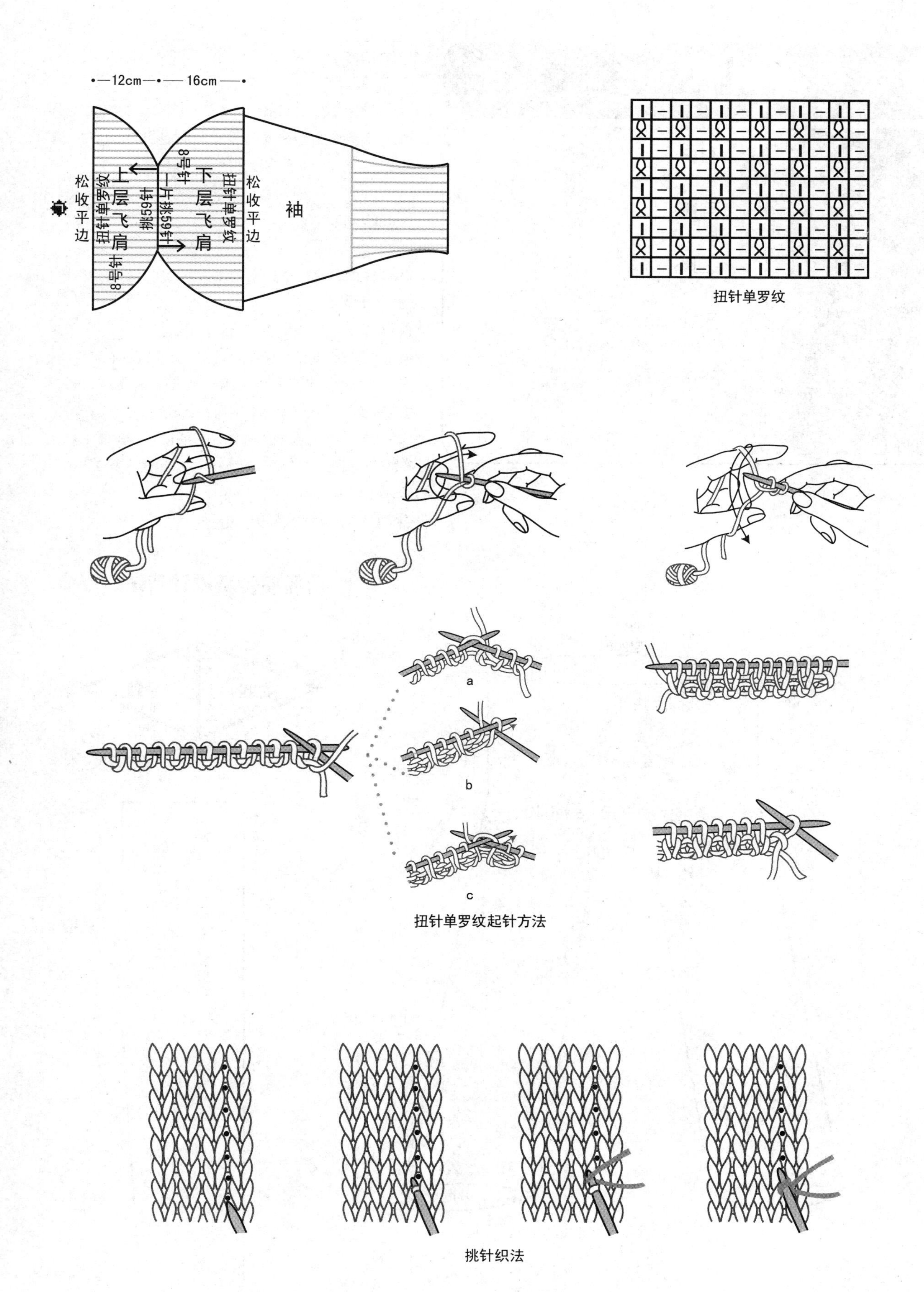

扭针单罗纹

扭针单罗纹起针方法

挑针织法

P30 金春蕾长裤

材料:
纯毛合股中粗线

用量:
500g

工具:
3.0钩针

尺寸(cm):
立裆长24　裆至裤角68

平均密度:
10cm²=19针×24行

编织简述:

从裤腰起针后环形向下钩，至裆部时，在两腿之间平加针，合圈织右腿后，再将平加的针数挑起合圈织左腿，最后将钩好的小绳串在腰部做系带。

编织步骤:

❶·用3.0钩针起200针后，环形向下钩24cm春芽网格针形成腰部和臀部。

❷·将200针左右均匀分，两腿各100针。

❸·在两腿之间平加18针，与右腿合成共118针环形向下钩右腿，同时在这18针的两侧隔1行减1针共减9次。

❹·右腿余下100针环形向下钩60cm后形成右腿。

❺·裆部平加的18针挑出，与左腿的100针合成118针，按右腿的减针方法减掉这18针后，余下100针环形向下钩，至60cm时形成左腿。

❻·按图钩小绳，串在腰部做系带。

裆部加针及挑针方法:

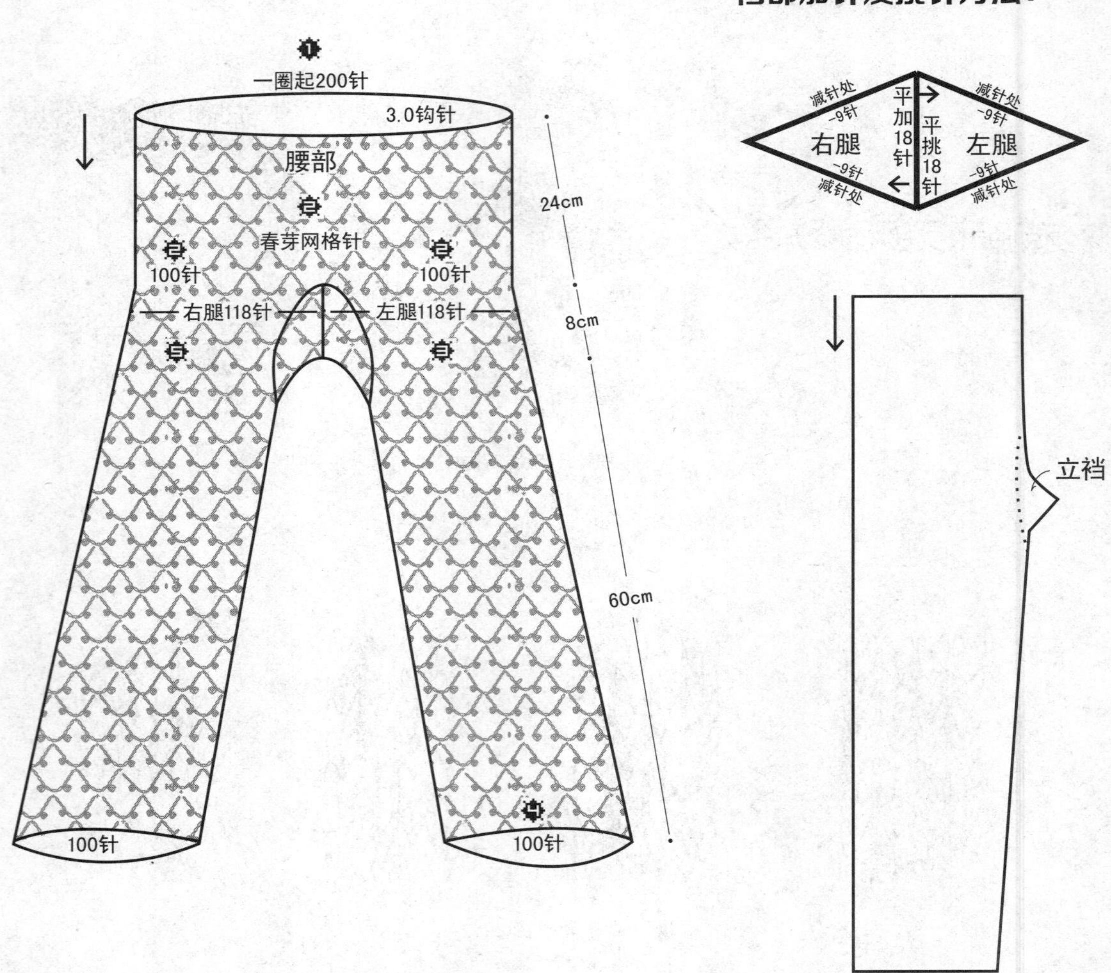

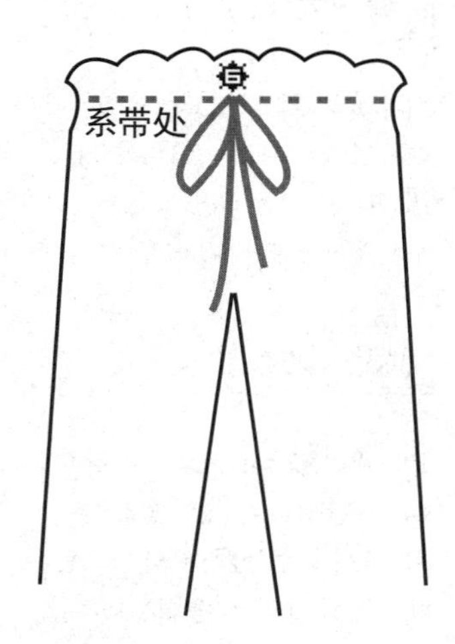

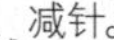

小提示：

腰部至裆部环形钩不必加针，在两腿间加针后环形织两个裤腿，同时将裆部加的针均匀减掉。减掉原来加出的针后，两腿余针环形向下织，不必加减针。

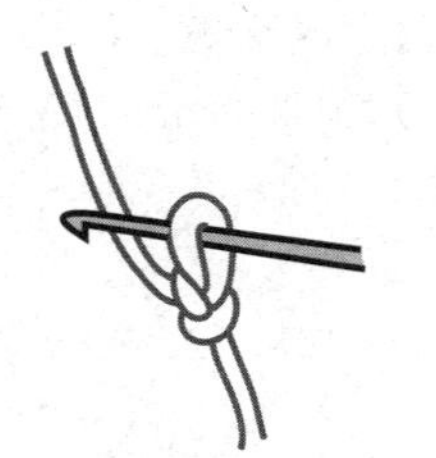
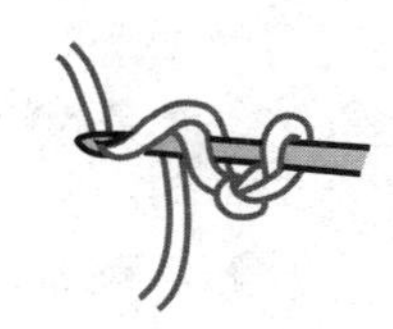
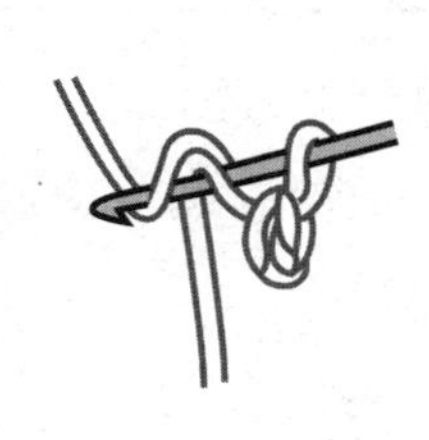
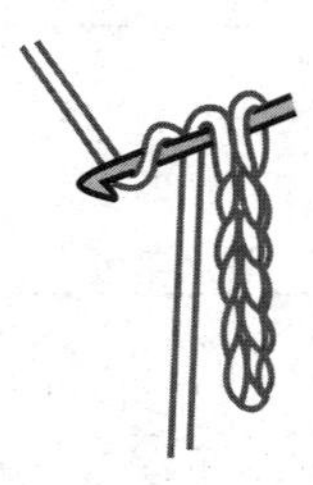

小绳钩法

春芽网格针

P31 大花朵拥肩上衣

材料:
纯毛合股线

用量:
600g

工具:
6号针　3.0钩针

尺寸(cm):
以实物为准

平均密度:
10cm²=19针×24行

编织简述:

从领边起针后环形织领子，完成领子后，在两侧取2针做加针点，在加针点的两侧规律加针后，分别往返织前后片，再次合圈后环形织正身，完成下摆后收针；分别在两个袖窿口挑织两袖，最后将钩好的花朵缝在相应位置。

编织步骤:

1. 领边用6号针起52针环形向上织3cm扭针单罗纹。
2. 不换针改织13cm横条纹针后，在两肩各取2针做加针点，在加针点的两侧每行加1针，共加12次后，改为隔1行加1针，共加14次，整圈共156针。
3. 将156针在加针点处分前后片往返织20cm后，再合成圈环形织5cm后，改织15cm麻花针后松收平边形成下摆。
4. 往返织的位置形成袖窿口，在此处一圈挑出40针，用6号针环形向下织正针形成袖子，同时在袖腋处隔17行减1次针，每次减2针，共减6次，总长至40cm时余28针平收形成袖边。
5. 用绿色线按图钩花朵，缝合在左肩位置。

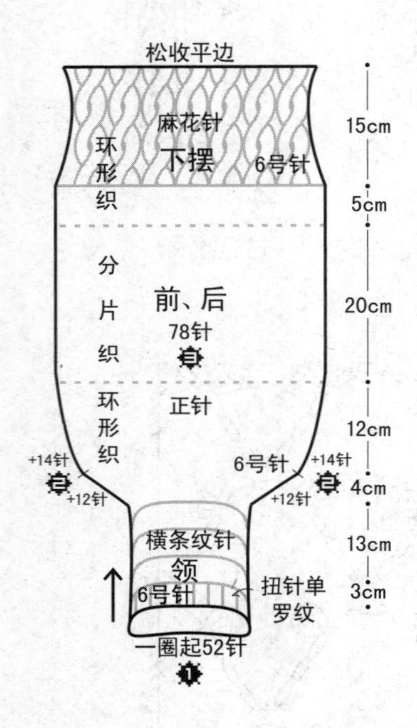

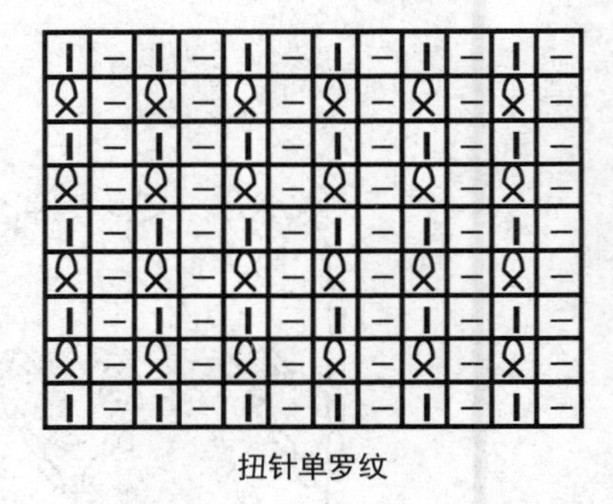
扭针单罗纹

下摆边最后一组麻花织5行正针后松收平边

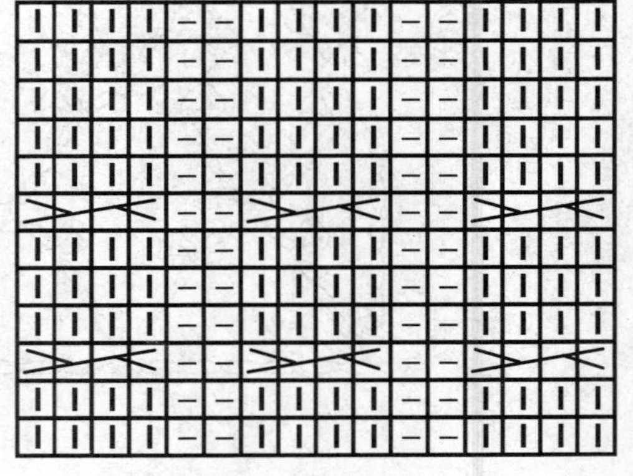
麻花针

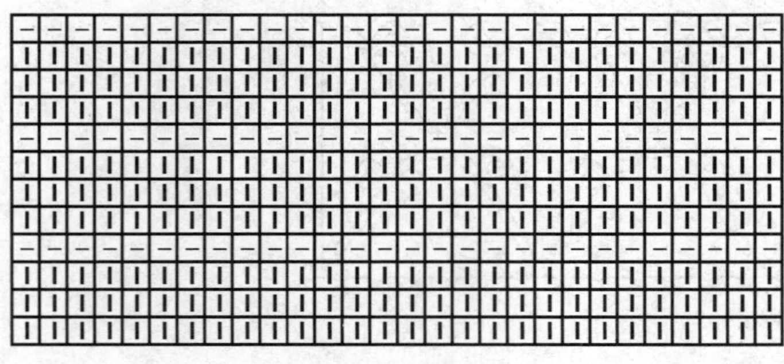
横条纹针

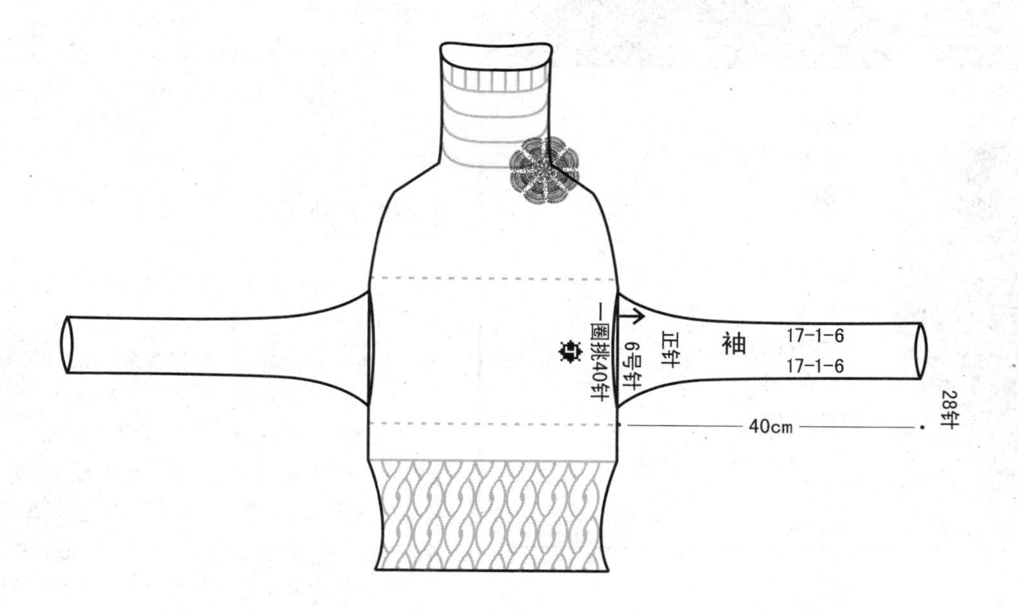

小提示：

钩织花朵时注意：花瓣松钩、下面的辫子针紧钩，这种手法的技巧可使花朵立体逼真。

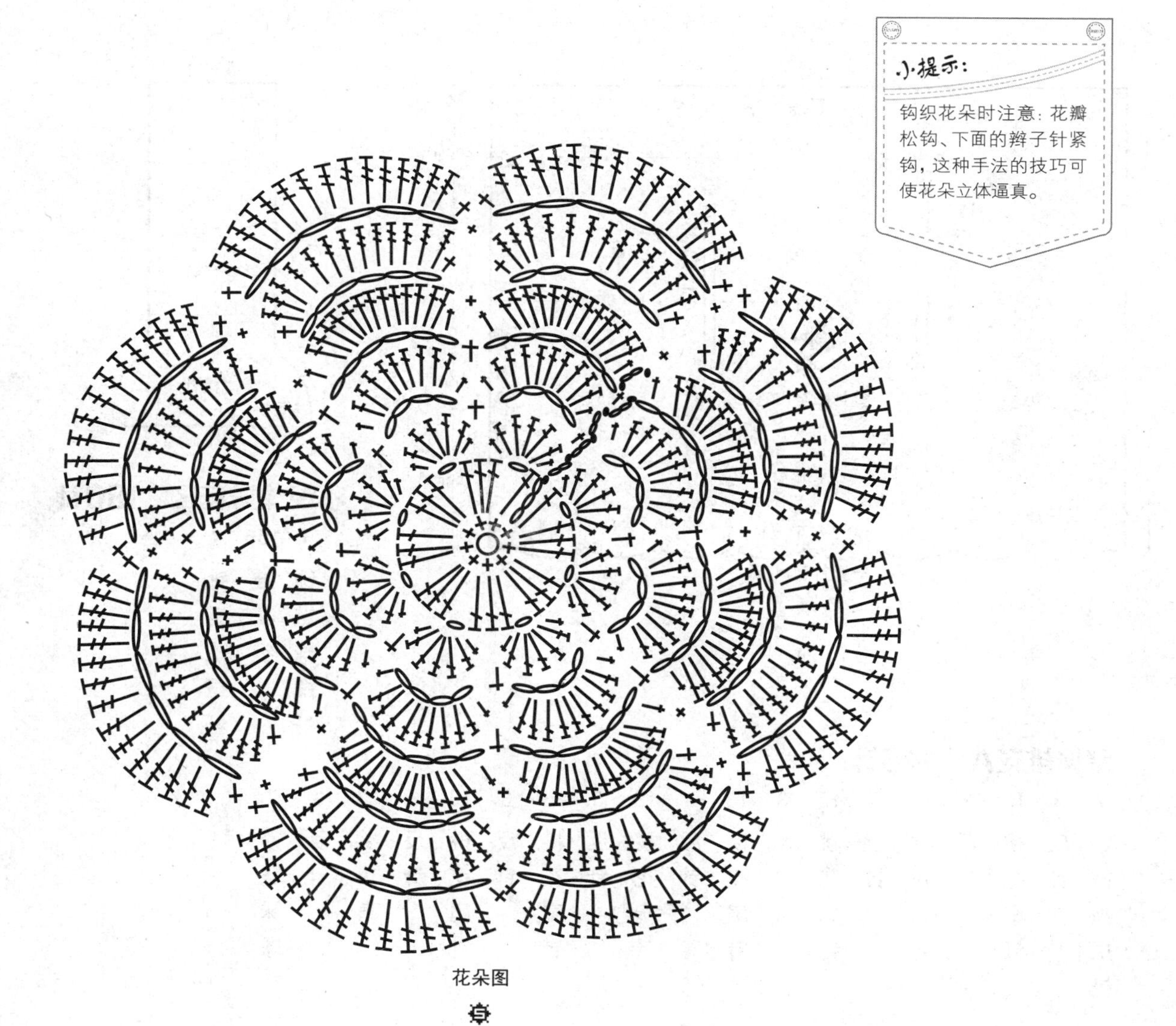

花朵图

P32 扇领开衫

材料:
275规格纯毛粗线

用量:
600g

工具:
6号针

尺寸(cm):
以实物为准

平均密度:
10cm²=19针×25行

编织简述:

从披肩的领边起针往返向下织，相应长后，分三片往返织，合成原有的大片后完成下摆，最后从袖窿口挑织两袖。

编织步骤:

❶·用6号针起145针按整体排花A往返向上织15cm形成领子。

❷·不换针均匀加至180针按整体排花B往返向上织8cm后，在中段的两侧分别减掉3针，使衣片分为三部分往返向上织，左前片62针，右前片62针，后背片50针。

❸·分片织20cm后，在原位置分别平加3针，整齐合成原来的180针往返向上织25cm后收平边形成下摆。

❹·分片织的部分为袖窿口，用6号针从此处挑出36针，环形向下织40cm横条纹针后，改织10cm樱桃针收机械边形成袖子。

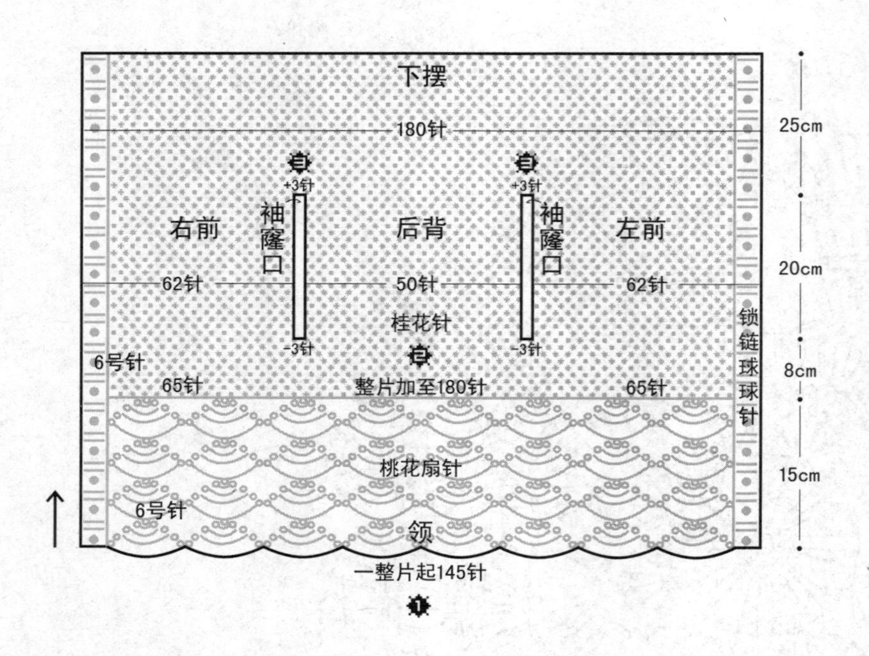

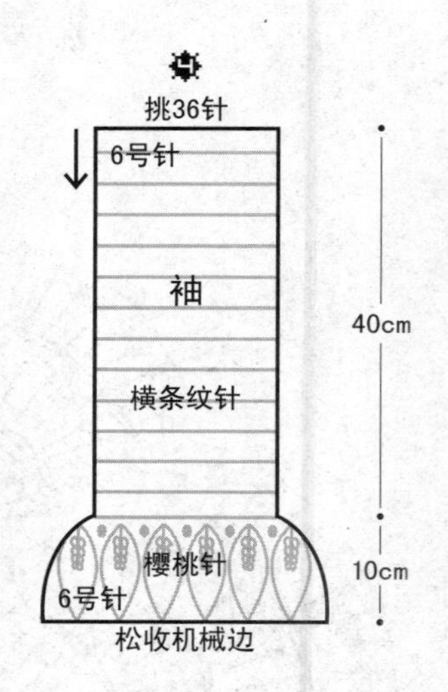

整体排花B：180针

7	166	7
锁链球球针	桂花针	锁链球球针

整体排花A：145针

7	3	13	3	13	3	13	3	13	3	13	3	13	3	13	3	13	3	7
锁链球球针	反针	桃花扇针	反针	桃花扇针	反针	桃花扇针	反针	桃花扇针	反针	桃花扇针	反针	桃花扇针	反针	桃花扇针	反针	桃花扇针	反针	锁链球球针

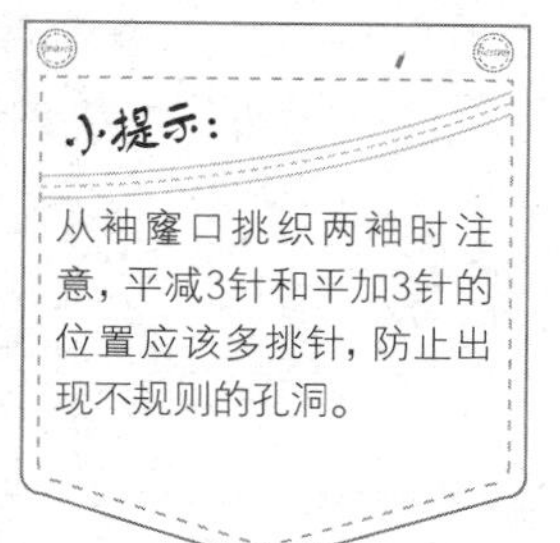

小提示：
从袖窿口挑织两袖时注意，平减3针和平加3针的位置应该多挑针，防止出现不规则的孔洞。

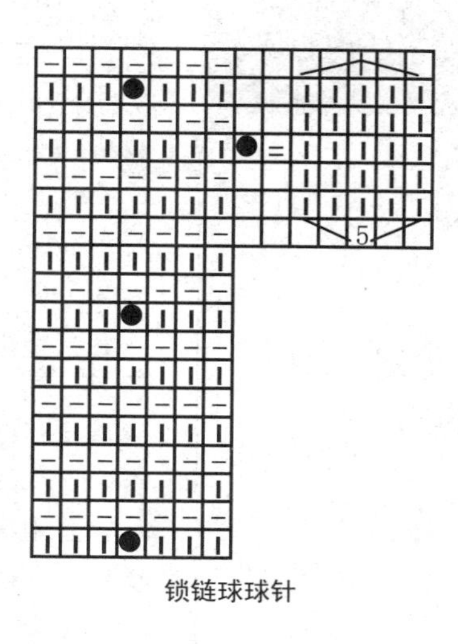

锁链球球针

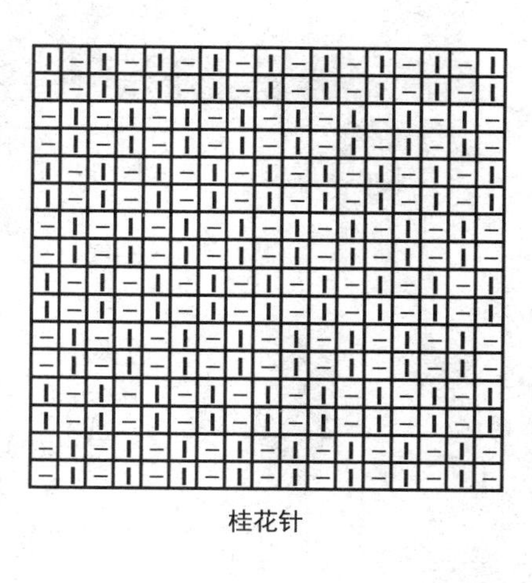

桂花针

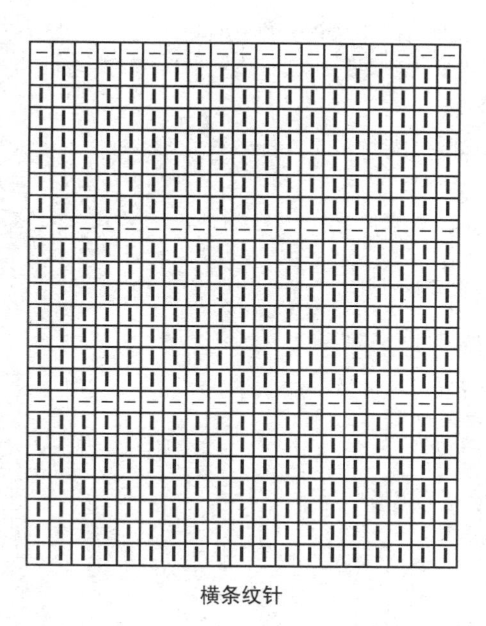

横条纹针

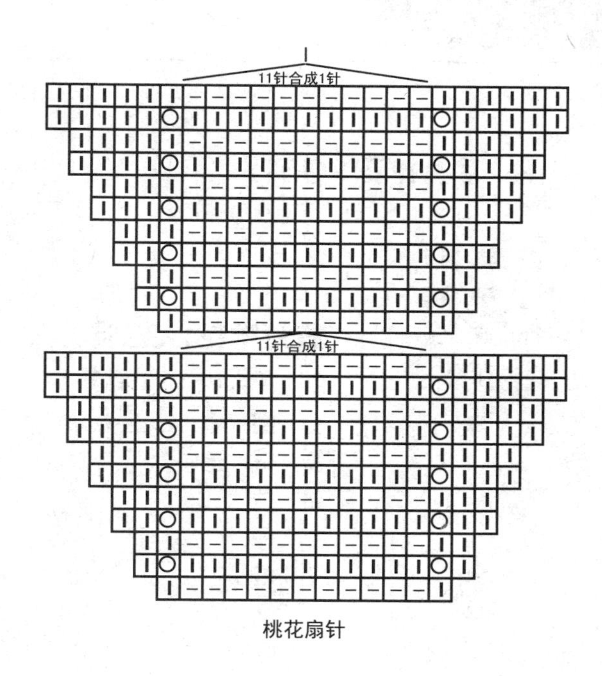

桃花扇针

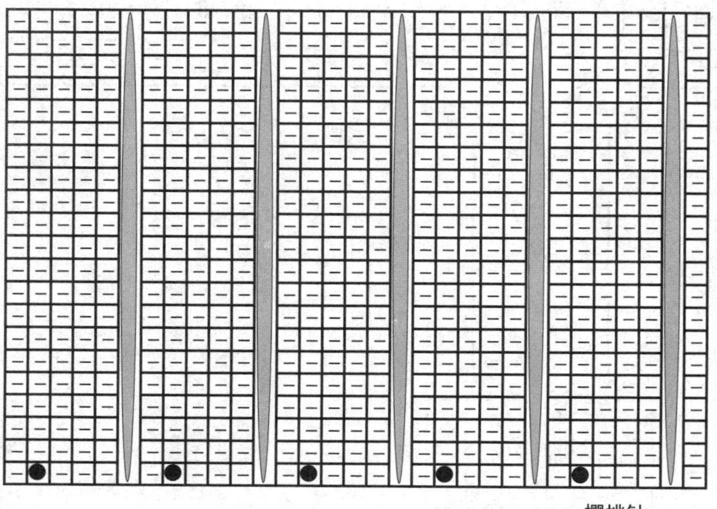

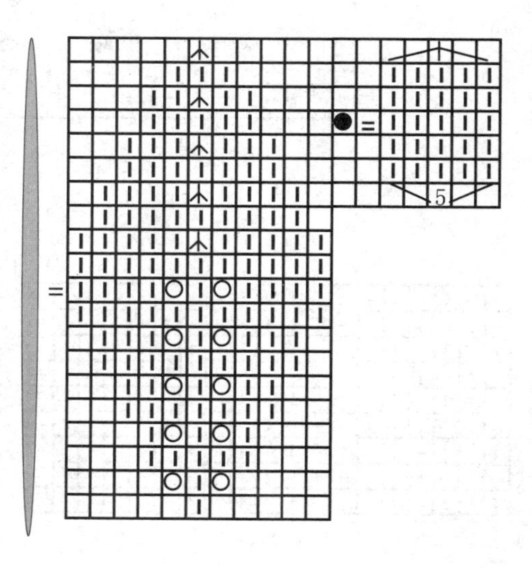

樱桃针

P33 个性的披肩

材料：
高级腈纶线　马海毛线

用量：
350g

工具：
6号针　8号针　5.0钩针

尺寸（cm）：
以实物为准

平均密度：
10cm²=19针×24行

编织简述：

起针后环形向下织领子，然后分为四份，按要求加针分别向下织前后片和两肩片，最后在前后片的两侧平加针环形向下织下摆；两肩片完成后改环形向下织袖子，最后收边完成袖口。

编织步骤：

1・用8号针起100针环形织5cm扭针双罗纹。

2・换6号针按分针图各自加针，前、后各加至35针，左右肩各加至41针，另四角各10针位置收针空出。

3・前后片按排花分别往返向下织35cm后，在两肋各平加25针，整圈合成120针用8号针环形向下织15cm扭针双罗纹后收机械边形成下摆。

4・两袖的41针用6号针分别按肩片排花往返向下织25cm后，换8号针减至40针改环形织30cm扭针双罗纹后收机械边形成袖子。

5・用5.0钩针按图钩花朵，缝合在前领位置。

前、后片排花：35针

7	21	7
锁链针	辫子麻花针	锁链针

肩片排花：39针

16	7	16
星星针	锁链球球针	星星针

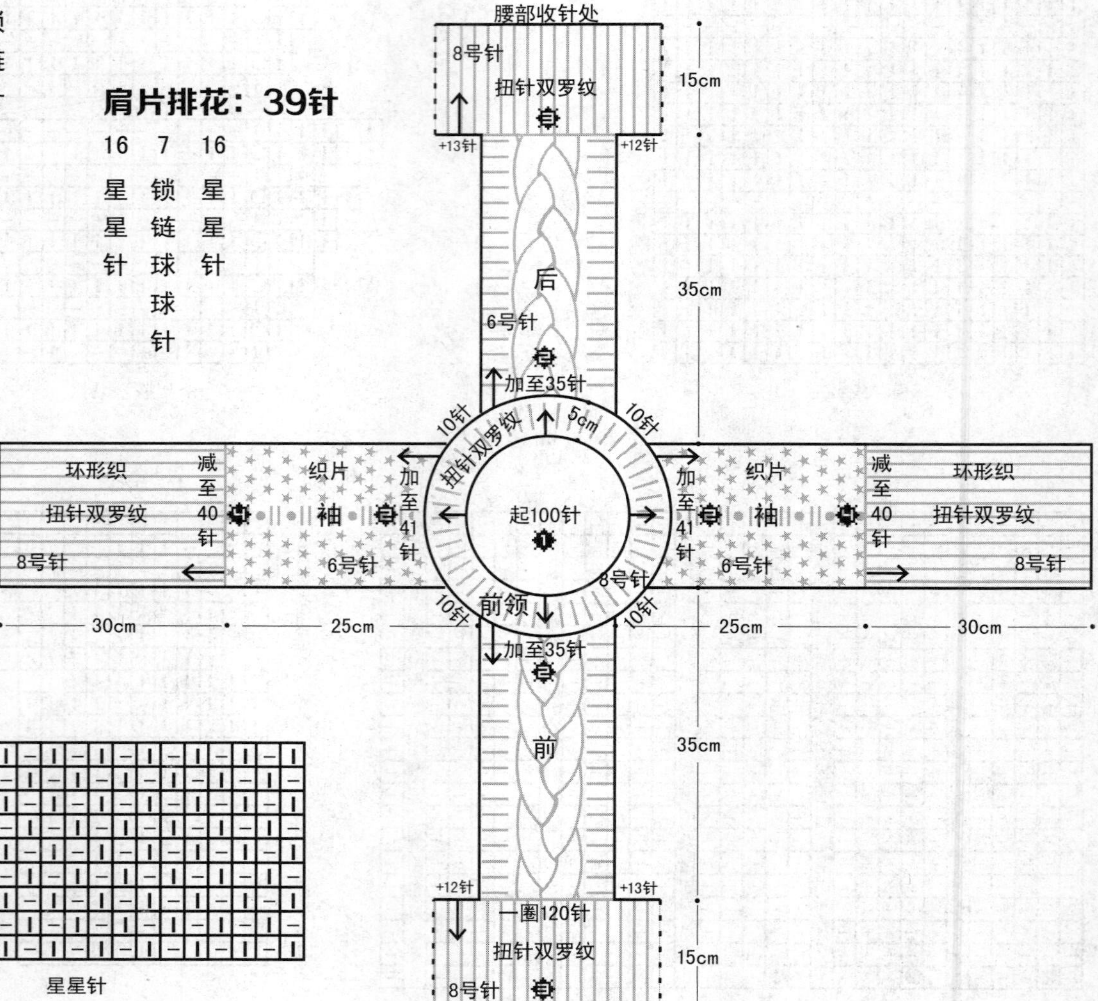

星星针

分针图：

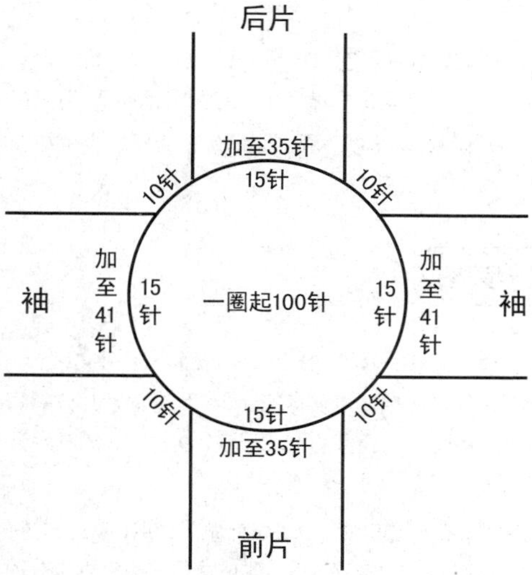

后片

加至35针

15针

10针

10针

袖

加至41针

15针

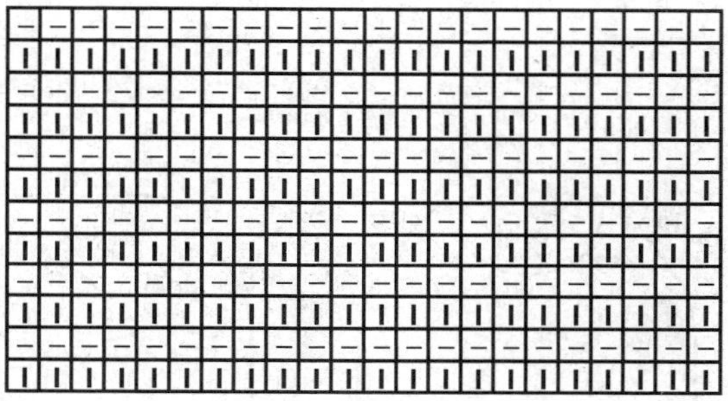

一圈起100针

15针

加至41针

袖

10针

10针

15针

加至35针

前片

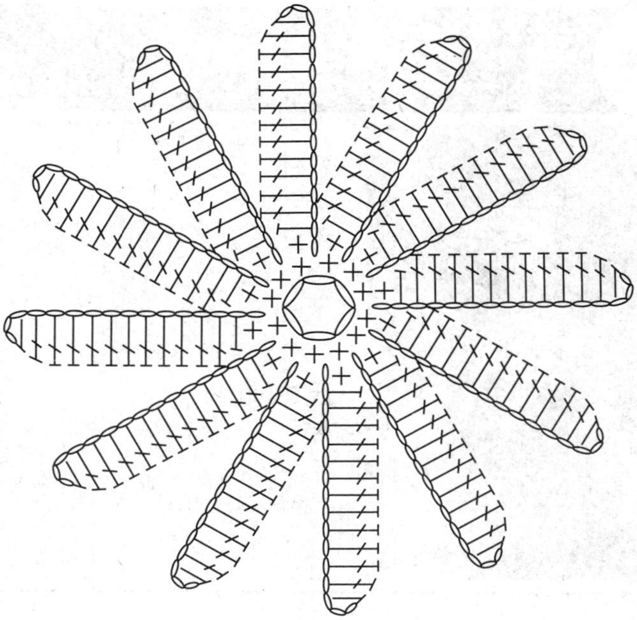

风车花钩法

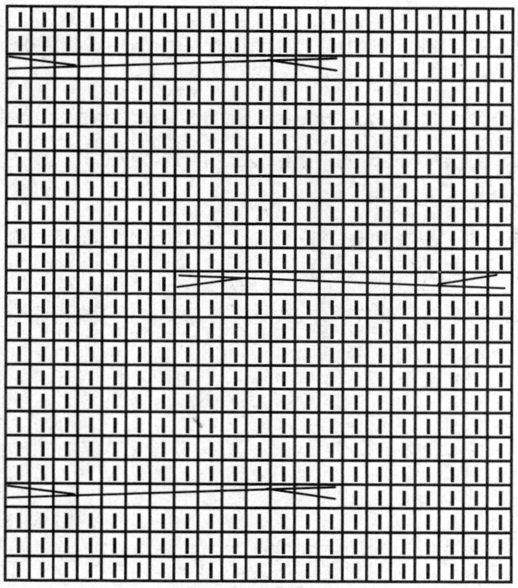

锁链针

辫子麻花针

小提示：

钩织风车花时注意手法放松，使花朵立体而饱满。

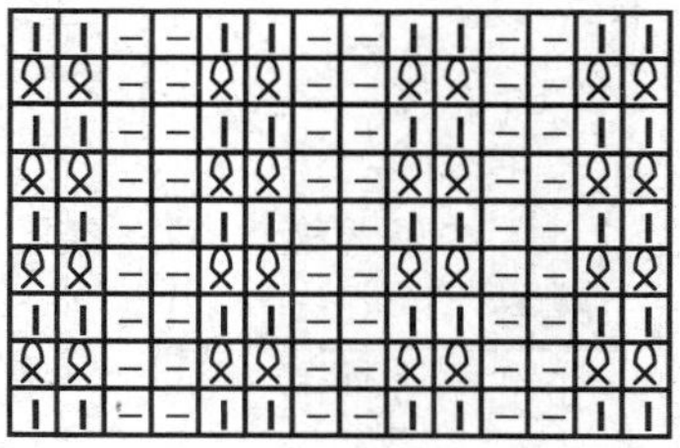

扭针双罗纹

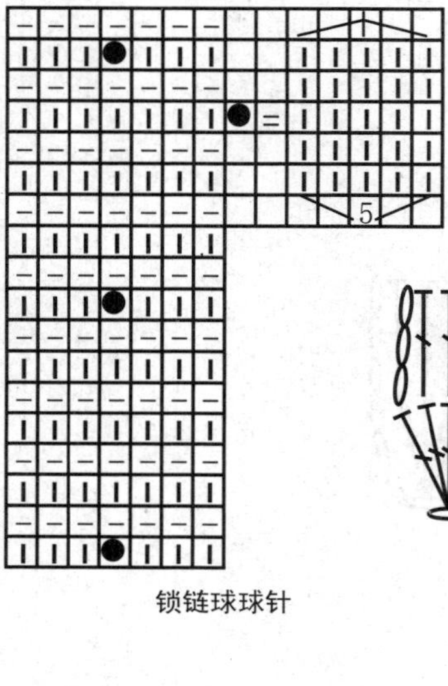

5

锁链球球针

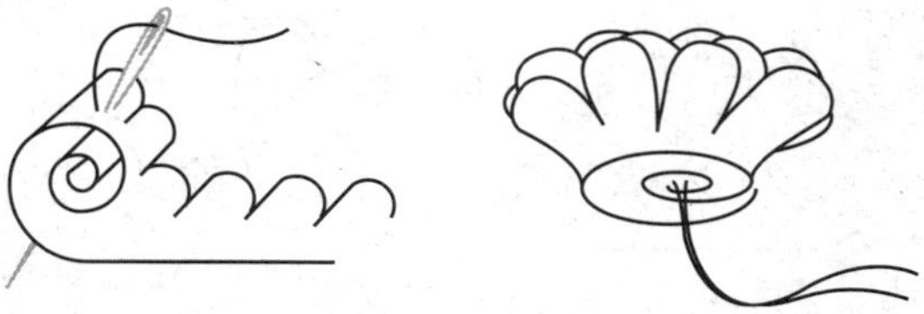

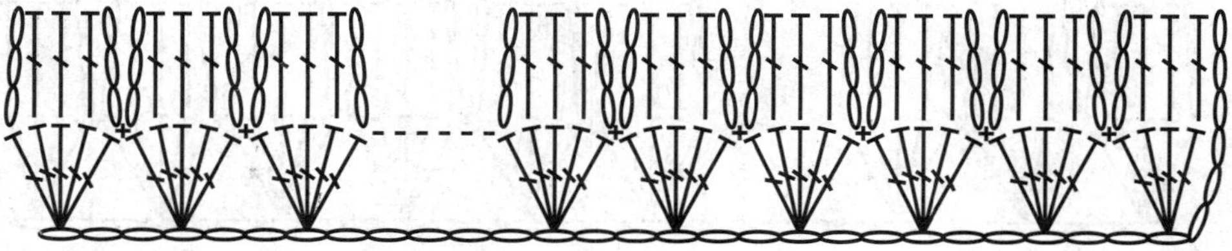

大牡丹花钩法

P34 高领花袖上衣

材料：
纯毛合股线

用量：
500g

工具：
6号针　8号针　3.0钩针

尺寸（cm）：
衣长56　袖长45（腋下至袖口）　胸围74

平均密度：
10cm²=20针×24行

编织简述：

从下摆起针后环形向上织相应长，分前后片往返织后再合圈向上织并在两肩规律减针，减领口后，环形挑织高领；然后从袖窿口环形挑织两袖。最好将钩好的花朵缝在前领。

编织步骤：

1 · 用8号针起148针环形向上织15cm扭针双罗纹。

2 · 换6号针改织正针，总长至23cm时，均分前后片分别向上往返织16cm后，再合圈向上环形织，左右形成的圆洞为袖窿口。

3 · 合圈后，在袖窿口的上边取2针做减针点，隔1行在减针点的左右减1针，共减14次后，改成每行在减针点左右各减1针，再减12次。

4 · 距后脖8cm时减领口，①平收领正中10针，②隔1行减3针减1次，③隔1行减2针减1次，④隔1行减1针减1次。后脖余22针，从前领口再挑出50针合成72针后，用8号针环形织2cm反针，然后环形向上织12cm扭针双罗纹后收机械边形成高领。

5 · 用6号针在袖窿口挑出39针，环形向下织45cm不对称树叶花后，收平边形成袖子。

6 · 按图用3.0钩针钩大牡丹花并整理好，缝合在前领位置。

-12针　-14针　-6针　8cm　-10针　-6针　-12针　-14针　3
前　74针　正针　6号针　2　扭针双罗纹　8号针　一圈起148针　1

5cm　12cm　16cm　8cm　15cm

22针　-12针　-14针　环形织　-12针　-14针　3
分前后片织　后　74针　正针　环形织　6号针　扭针双罗纹　8号针

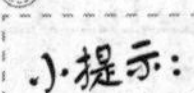

小提示：
完成下摆后，正身分前后片往返向上织，注意边针行行织，方便挑织袖子。

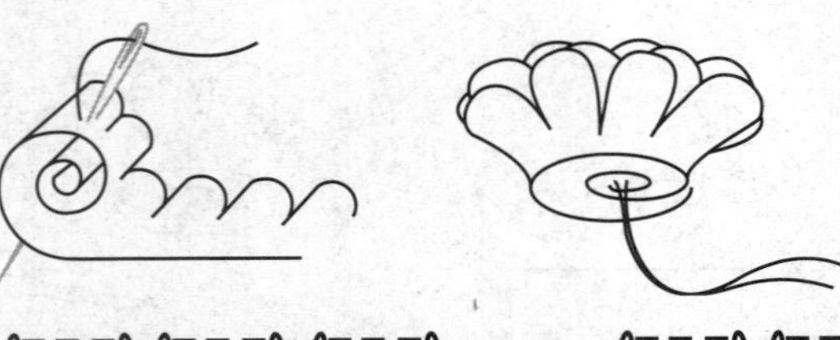

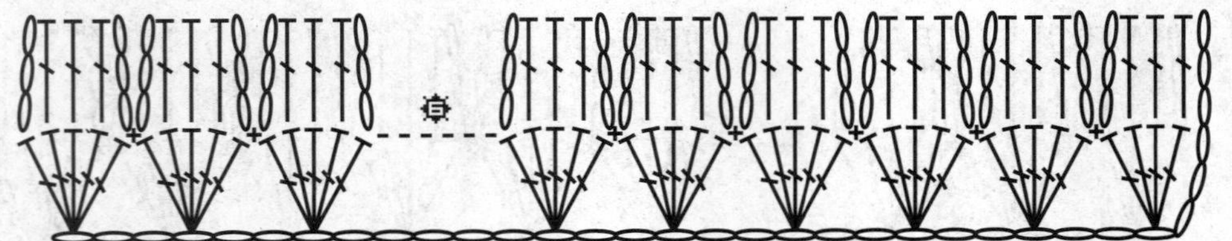

大牡丹花钩法

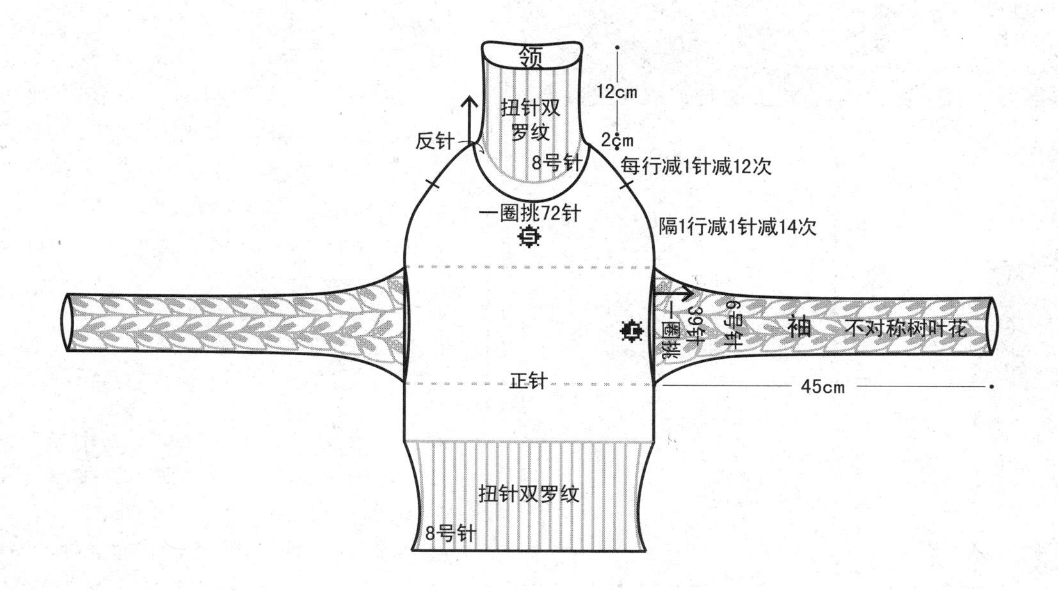

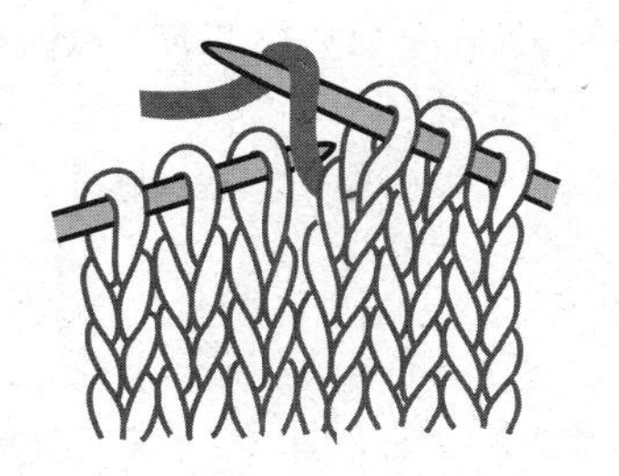

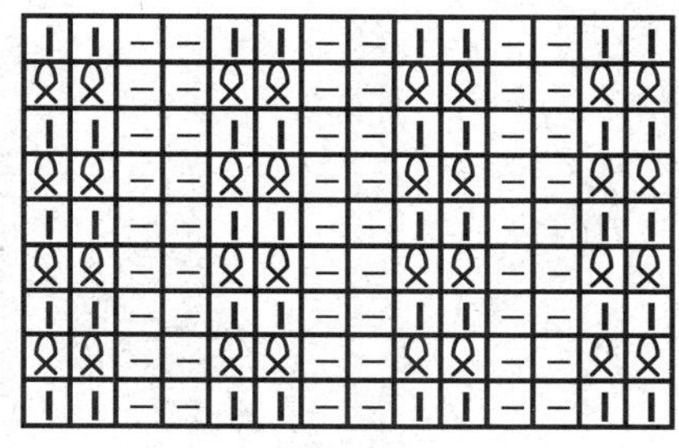

扭针双罗纹

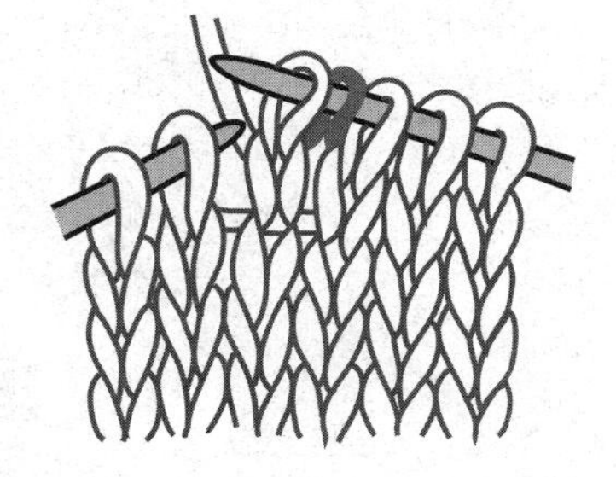

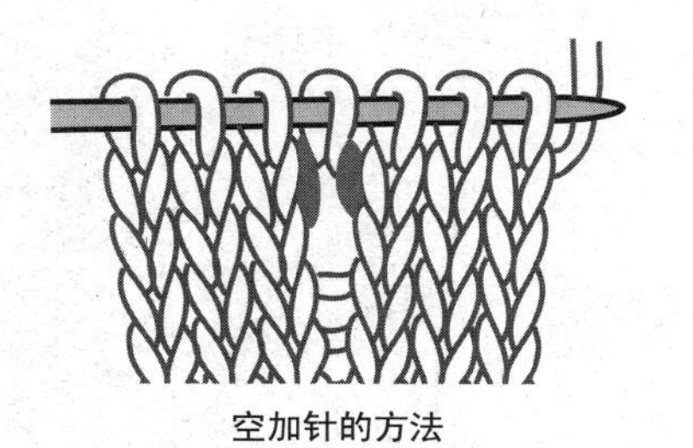

空加针的方法

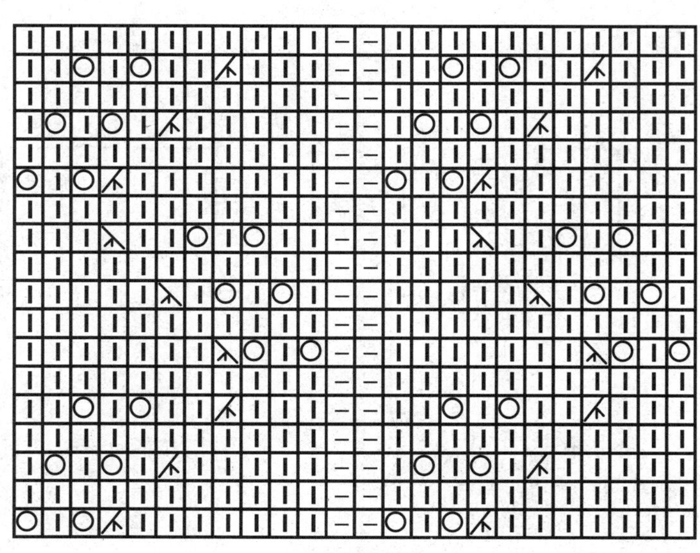

不对称树叶花

P35 花边层领连衣裙

材料:
纯毛合股线

用量:
650g

工具:
6号针　8号针

尺寸(cm):
裙长67　袖长57　胸围69　肩宽26

平均密度:
10cm²=19针×24行

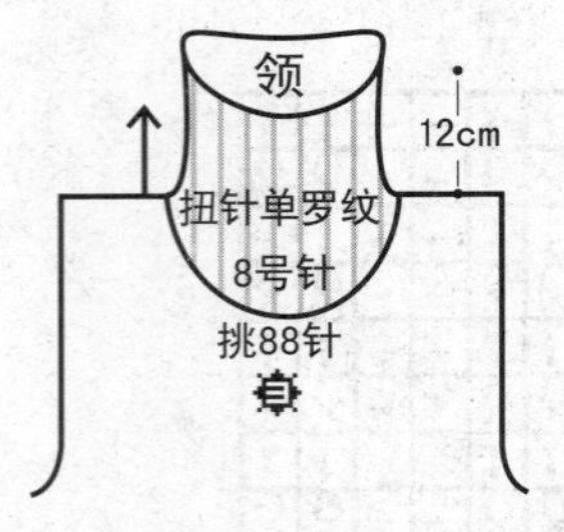

小提示:
所有的铃铛花完成后注意松收平边。

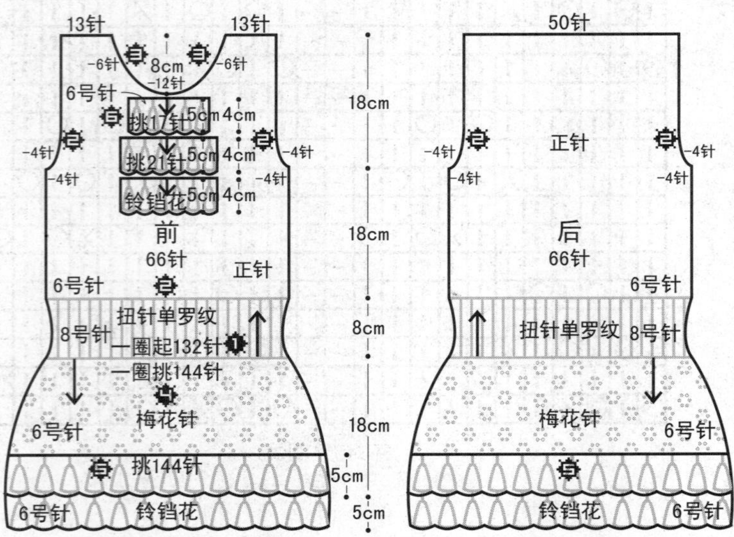

编织简述:

从下摆起针后环形向上织，先减袖窿后减领口，前后肩头缝合后挑织高领；下摆挑针后环形向下织裙摆，相应长后改织铃铛花，然后在铃铛花的上面再挑出相同针数再织一层铃铛花后收平边形成双层花边的裙摆；在领口下方分三次挑针再织三层铃铛花形成花边领；最后按要求织袖子，与正身整齐缝合。

编织步骤:

1. 用8号针起132针环形向上织8cm扭针单罗纹。
2. 换6号针改织正针，总长至26cm时减袖窿，①平收腋正中8针，②隔1行减1针减4次。
3. 距后脖8cm时减领口，①平收领正中12针，②隔1行减3针减1次，③隔1行减2针减1次，④隔1行减1针减1次。前后肩头缝合后，从领口处挑出88针，用8号针环形向上织12cm扭针单罗纹后收机械边形成高领。
4. 从下摆处一圈内挑出144针环形向下织18cm梅花针后，改织5cm铃铛花后松收平边形成花边下摆。
5. 从花边下摆的上沿10cm位置再次挑出144针，环形向下再织一层花边下摆后收平边。
6. 用6号针在前领口下方对针横挑出17针，往返向下织5cm铃铛花后松收平边形成第一层，第二层与第一层间距4cm，挑出21针向下织5cm后收针，第三层与第二层依然间距4cm，同样挑出21针往返织5cm后松收平边形成三层的花边领。
7. 袖口用8号针起40针环形向上织20cm底边罗纹针后，换6号针改织正针，同时在袖腋处隔7行加1次针，每次加2针，共加6次，总长至44cm时减袖山，①平收腋正中8针，②隔1行减1针减13次，余下的18针均匀减至9针后收平边，与正身袖窿口整齐缝合。

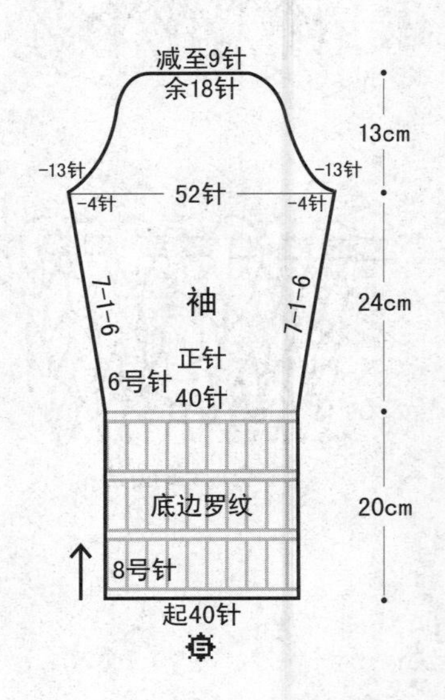

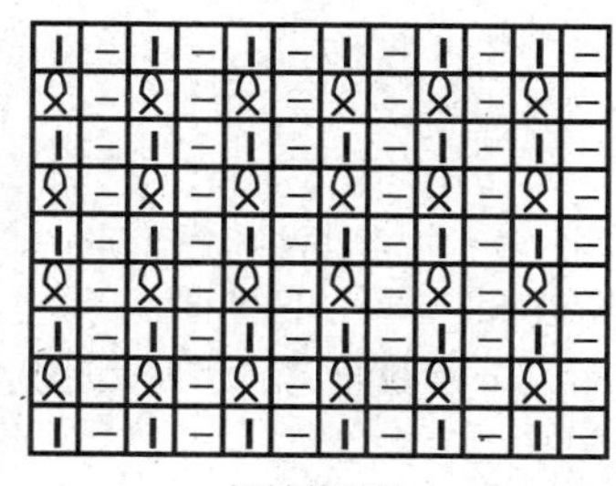
扭针单罗纹

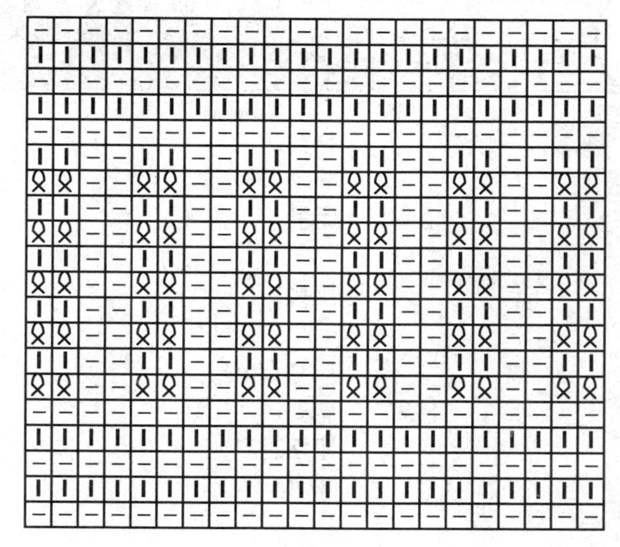
底边罗纹

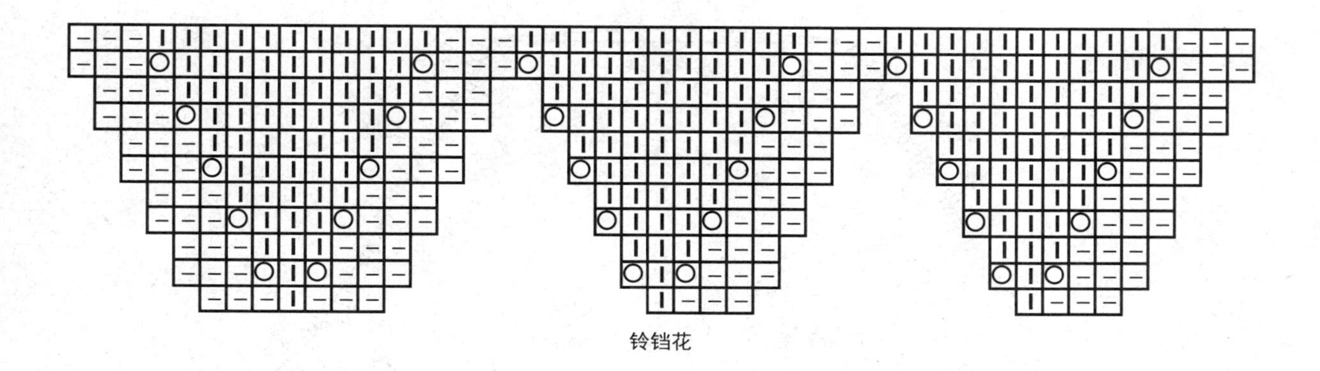
铃铛花

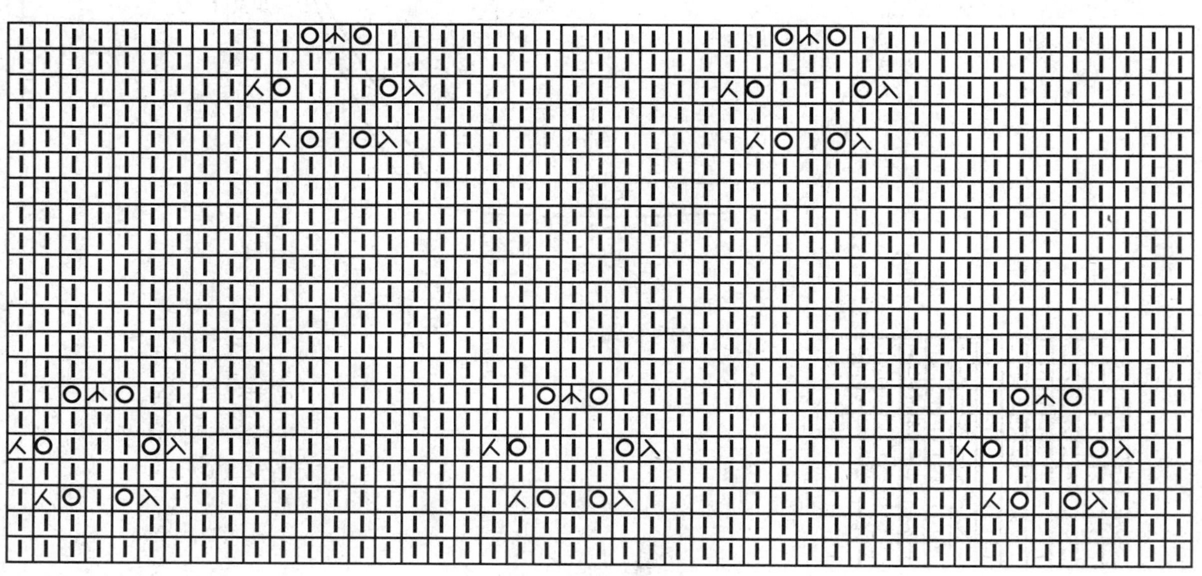
梅花针

P36 万花筒披肩

材料:
275规格纯毛粗线

用量:
600g

工具:
6号针　8号针

尺寸（cm）:
以实物为准

平均密度:
10cm²=19针×25行

编织简述:

从中间起针向四周环形织两个衣片，取相同针目缝合前后肩头，最后挑织两袖，领和下摆不必处理。

编织步骤:

1·用6号针起6针，每针为一个加针点，隔1行在加针点的左右各加1针，一圈共加12针，加出针织宽锁链针。

2·直径至46cm时改织10cm樱桃针后松收机械边形成六边形衣片。

3·按上述方法再织一个相同大小的衣片。

4·将两个衣片相对，按图取前后衣片各48针缝合形成两肩。

5·取前后片各24针合成48针用8号针环形织4cm扭针单罗纹后收机械边形成短袖。

6·左右袖之间的192针为下摆。

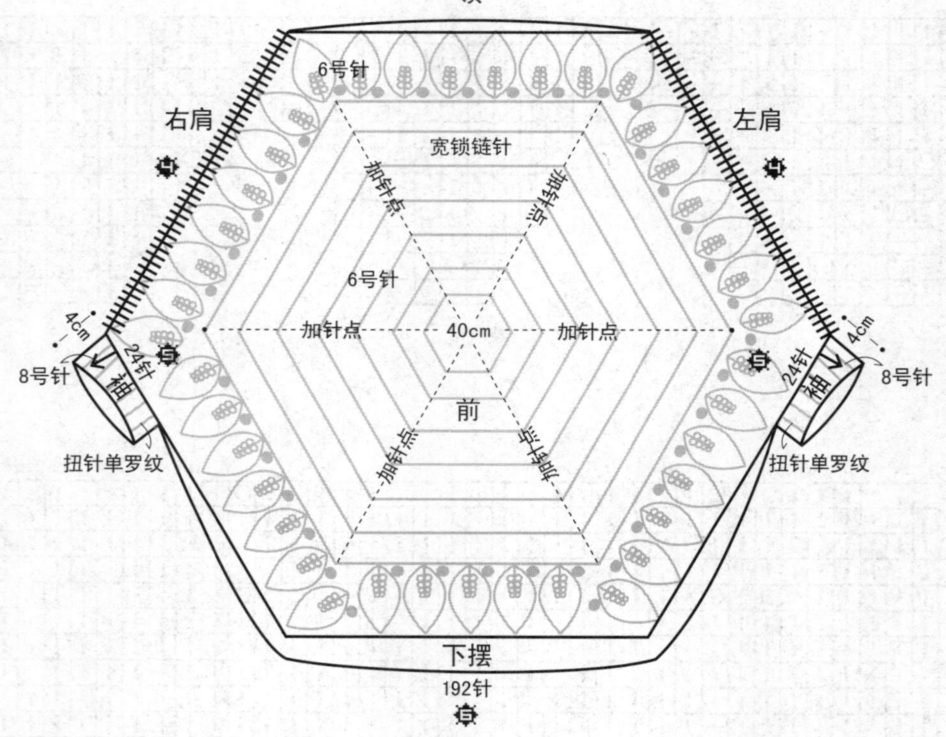

扭针单罗纹

小提示:
樱桃针必须收机械边以保持足够的弹性。

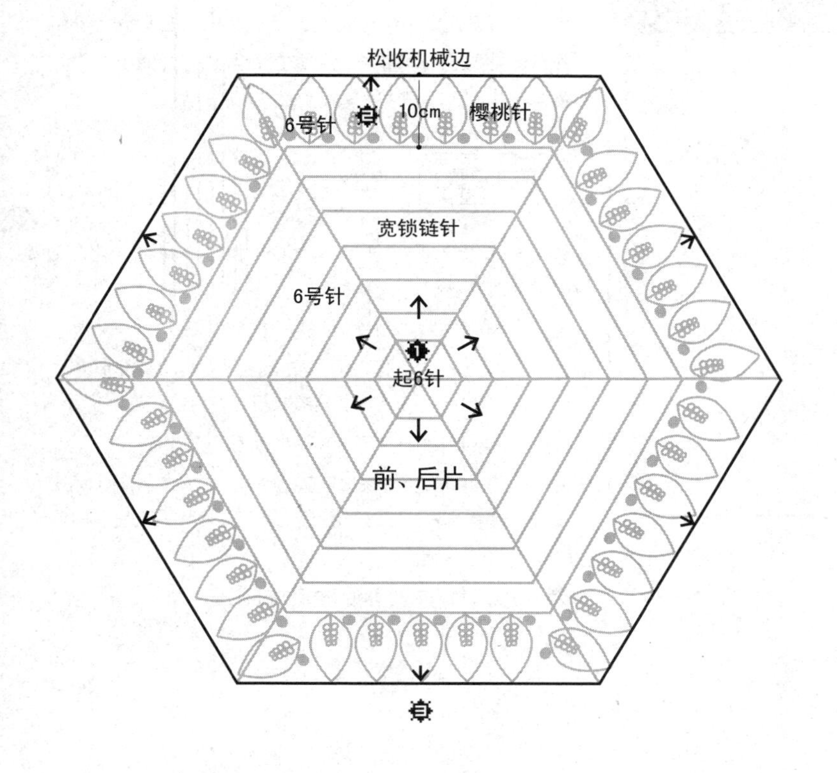
松收机械边
10cm
6号针
樱桃针
宽锁链针
6号针
起6针
前、后片

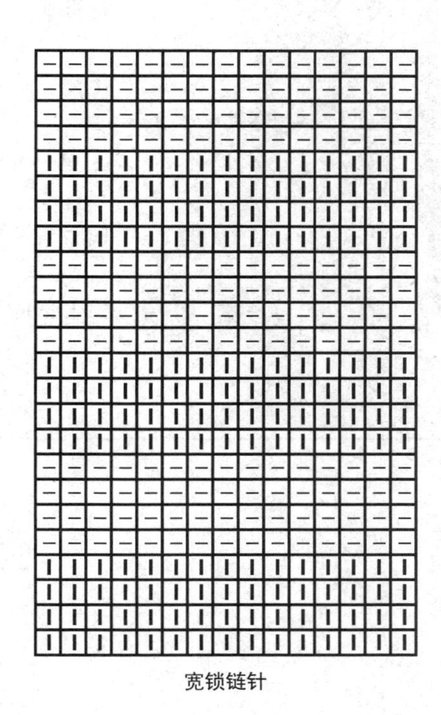

宽锁链针

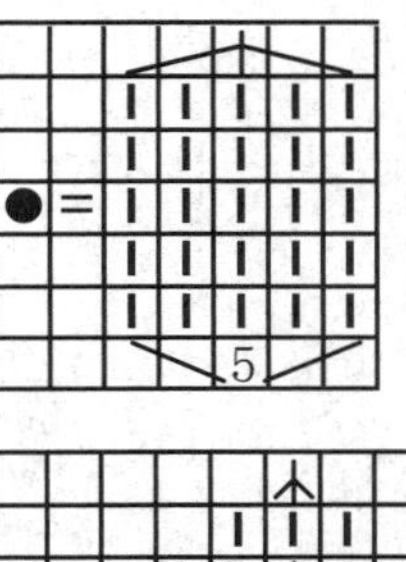
=
5

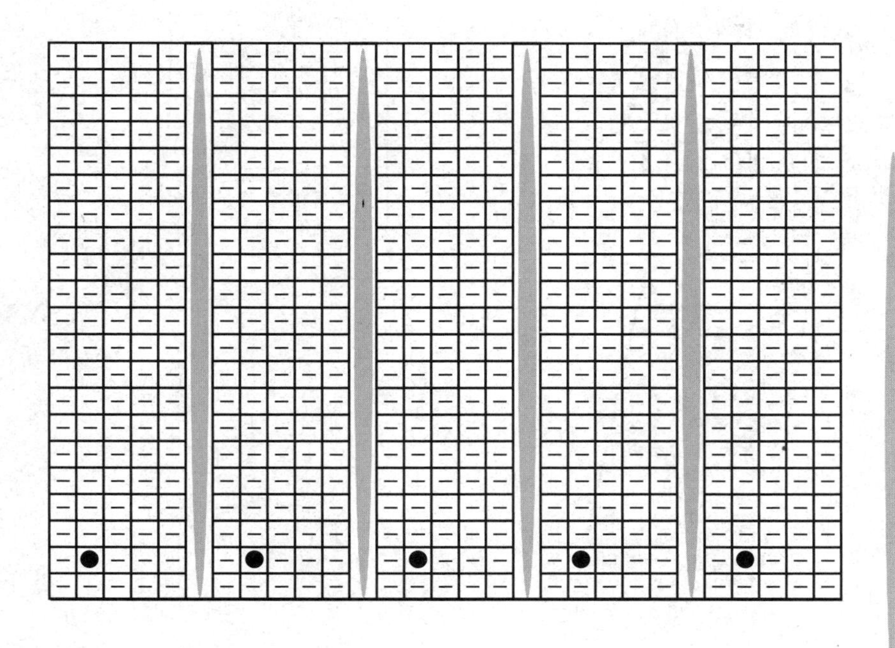

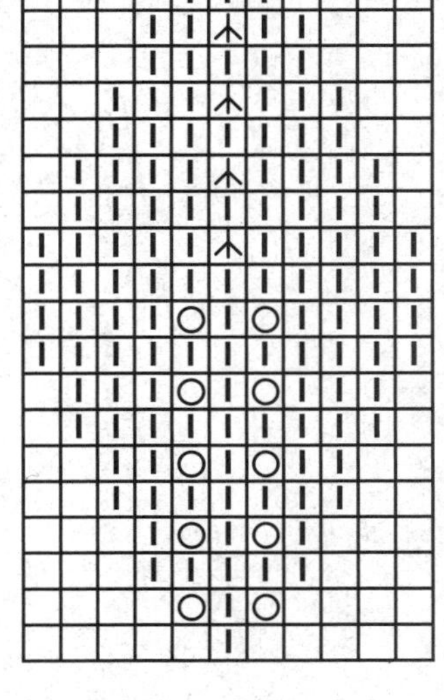
=

樱桃针

P37 透视裤

材料:
纯毛合股线

用量:
650g

工具:
3.0钩针

尺寸(cm):
立裆长24　裆至裤角68

平均密度:
10cm²=19针×24行

编织简述:

从裤腰起针后环形向下钩，至裆部时，在两腿之间平加针，合圈织左腿后，再将平加的针数挑起合圈织右腿，最后将钩好的小绳串在腰部做系带。

编织步骤:

1·用3.0钩针起200针后，环形向下钩24cm鲤鱼鱼鳞花纹形成腰部和臀部。

2·将200针左右均匀分，两腿各100针。

3·在两腿之间平加18针，与左腿合成共118针环形向下钩左腿，同时在这18针的两侧隔1行减1针共减9次。

4·左腿余下100针环形向下钩60cm后形成左腿。

5·裆部平加的18针挑出，与右腿的100针合成118针，按左腿的减针方法减掉这18针后，余下100针环形向下钩，至60cm时形成右腿。

6·将丝带串入自然的孔洞内系在侧边。

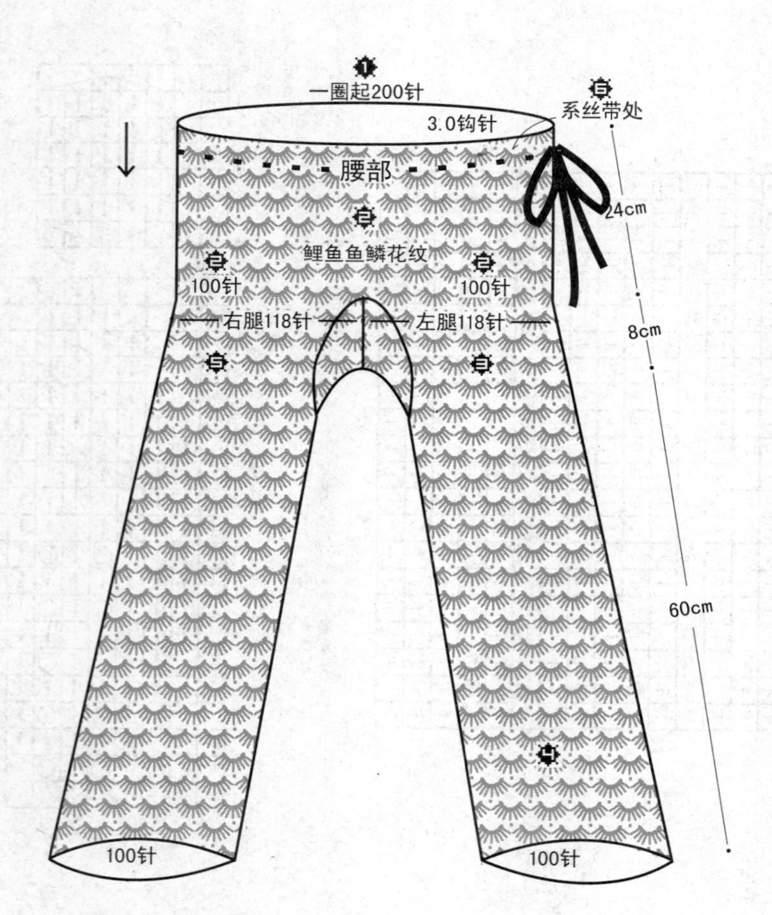

小提示:

裤子的裆部需要平加18针，然后合入左腿的100针中，共118针环形向下钩，完成左腿后，从裆部平加的18针位置再挑出18针，与右腿合成118针向下环形钩右腿。注意，钩织两腿时，都要将18针规律减掉。

裆部加针及挑针方法：

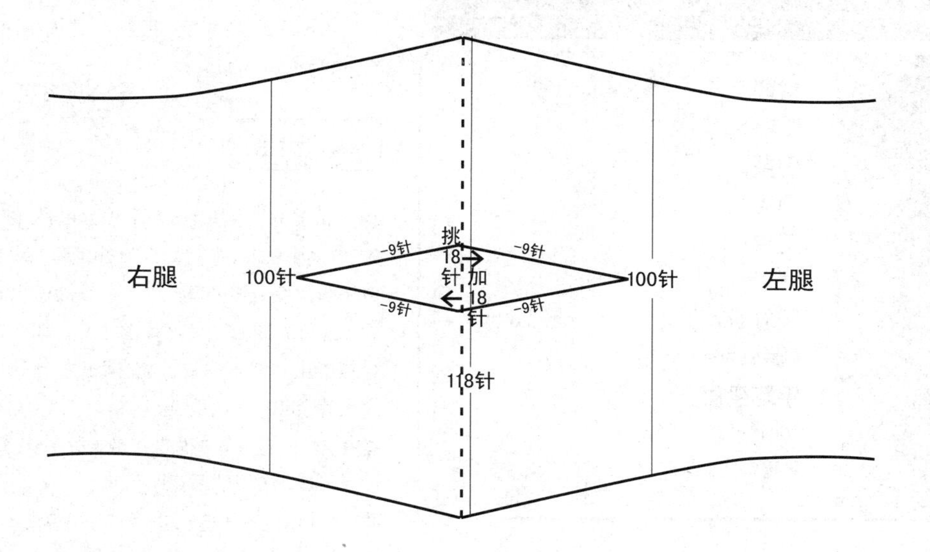

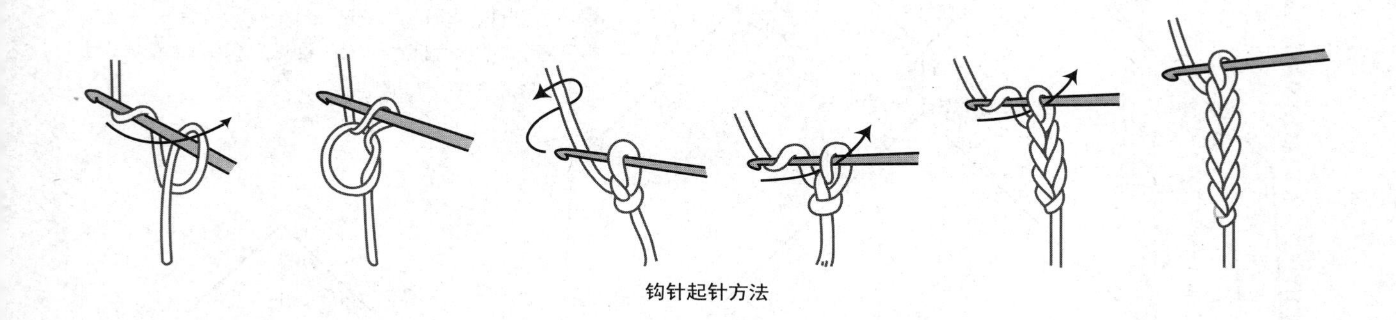

钩针起针方法

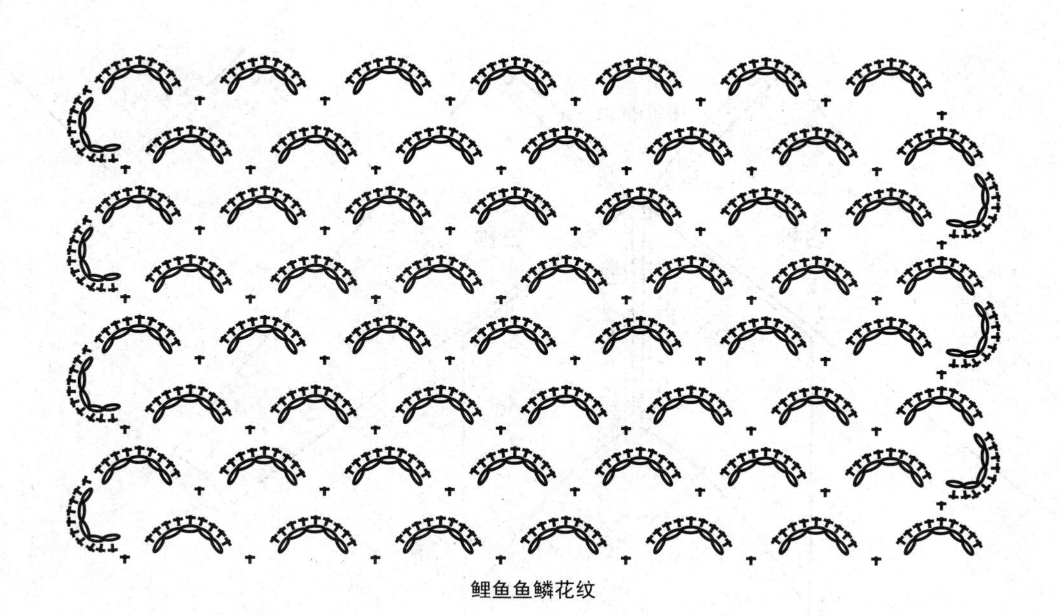

鲤鱼鱼鳞花纹

P38 创意风范披肩

材料:
纯毛合股线

用量:
650g

工具:
6号针

尺寸(cm):
以实物为准

平均密度:
$10cm^2$=19针×24行
星星针$10cm^2$=17针×34行

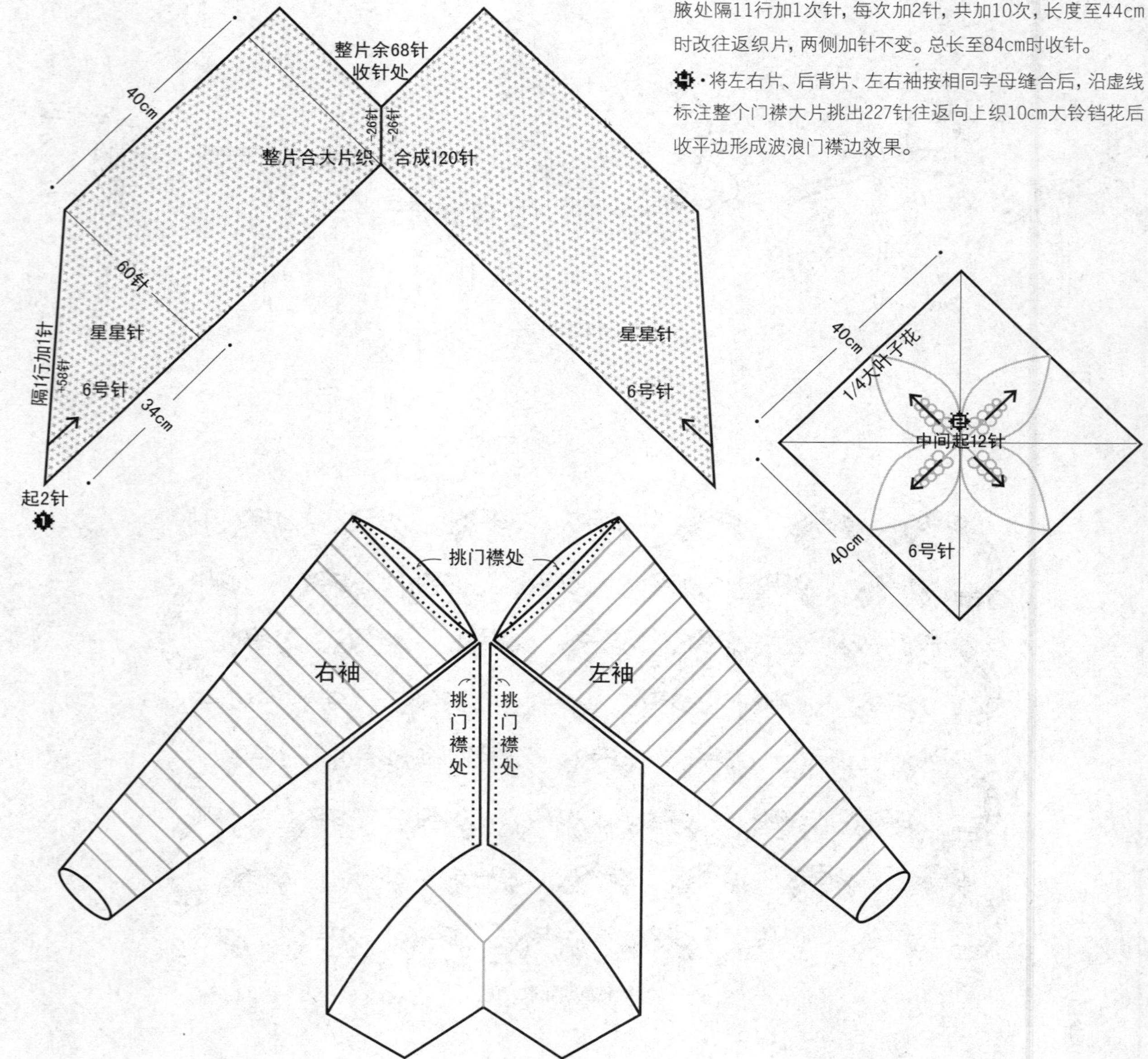

编织简述:

按要求织出左右片、后背片、左右袖，依照相同字母缝合，最后挑织门襟边。

编织步骤:

1 · 用6号针起2针往返向上织星星针，同时在一侧隔1行加1针共加58针，整片共60针往返向上织40cm后停针，按以上方法织另一星星针片，注意与第一片对称。将两片串在一起合成120针大片往返向上织，同时在大片正中取2针作减针点，隔1行在减针点的两侧各减1针，共减26次，整个大片余68针时收平边。

2 · 另线起12针环形向四周织大叶子针，边长至40cm时松收针形成正方形的后背片。

3 · 袖口用6号针起28针环形向上织横条纹针，同时在袖腋处隔11行加1次针，每次加2针，共加10次，长度至44cm时改往返织片，两侧加针不变。总长至84cm时收针。

4 · 将左右片、后背片、左右袖按相同字母缝合后，沿虚线标注整个门襟大片挑出227针往返向上织10cm大铃铛花后收平边形成波浪门襟边效果。

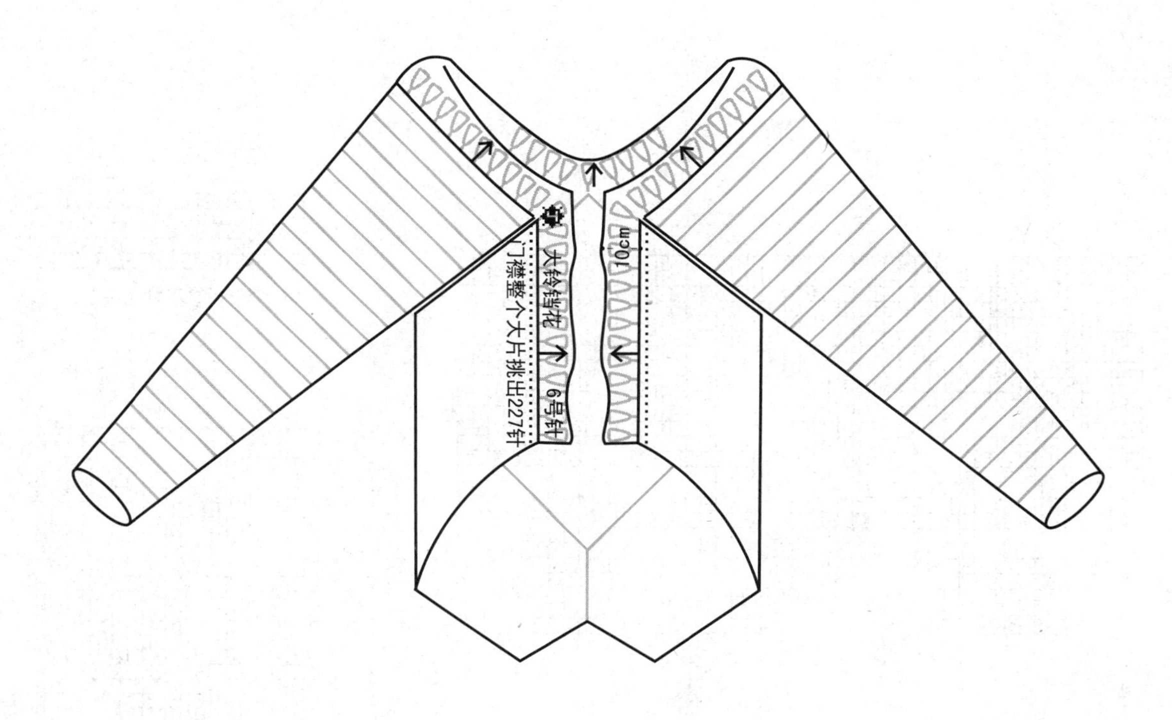
大铃铛花
门襟整个大片挑出227针
6号针
10cm

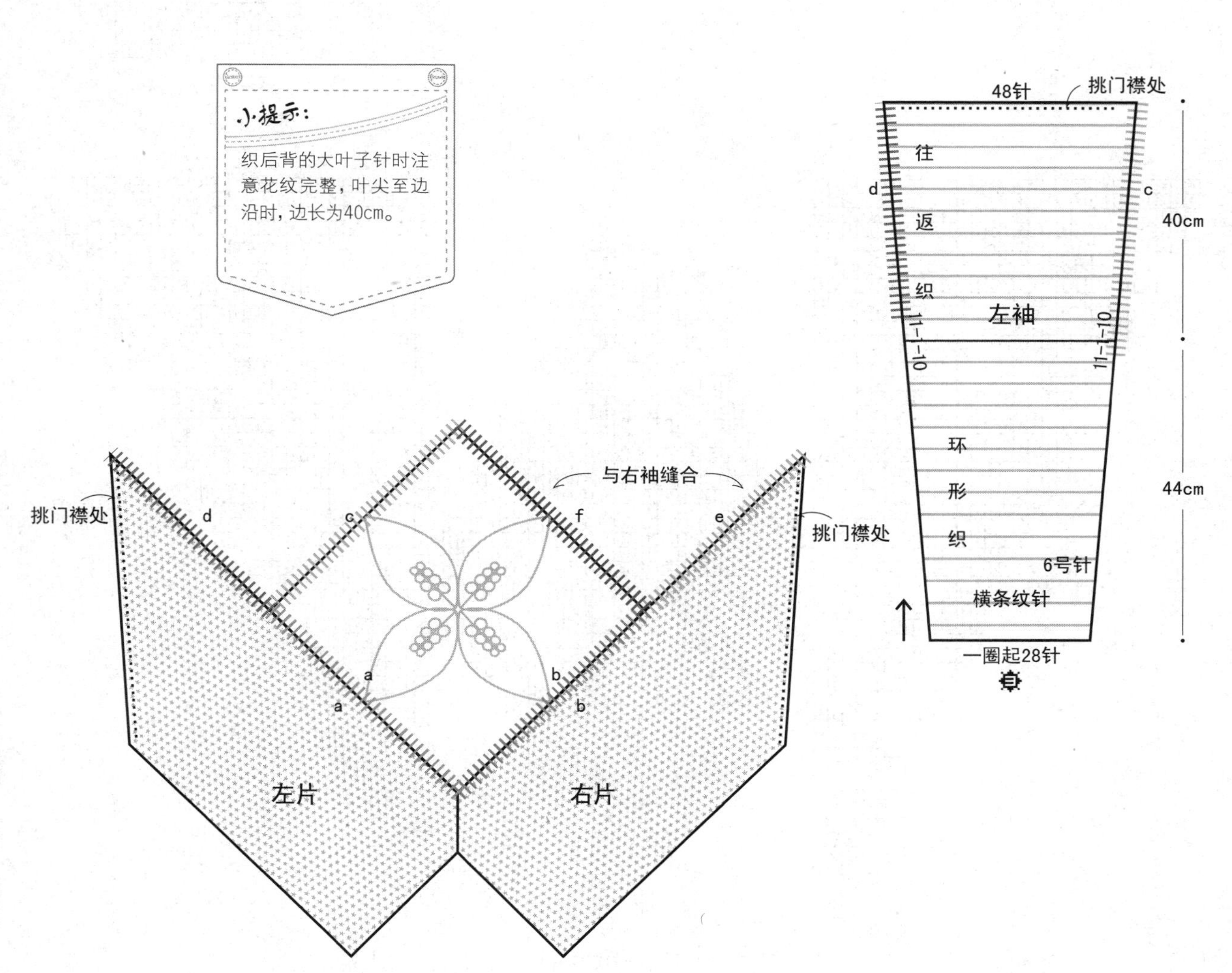
小提示：
织后背的大叶子针时注意花纹完整，叶尖至边沿时，边长为40cm。
48针
挑门襟处
往
返
织
d
c
40cm
左袖
11-1-10
11-1-10
环
形
织
6号针
横条纹针
44cm
一圈起28针
与右袖缝合
挑门襟处
d
c
f
e
挑门襟处
a
a
b
b
左片
右片

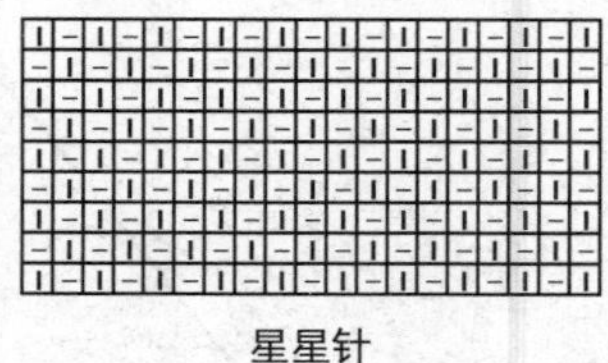

星星针

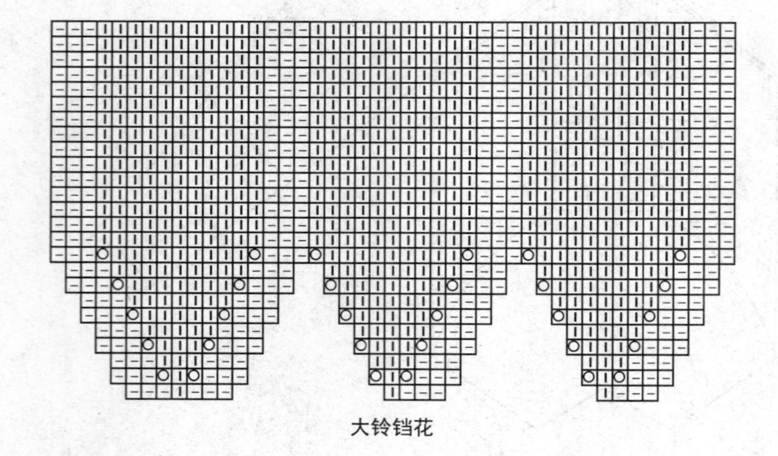

大铃铛花

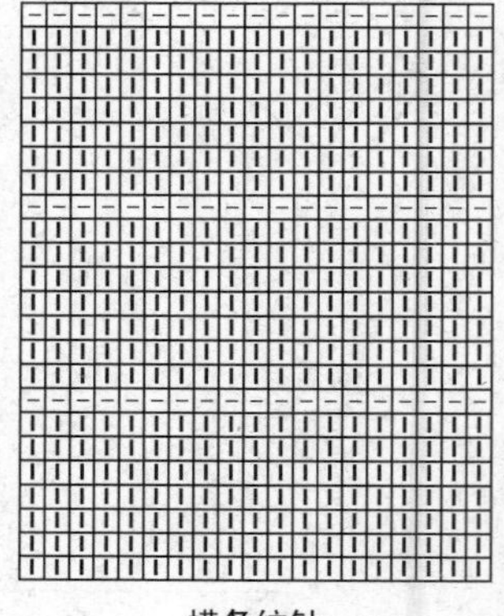

横条纹针

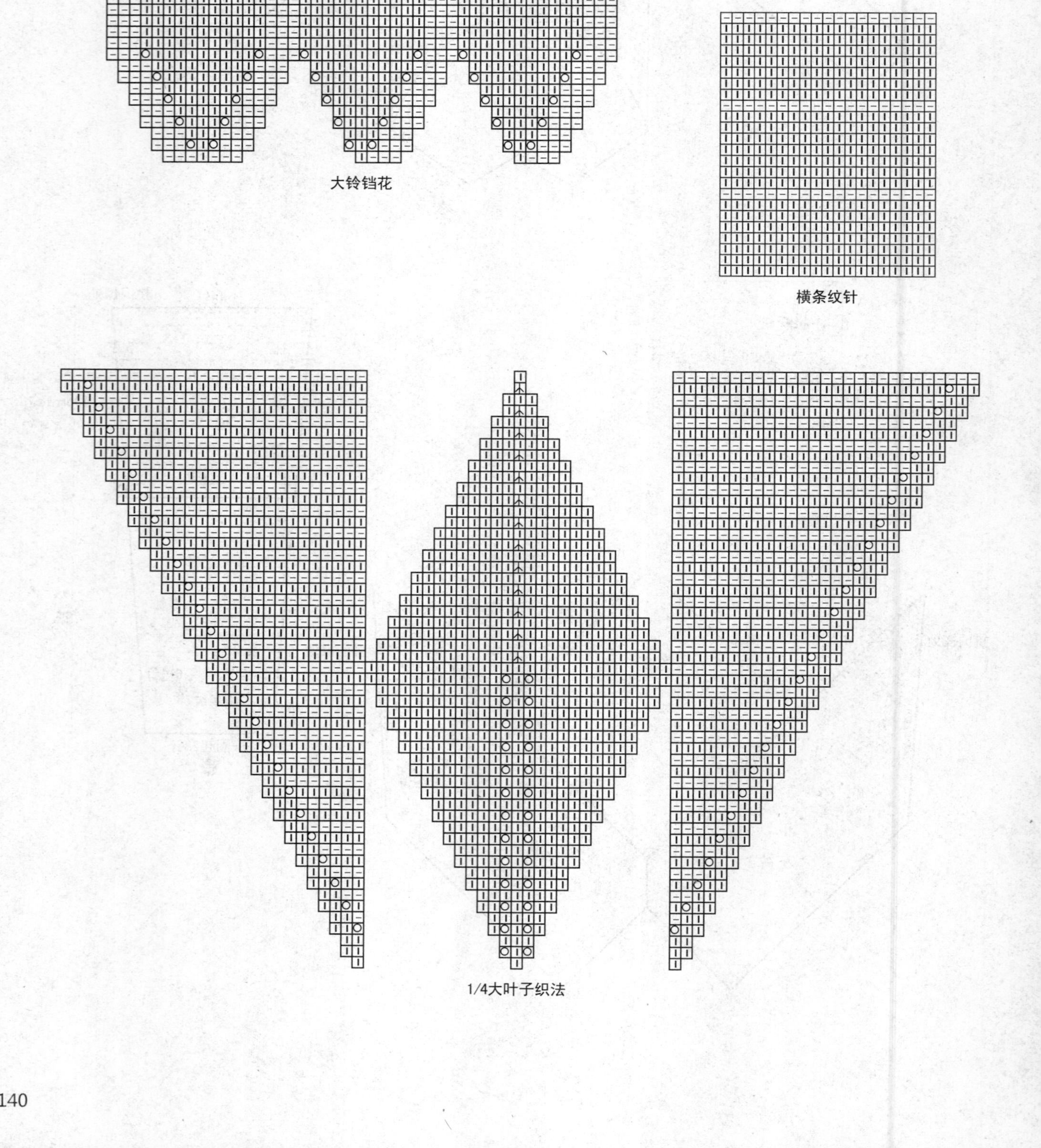

1/4大叶子织法

P40 披肩式纤袖上衣

材料：
纯毛合股线

用量：
700g

工具：
6号针　8号针

尺寸（cm）：
以实物为准

平均密度：
10cm²=19针×24行

小提示：
三个圆片完成后均松收平边，以保持足够弹性。

编织简述：

按要求织一个大后背圆片和两个小的左右前片，相互缝合后挑织领子和两袖。

编织步骤：

❶・用6号针起12针从中间环形向四周织锁链球球针，同时将12针分为12份，隔3行在每份内加1针，共加19次时半径为26cm，此时一圈为240针，松收平边形成后背片。

❷・按以上方法从中间起12针向四周环形织锁链球球针，半径至18cm时收针形成右前片，左前片织法同右前片。

❸・将后背片面、左前片、右前片三部分按要求在两肩取26cm缝合。

❹・在后脖和左右前片处挑出106针，用8号针往返向上织15cm扭针双罗纹后收机械边形成立领。

❺・在前后片两侧夹角处环形挑出40针，用6号针向下织48cm扭针单罗纹后收机械边形成袖子。

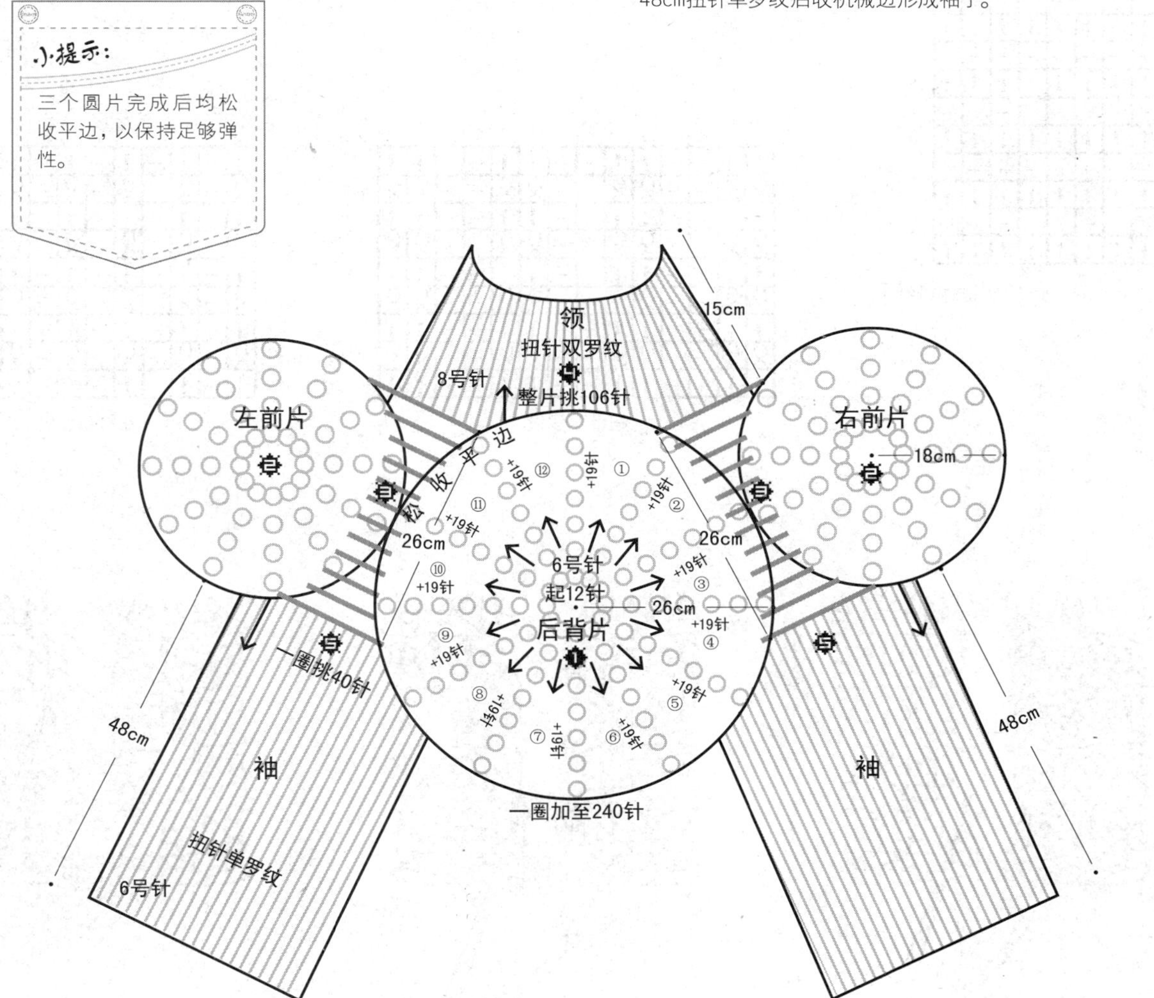

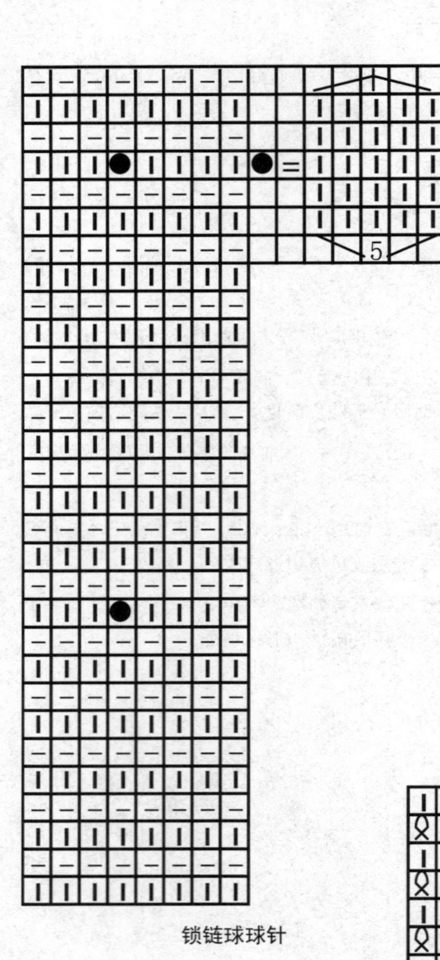

锁链球球针

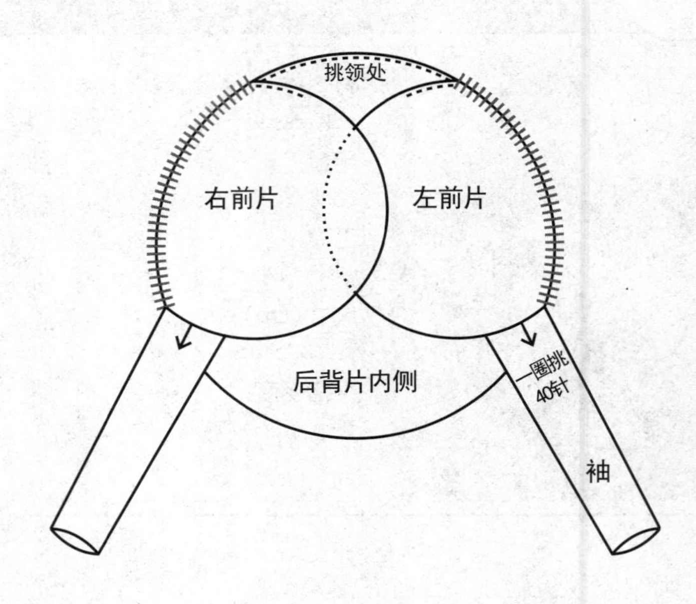

扭针双罗纹

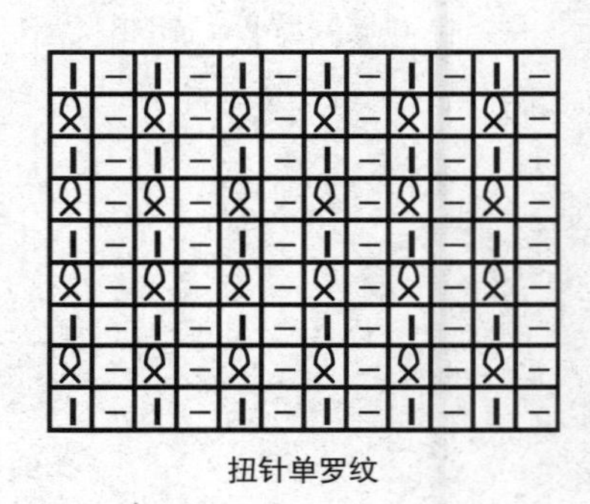

扭针单罗纹

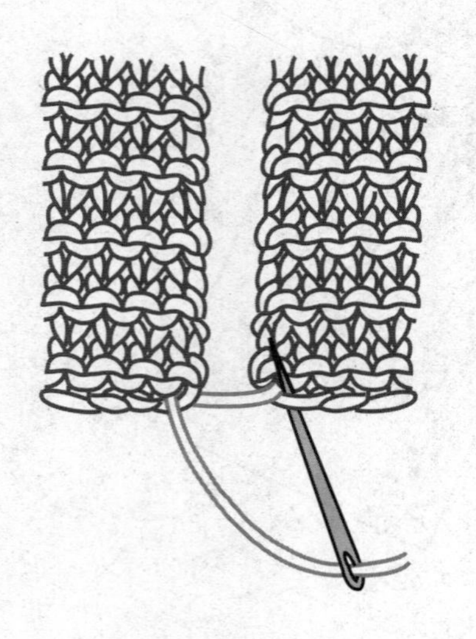

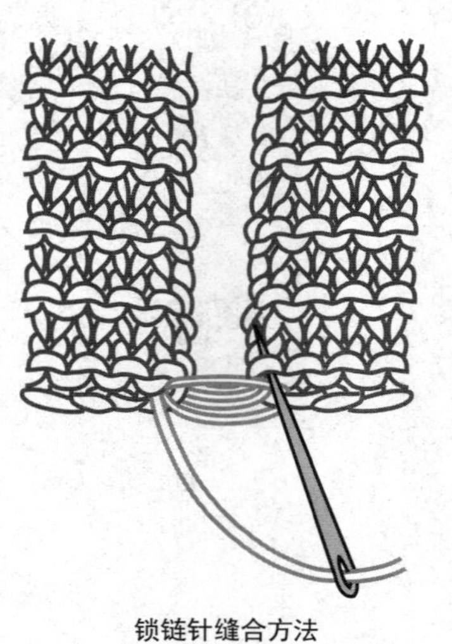

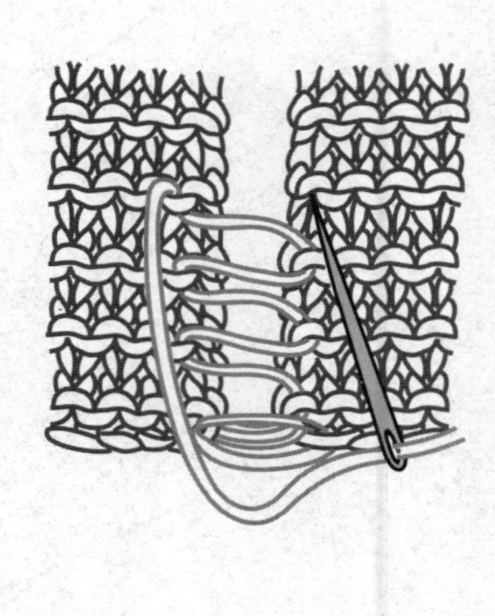

锁链针缝合方法

P41 极简束腰开衫

材料：
70%驼绒线
用量：
650g
工具：
6号针
尺寸（cm）：
衣长56　袖长57　胸围78　肩宽31
平均密度：
10cm²=20针×24行

编织简述：

从下摆起针后按排花往返向上织，减袖窿和减领口同时进行，前后肩头缝合后，门襟依然向上直织，至后脖正中时对头缝合形成领子。袖口起针后环形向上织，同时在袖腋处规律加针至腋下，减袖山后余针平收，与正身整齐缝合，最后在服装的宽罗纹针处缝出菱形效果。

编织步骤：

1・用6号针起156针按整体排花往返向上织。

2・总长至38cm时减袖窿，①平收腋正中4针，②余针向上直织。

3・减袖窿的同时减领口，①在30针门襟的内侧隔1行减1针减7次，②隔3行减1针减4次。前后肩头各余2针相互缝合后，门襟的30针依然向上直织，至后脖正中时对头缝合形成领子。

4・袖口用6号针起36针按袖子排花环形向上织，同时在袖腋处隔11行加1次针，每次加2针，共加9次，总长至44cm后减袖山，①平收腋正中6针，②隔1行减1针减13次，余针平收与正身整齐缝合。

5・最后在服装的正身和两袖宽罗纹处缝出菱形效果。

小提示：
缝合花纹时注意长短均匀。

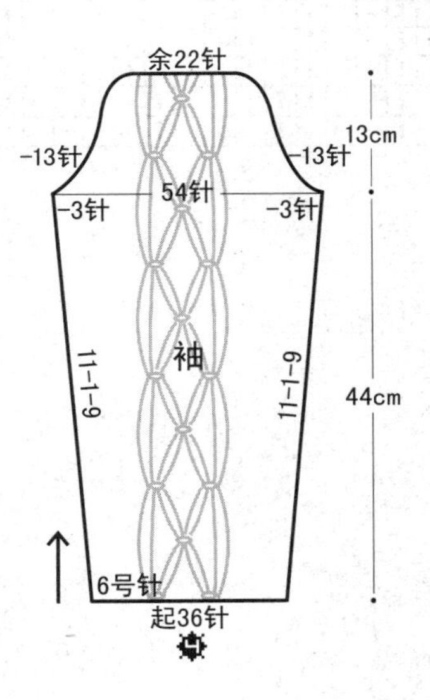

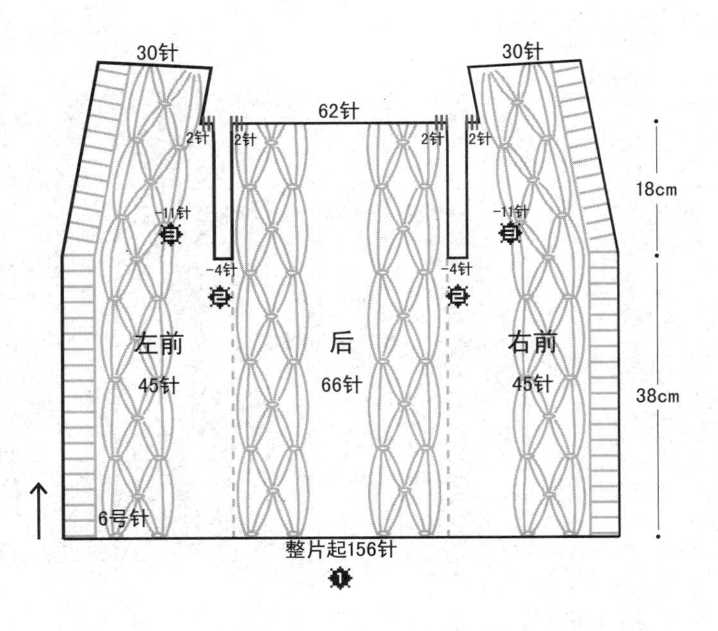

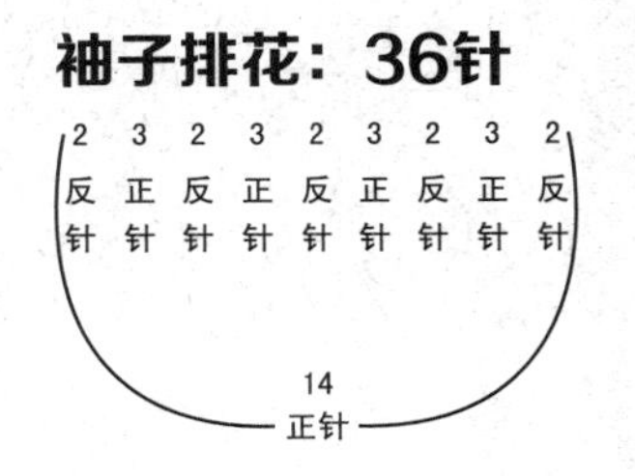

整体排花：156针

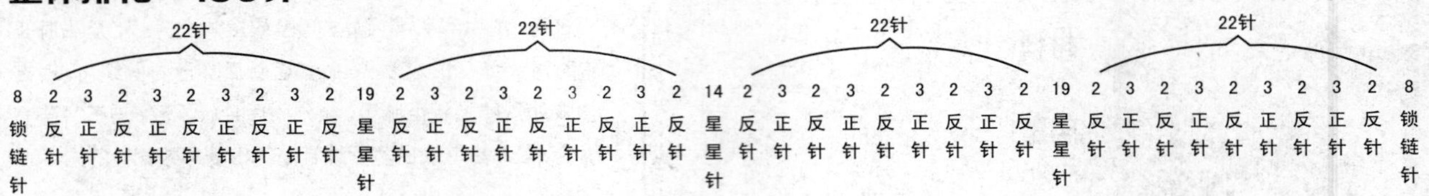

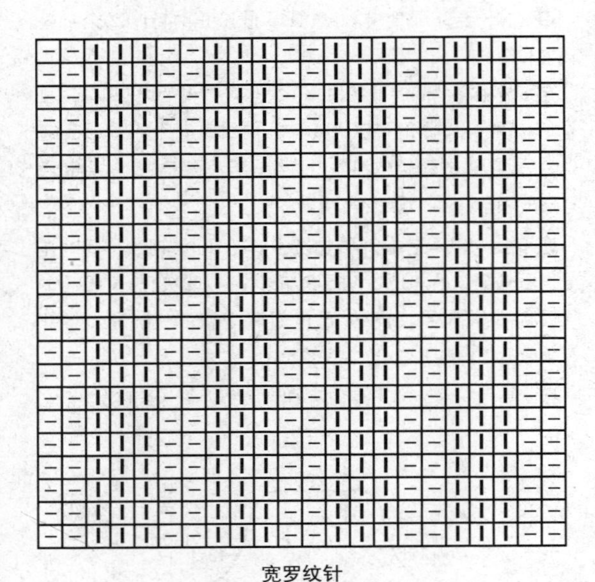
宽罗纹针

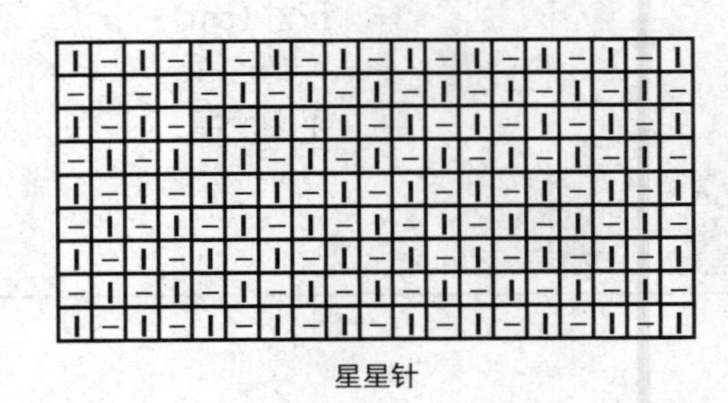
星星针

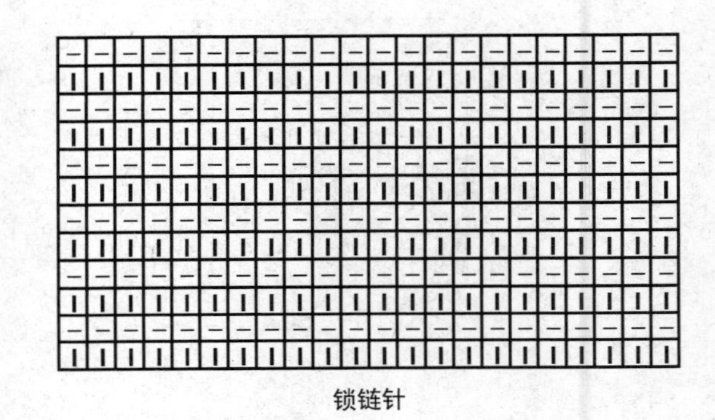
锁链针

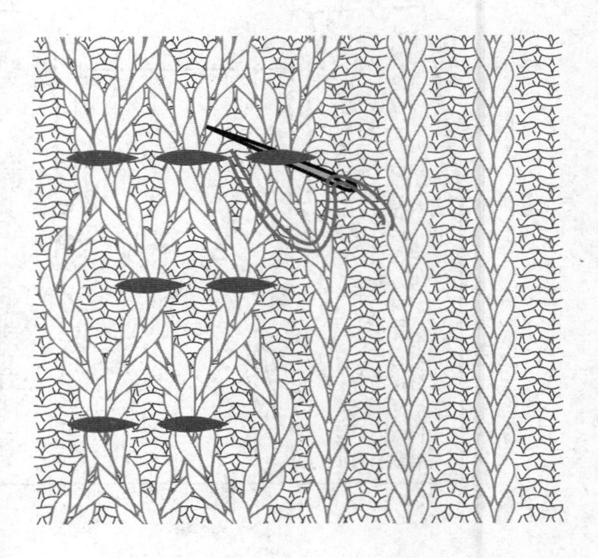

菱形花纹缝法

P42 油画印象修身上衣

材料:
纯毛粗线

用量:
450g

工具:
6号针　8号针　3.0钩针

尺寸(cm):
衣长48　袖长57　胸围71　肩宽27

平均密度:
$10cm^2$=19针×24行

编织简述:

从下摆起针后按花纹环形向上织，至腋下后减袖窿，然后减领口，前后肩头缝合后挑织小方领；袖口起针后环形向上织，同时在袖腋处规律加针至腋下，减袖山后余针平收，与正身整齐缝合。最后在前片和两肩钩长针串。

编织步骤:

❶·用6号针起136针环形向上织凤尾竹针。

❷·总长至30cm时减袖窿，①平收腋正中9针，②隔1行减1针减4次。

❸·距后脖5cm时减领口，①平收领正中20针，②余针向上直织。前后肩头缝合后，从领口挑出100针，用8号针环形紧织2cm扭针单罗纹后收机械边形成小方领。

❹·袖口用6号针起34针环形向上织凤尾竹针，同时在袖腋处隔13行加1次针，每次加2针，共加7次，加出针织正针。总长至43cm时减袖山，①平收腋正中8针，②隔1行减1针减13次，余针平收，与正身整齐缝合。

❺·用绿色线在前片正身钩长针串，同时在两袖山处横钩4行长针串。

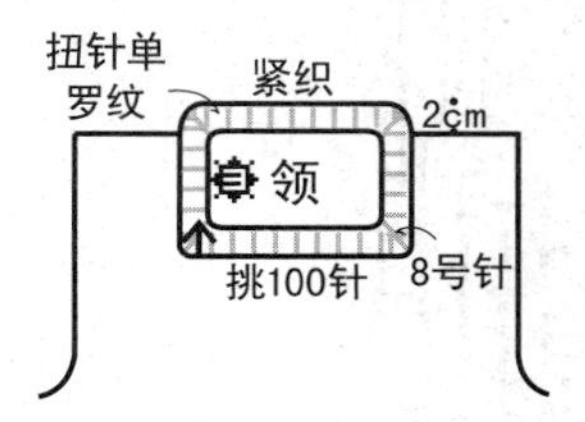

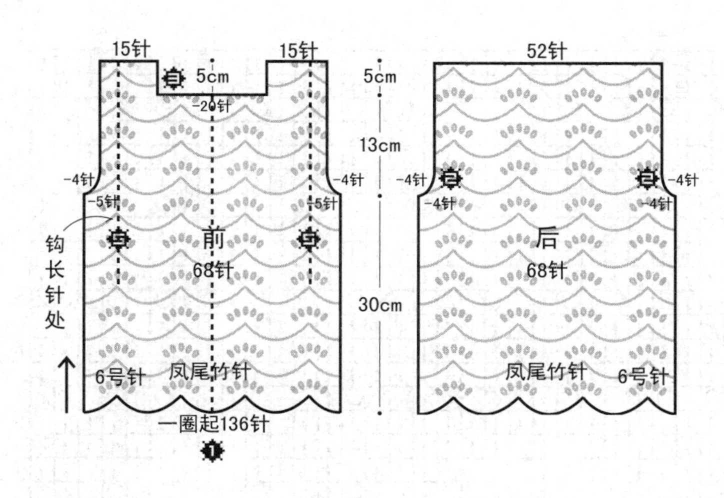

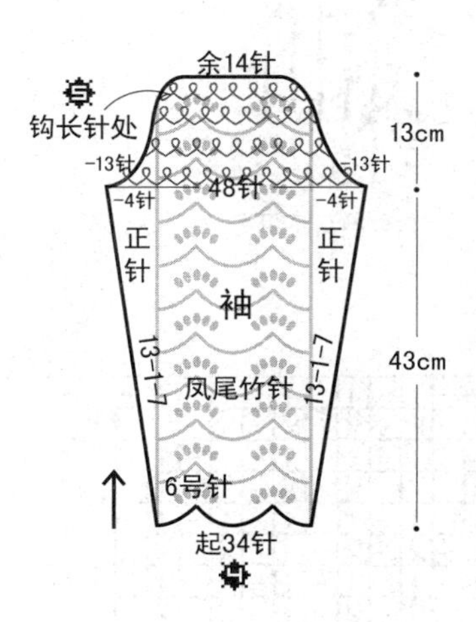

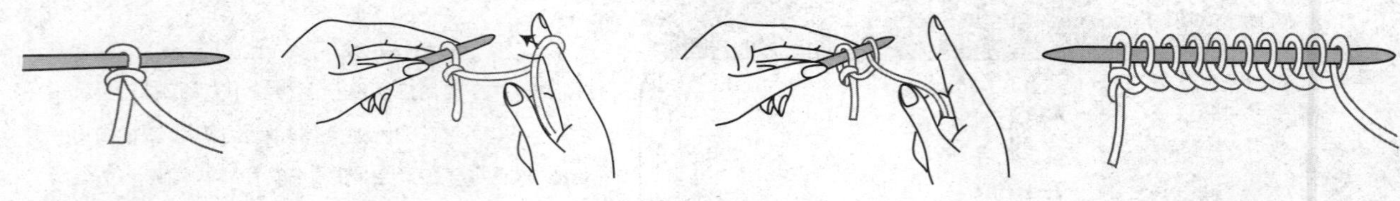

绕线起针法

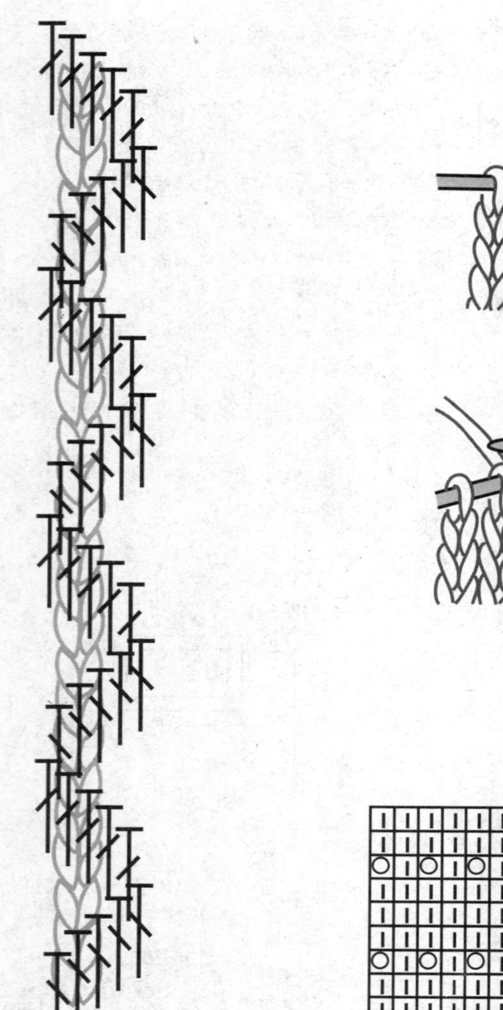

长针串立体钩法

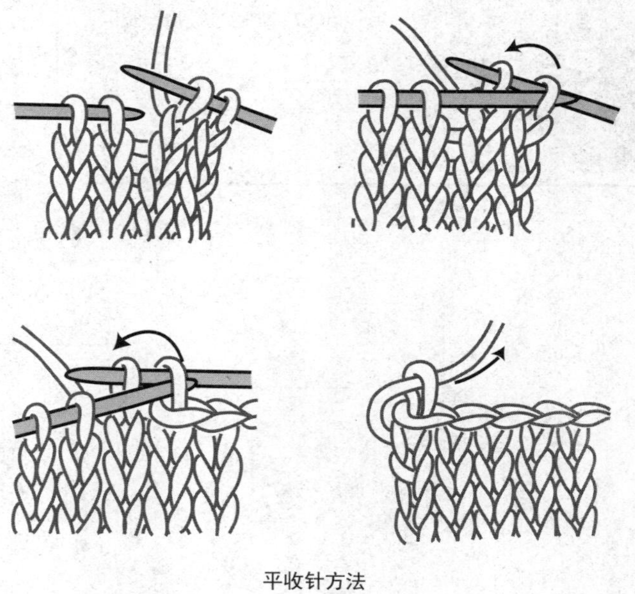

平收针方法

扭针单罗纹

凤尾竹针

P43 方井透衫

材料：
棉纶合股线

用量：
450g

工具：
6号针　3.0钩针

尺寸(cm)：
以实物为准

编织简述：

按花纹钩方井片同时连接各个单元片形成上衣，然后钩门襟和领子，最后挑针织袖子和下摆并缝好扣子。

编织步骤：

1. 用3.0钩针钩方井片并按图连接形成上衣。
2. 按图钩门襟和领子。
3. 用6号针从袖口挑出56针，合成双股线环形织6cm扭针单罗纹后收平边形成袖边。
4. 同样用6号针从下摆挑出112针，合成双股线往返织6cm后收平边形成下摆边。
5. 在左门襟处缝好扣子。

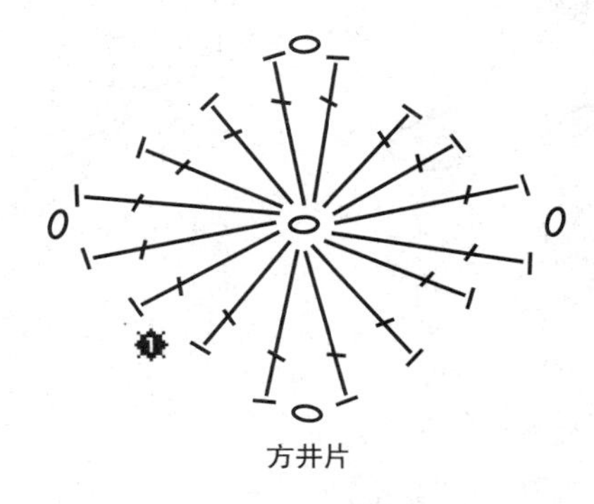

方井片

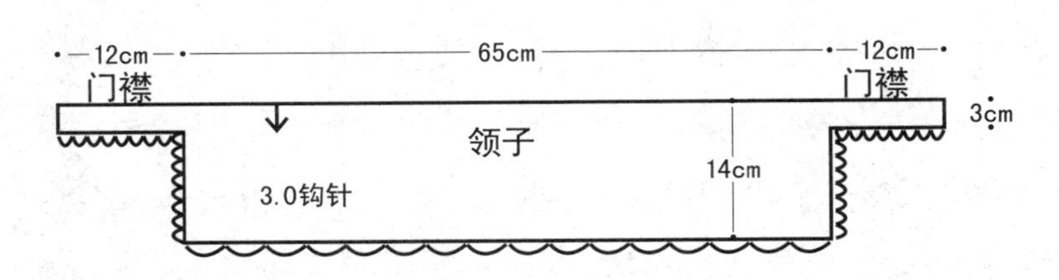

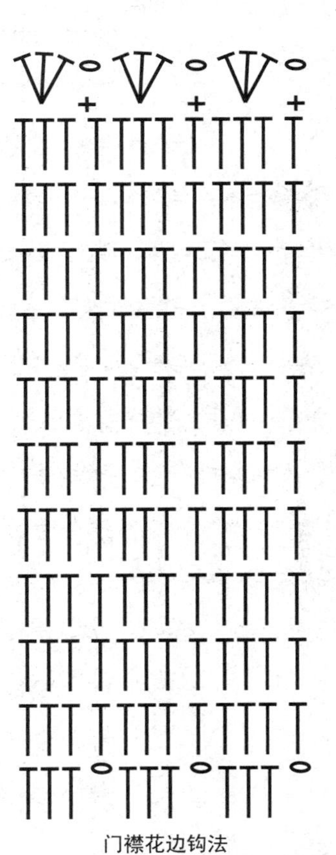

门襟花边钩法

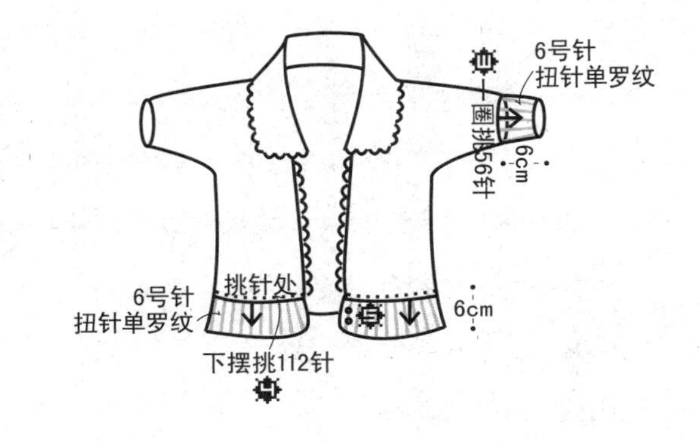

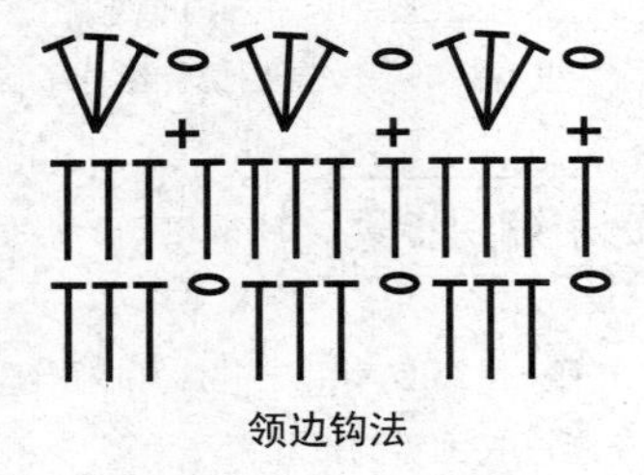

领边钩法

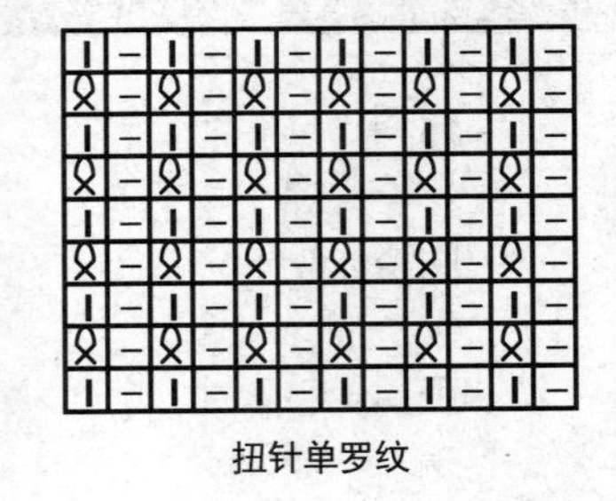

扭针单罗纹

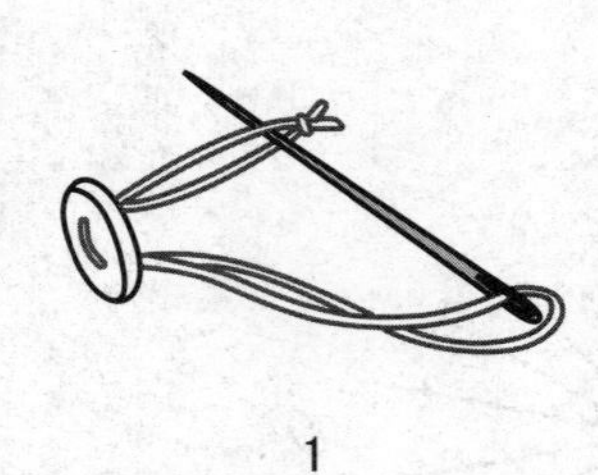

1

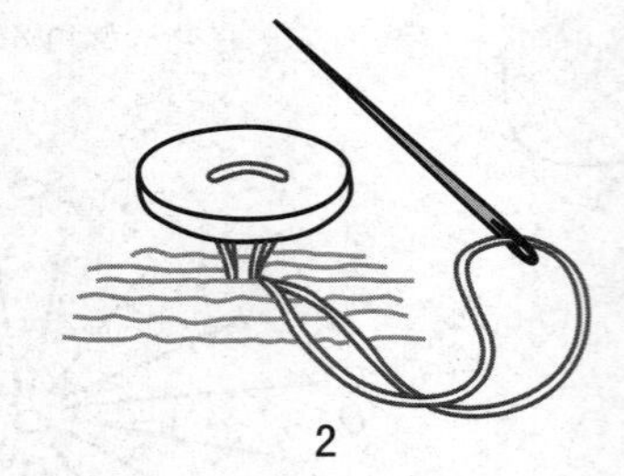

2

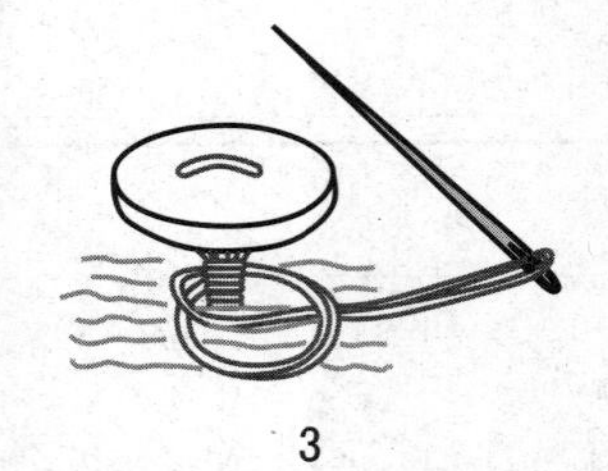

3

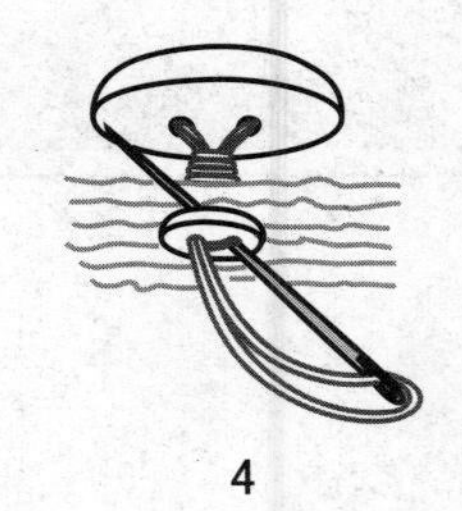

4

缝扣子方法

3.0钩针

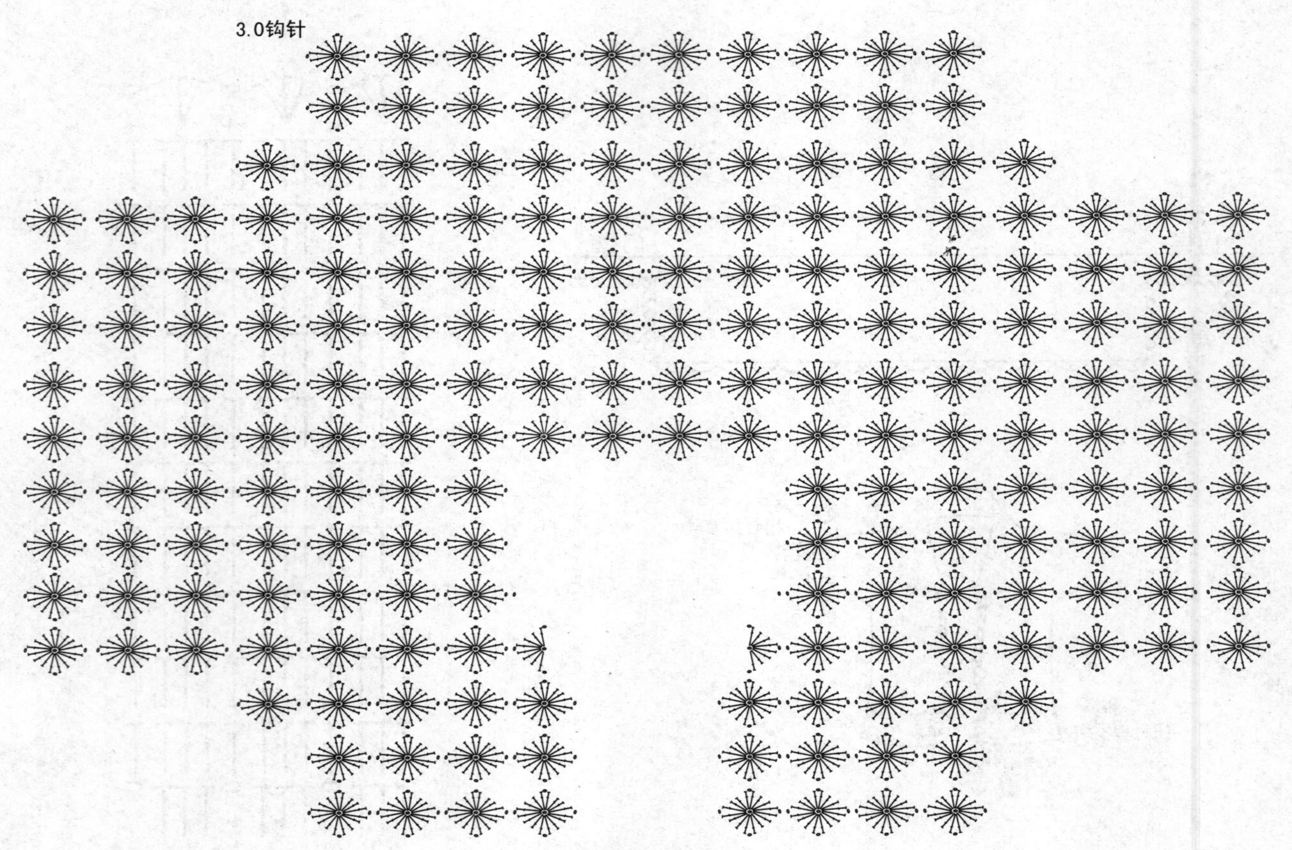

服装整体拼合图

P44 韩风束腰开衫

材料:
混纺合股线

用量:
500g

工具:
直径0.7cm粗竹针　8号针

尺寸(cm):
以实物为准

平均密度:
10cm²=13针×22行

编织简述:

起针后往返织后背片，然后织左、右前片，按要求将三部分缝合后挑织领子，最后将袖子与正身袖窿口缝合。

编织步骤:

1 • 用直径0.7cm粗竹针起38针机械边后向上往返织正针，至18cm时，在右侧隔3行加1针加2次，隔1行加1针加5次，此时整片共45针。然后再平加10针，共55针往返向上织，同时在右侧隔1行加1针加5次，此处为腋部。最后再次平加21针，整片共81针往返向上织36cm后，取右侧再平收21针，然后隔1行减1针减5次，再次平收10针，之后隔1行减1针减5次，隔3行减1针减2次，余38针不加减针往返向上织18cm后收机械边形成后背片。

2 • 左前片用直径0.7cm粗竹针起70针往返向上织1cm单罗纹后改织正针，同时在左侧隔1行加1针共加12次，此时整片共82针，往返向上织8cm后，在左侧平收21针，然后再隔1行减1针减5次，再次平收10针，然后再隔1行减1针减5次，余41针后，往返向上织24cm收机械边。按此方法完成右前片，注意与左前片对称。

3 • 在两肋按相同字母将左、右前片与后背片缝合，缝合前后肩头后，用8号针挑151针往返向上织9cm单罗纹后收机械边形成领子。

4 • 袖口用直径0.7cm粗竹针起40针环形向上织1cm单罗纹后改织正针，同时在袖腋处隔30行加1次针，每次加2针，共加3次，总长至47cm时减袖山，①隔1行减1针减11次，②余针平收。将袖子与正身袖窿整齐缝合。

36cm
袖窿
平收21针
-5针
腋
平收10针
a
-7针
后背
81针
平加21针
+5针
平加10针
b与右前片b相缝合
+7针
收机械边
余38针
正针
起机械边
一片起38针
1
直径0.7cm粗竹针
下摆
18cm　54cm　18cm

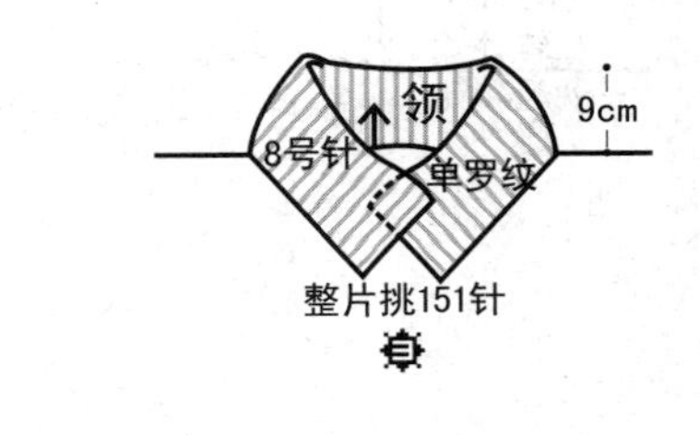

小提示:
在缝合各片时注意手法放松，以免影响服装尺寸。

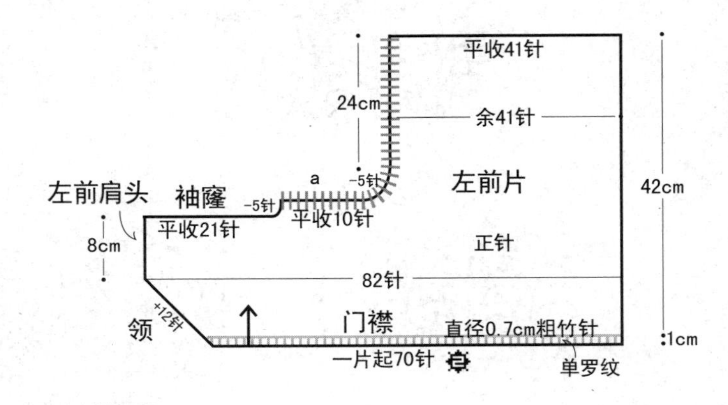

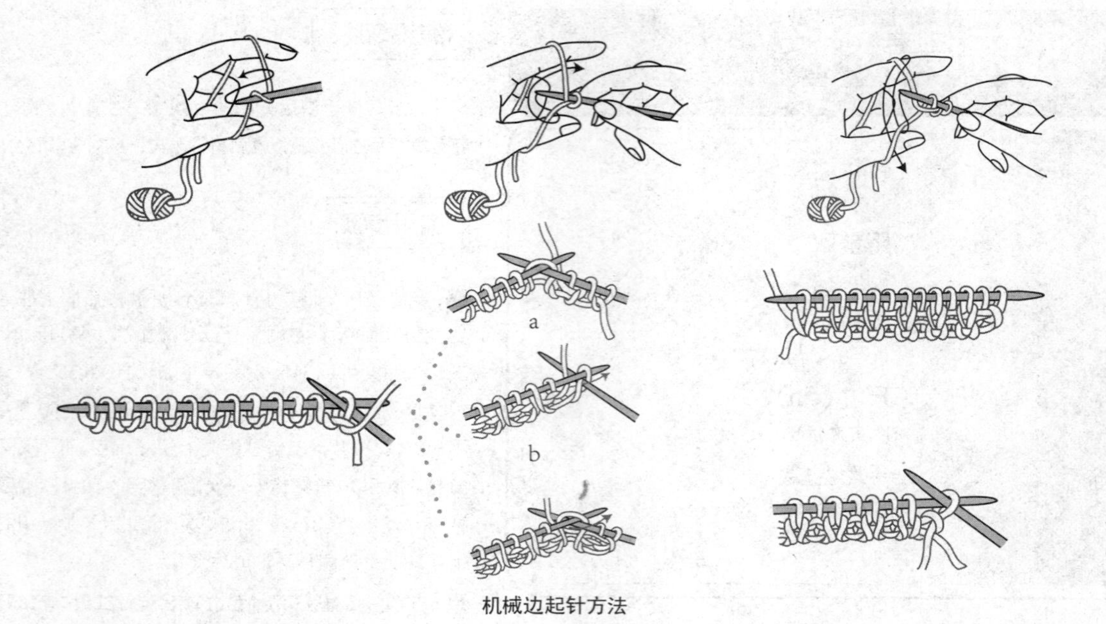

机械边起针方法

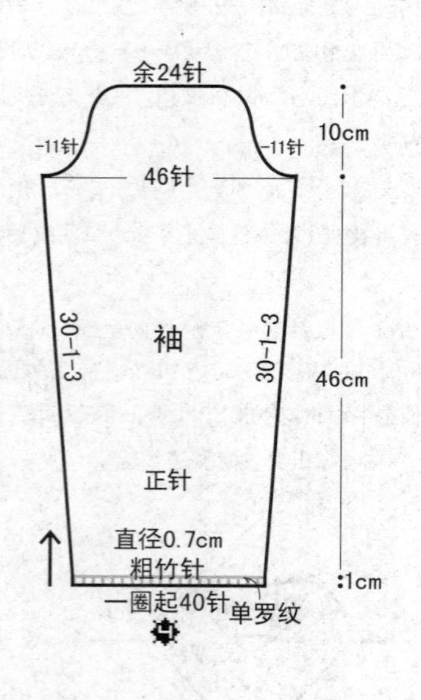

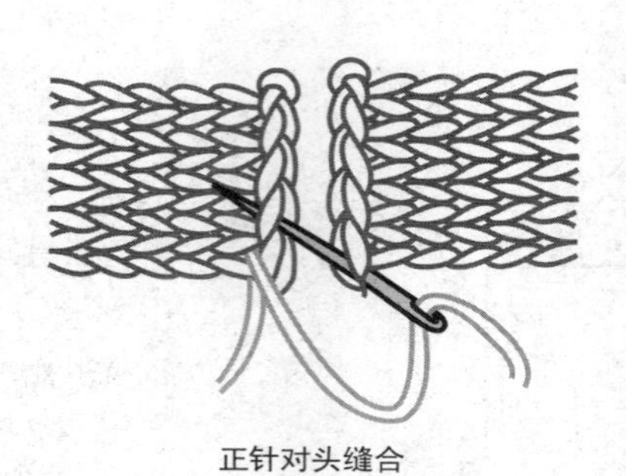

正针对头缝合

｜	–	｜	–	｜	–	｜	–	｜	–	｜	–	｜
｜	–	｜	–	｜	–	｜	–	｜	–	｜	–	｜
｜	–	｜	–	｜	–	｜	–	｜	–	｜	–	｜
｜	–	｜	–	｜	–	｜	–	｜	–	｜	–	｜
｜	–	｜	–	｜	–	｜	–	｜	–	｜	–	｜
｜	–	｜	–	｜	–	｜	–	｜	–	｜	–	｜
｜	–	｜	–	｜	–	｜	–	｜	–	｜	–	｜

单罗纹

竖缝合方法

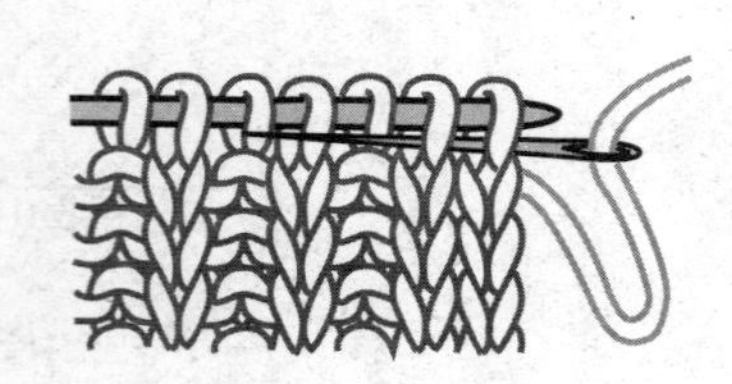

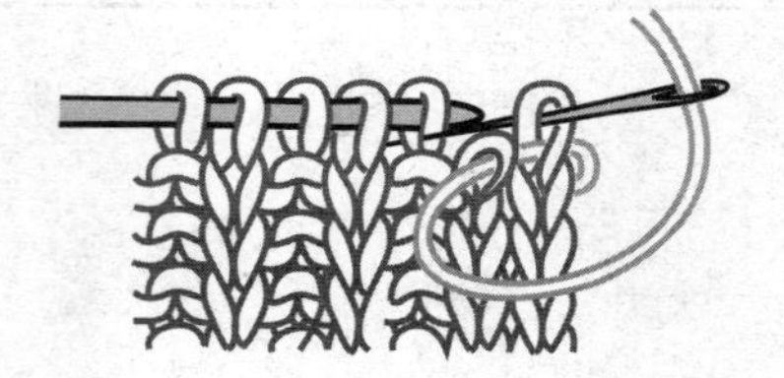

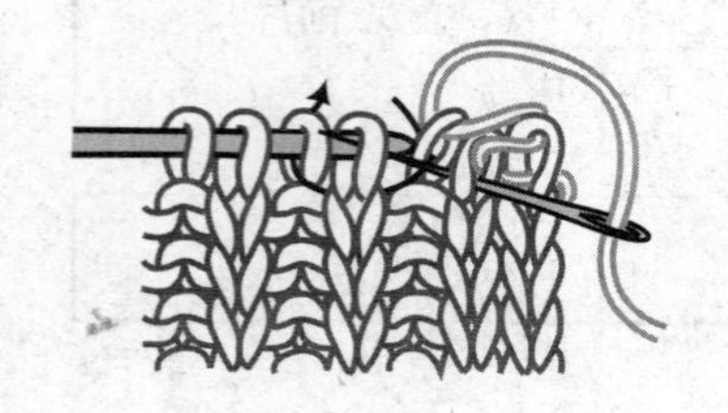

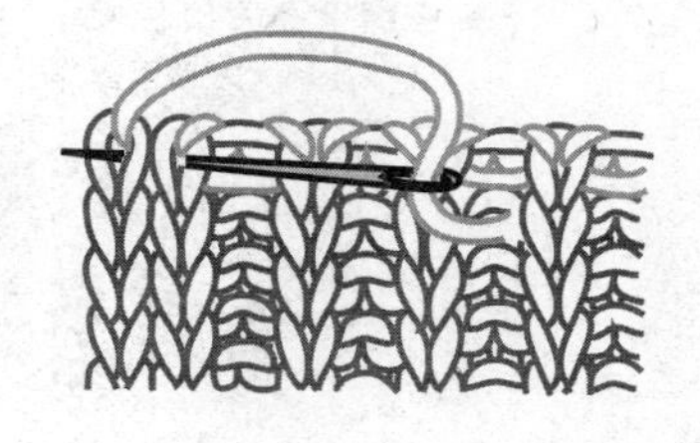

机械边收针缝法

P45 金边罩衫

材料:
腈纶马海毛

用量:
350g

工具:
6.0钩针

尺寸(cm):
以实物为准

编织简述:

先从后片的肩部起针往返向下钩后背片和左右前片，然后钩领边和袖边花纹，最后钩织下摆。

编织步骤:

1. 用6.0钩针从后背片肩部起针往返钩重叠花纹，第1行为12个花纹，然后每行减1个花纹，至后腰时花纹减至5个，后背片花纹共8组。
2. 按图钩6个花朵，两大四小，组合后形成左、右前片。
3. 将左右前片与后背片在肩部连接。
4. 分别在V形领口和袖边钩花边，并用金线钩两行金边。
5. 在下沿环形钩14cm形成下摆。

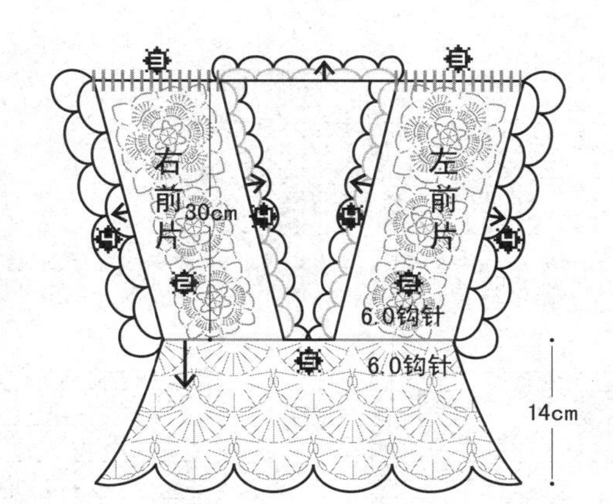

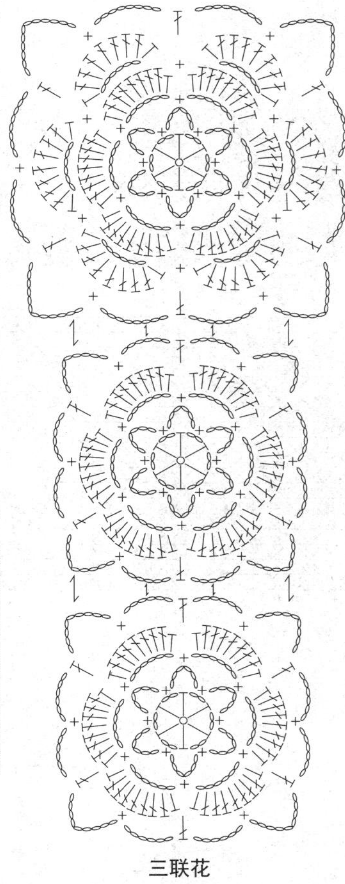

三联花

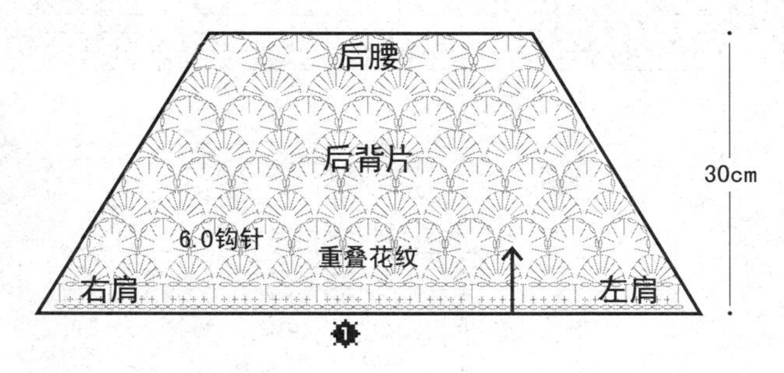

小提示:
注意先钩领边和袖边，然后再环形钩下摆。

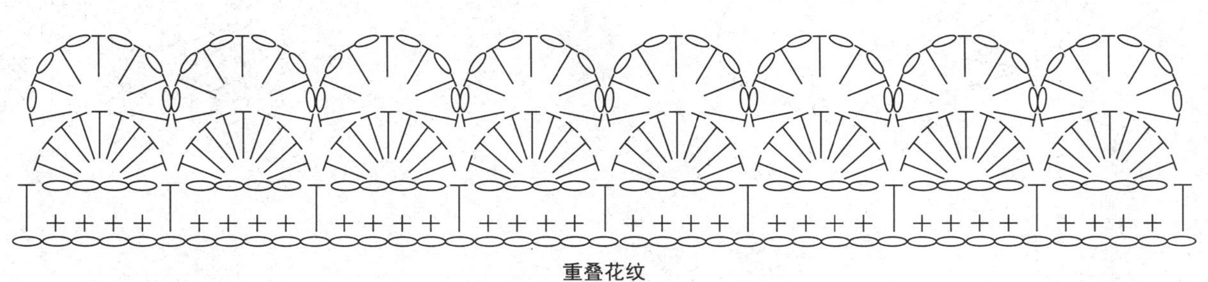

重叠花纹

P46 小红帽

材料:
纯毛合股线

用量:
150g

工具:
5.0钩针

尺寸（cm）:
以实物为准

平均密度:
10cm²=23针×24行

编织简述:

从帽子顶正中起针环形向四周钩，经帽身、帽边，然后往返钩帽沿，最后缝好扣子。

编织步骤:

1. 用5.0钩针起4针从帽顶正中环形向四周钩短针，按规律加针同时均分8份，每份加至9针时完成帽顶。
2. 按图环形钩帽身。
3. 换另色线钩3行形成帽边。
4. 按图往返钩帽沿。收针后将帽沿左右两角向上折并缝好扣子。

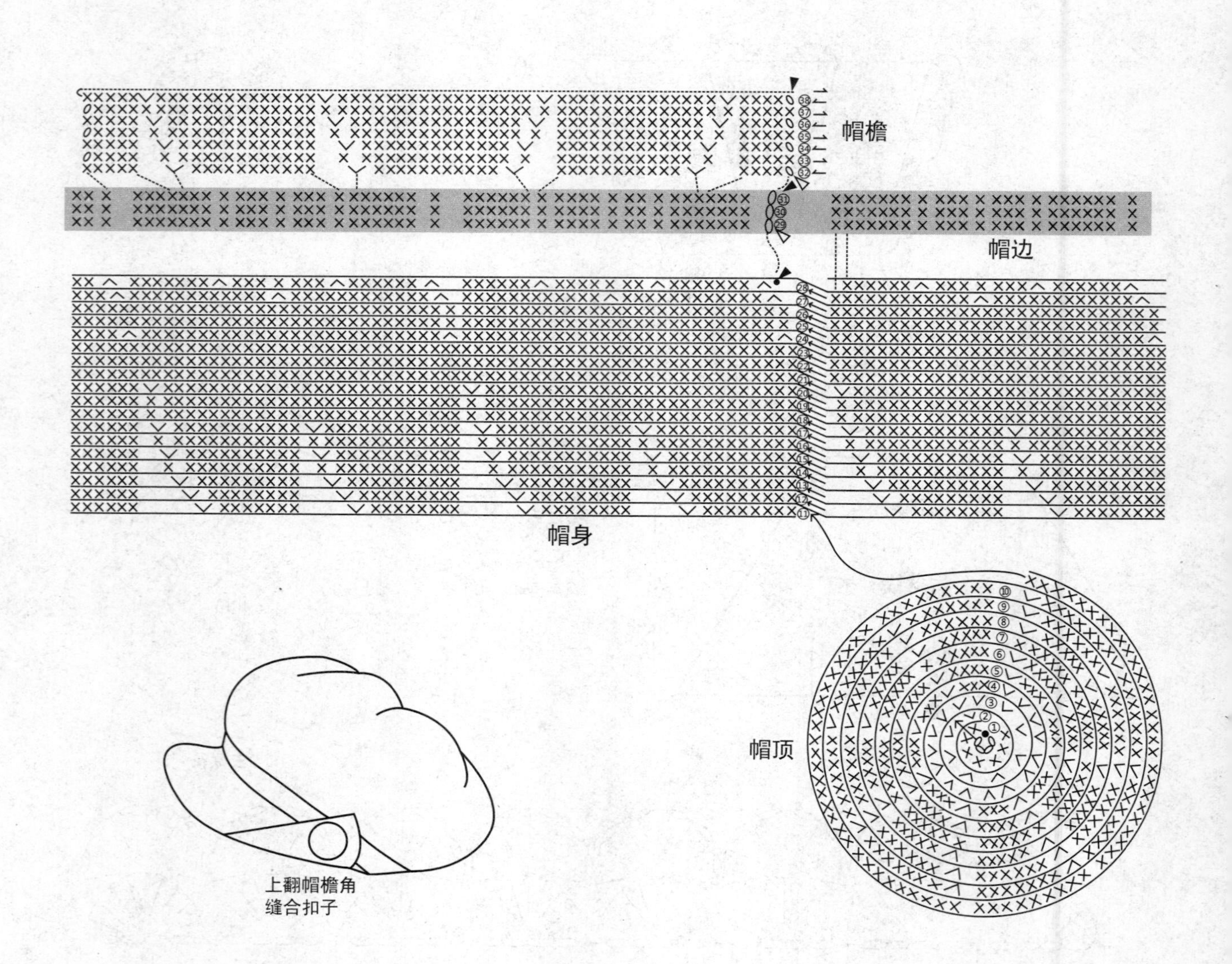

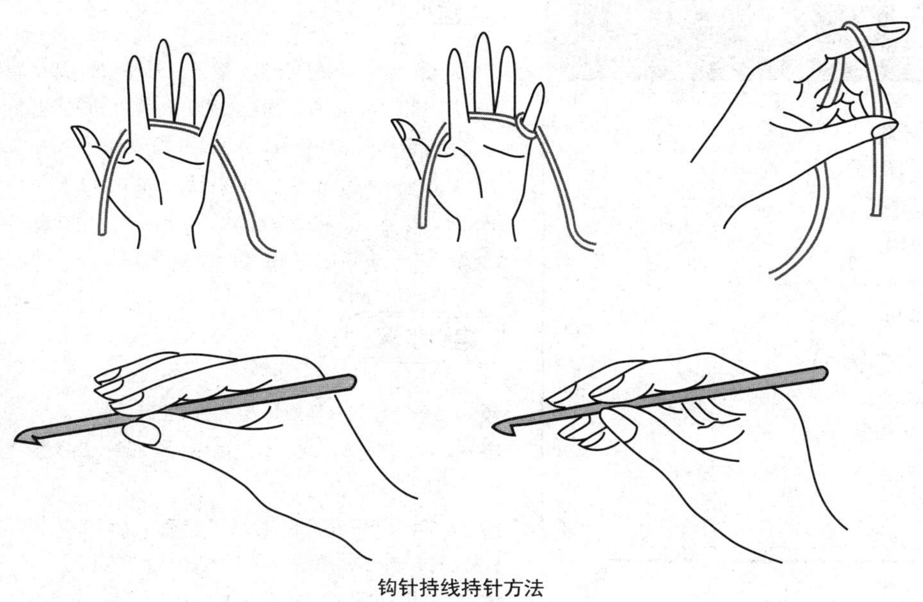

钩针持线持针方法

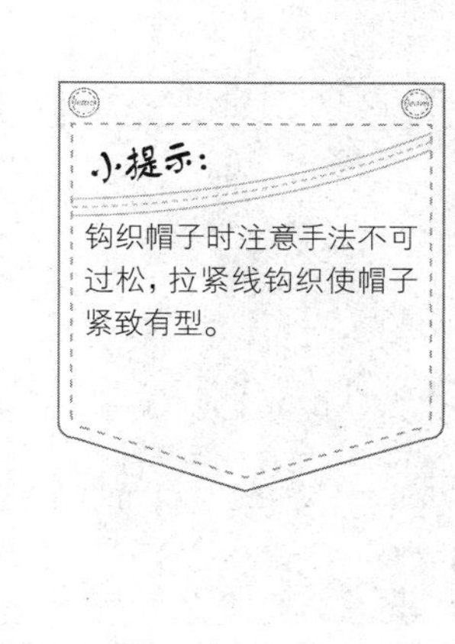

小提示:
钩织帽子时注意手法不可过松，拉紧线钩织使帽子紧致有型。

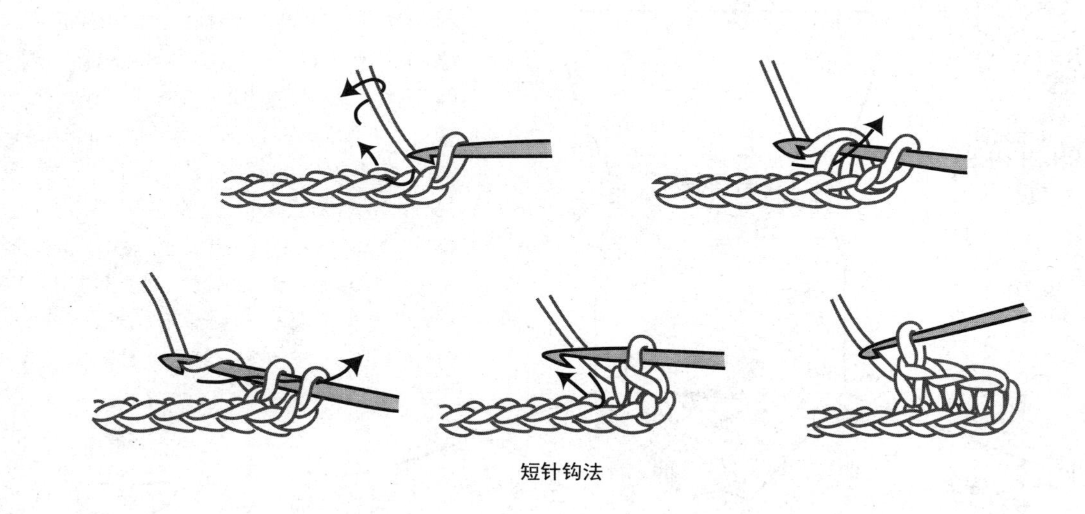

短针钩法

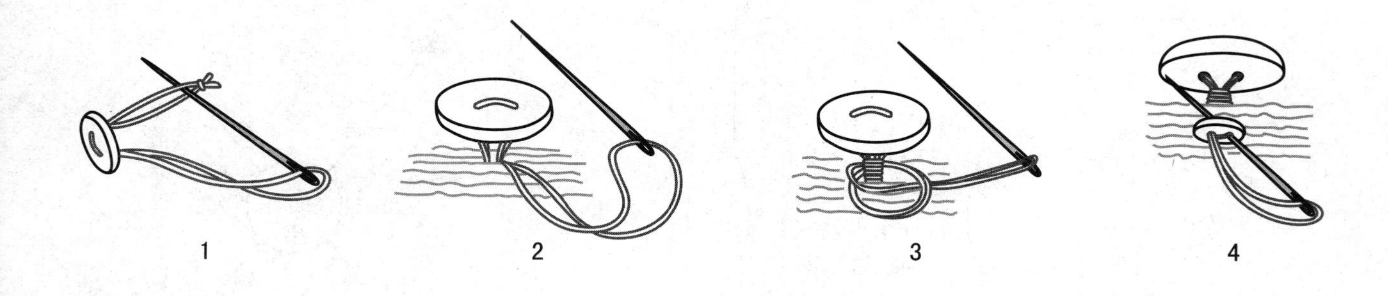

P47 蕾丝飞肩连衣裙

材料：
羊仔毛手织线

用量：
650g

工具：
6号针　8号针

尺寸（cm）：
裙长71　袖长45（腋下至袖口）　胸围69

平均密度：
10cm²=19针×24行

编织简述：

从领边起针后环形向下织领子，按分针图分出两肩和前后片，然后按要求向下加针，相应长后，在两腋平加针，与前后片合圈向下织正身，最后织下摆收针；两袖按要求加针后，将腋部的针挑出，与加针后的袖片合圈向下环形织袖子，同时在袖腋处规律减针至袖口，然后在袖边收针。最后在左右领与肩的位置分别挑织双层飞肩。

编织步骤：

1·用8号针起88针环形向下织13cm扭针单罗纹。

2·按分针图分针，左右肩及前后片各20针，每个加针点分别为2针。

3·换6号针环形向下织正针，在前后片的两侧隔1行加1针加18次、在左右肩的两侧隔3行加1针加9次。

4·前后片各56针、左右加针点各均分至1针、两腋各平加8针，整圈共132针合成正身向下环形织18cm。

5·换8号针环形向下织15cm扭针单罗纹后均匀加至150针环形向下织20cm桂花针并收机械边形成裙下摆。

6·袖片原有20针，在其左右各加9针后为38针、左右加针点各均分至1针、挑出正身在腋部加的8针，袖子整圈共48针，用6号针环形向下织正针，同时在袖腋处隔17行减1次针，每次减2针，共减4次，总长至30cm时，换8号针改织15cm扭针单罗纹后收机械边形成袖子。

7·另线用6号针起72针，往返向上织15cm贝壳针后，余针再次减至20针后与肩部20针位置缝合形成下层飞肩；再起54针用6号针往返向上织10cm贝壳针后，余针减至20针同样与肩部20针位置重叠缝合形成上层飞肩。

缝合在领两侧
上层肩片减至20针
6号针
贝壳针
10cm
一片起54针

缝合在领两侧
下层肩片减至20针
6号针
贝壳针
15cm
一片起72针

收机械边
6号针　桂花针　20cm
扭针单罗纹　8号针　66针　15cm
6号针　环形织　正针　后　18cm
66针
+4针　+4针
17-1-4
6号针　环形织　余40针
扭针单罗纹　8号针
右袖　正针　48针
起88针
48针　左袖　正针
-4针
6号针　环形织　扭针单罗纹　8号针　收机械边
加针点　18cm
-15cm—30cm—　—30cm—15cm—
66针　前
环形织　6号针　正针　18cm
8号针　66针　扭针单罗纹　15cm
一圈加至150针
6号针　桂花针　20cm

起88针
领
扭针单罗纹
8号针
13cm

2针　2针
+18针　+18针
+9针　20针　+9针
与肩片缝合处
20针　起88针　20针
袖隔3行加1次针
+9针　20针　+9针
+18针　+18针
正身隔1行加1次针
2针　2针

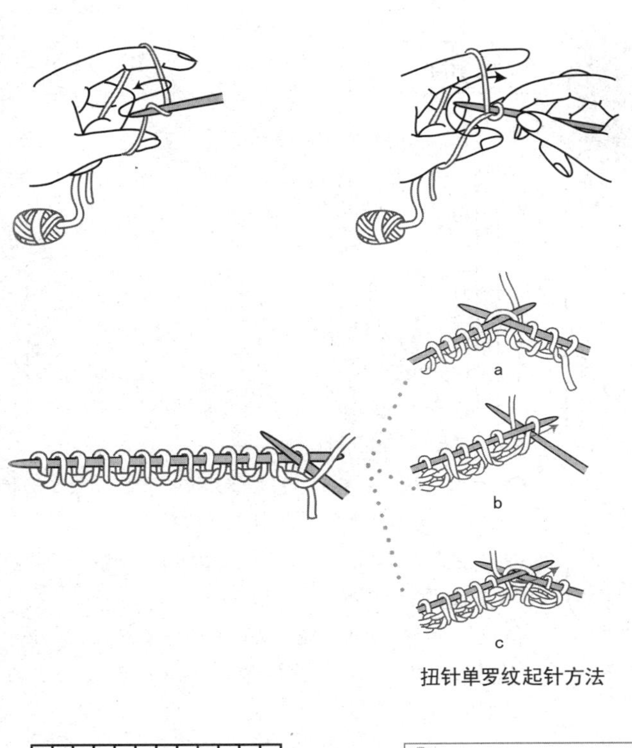
a
b
c

扭针单罗纹起针方法

扭针单罗纹

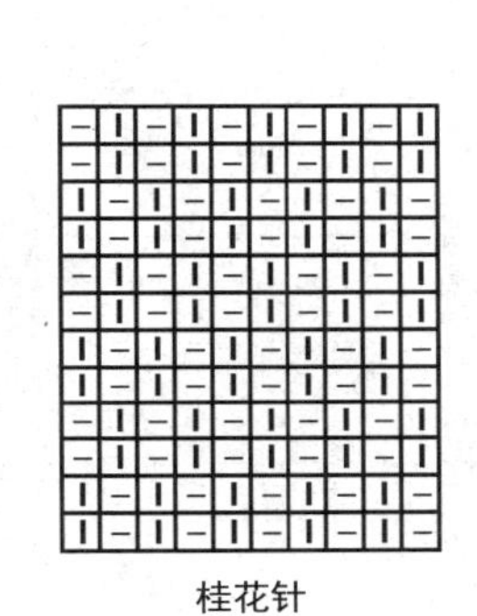
小提示：
上下两层飞肩需要另线起针往返向上织，在收针处与肩部缝合，边沿是自然的波浪效果。

桂花针

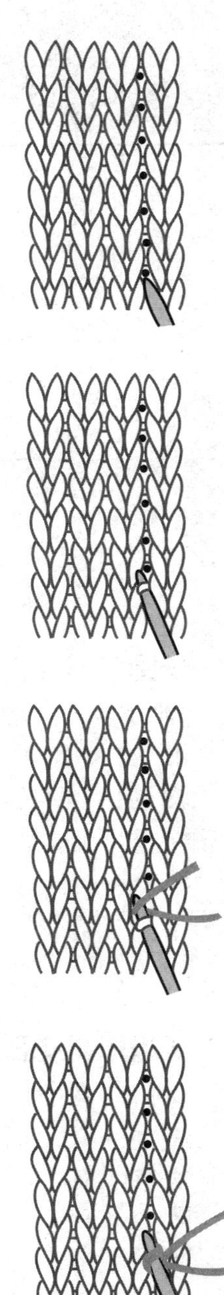

挑针织法

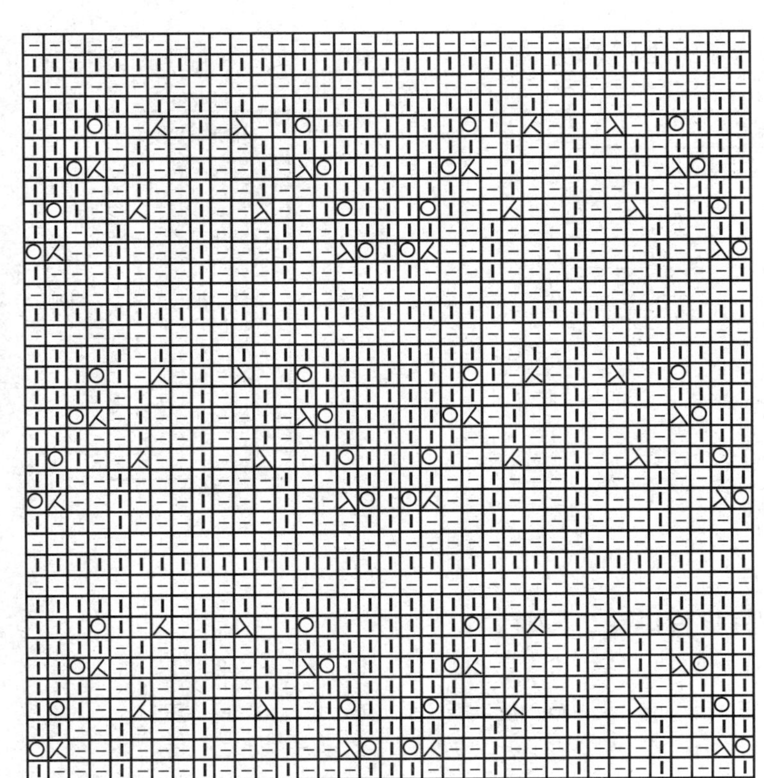

贝壳针

P48 皮草护肩

材料:
70%毛混纺线

用量:
650g

工具:
6号针　8号针

尺寸(cm):
以实物为准

平均密度:
10cm²=20针×24行

编织简述:

按排花往返织一条长围巾后，另线起针往返织后背片，然后将后背片与长围巾按要求缝合，最后挑针环形向下织袖子。

编织步骤:

1. 用6号针起35针按长围巾排花A往返向上织40cm后，再按长围巾排花B往返向上织68cm，最后再按长围巾排花A往返向上织40cm后收针。
2. 后背片用6号针起54针按后背片排花往返向上织38cm后收针，与长围巾侧边中段32cm位置缝合。
3. 将长围巾两端侧边的40cm位置重叠后，与后背片侧边的20cm位置缝合形成自然的褶皱。
4. 后背片和长围巾各18cm未缝合的位置为袖窿口，用8号针从此处挑出48针，环形向下织50cm扭针单罗纹后收机械边形成袖子。

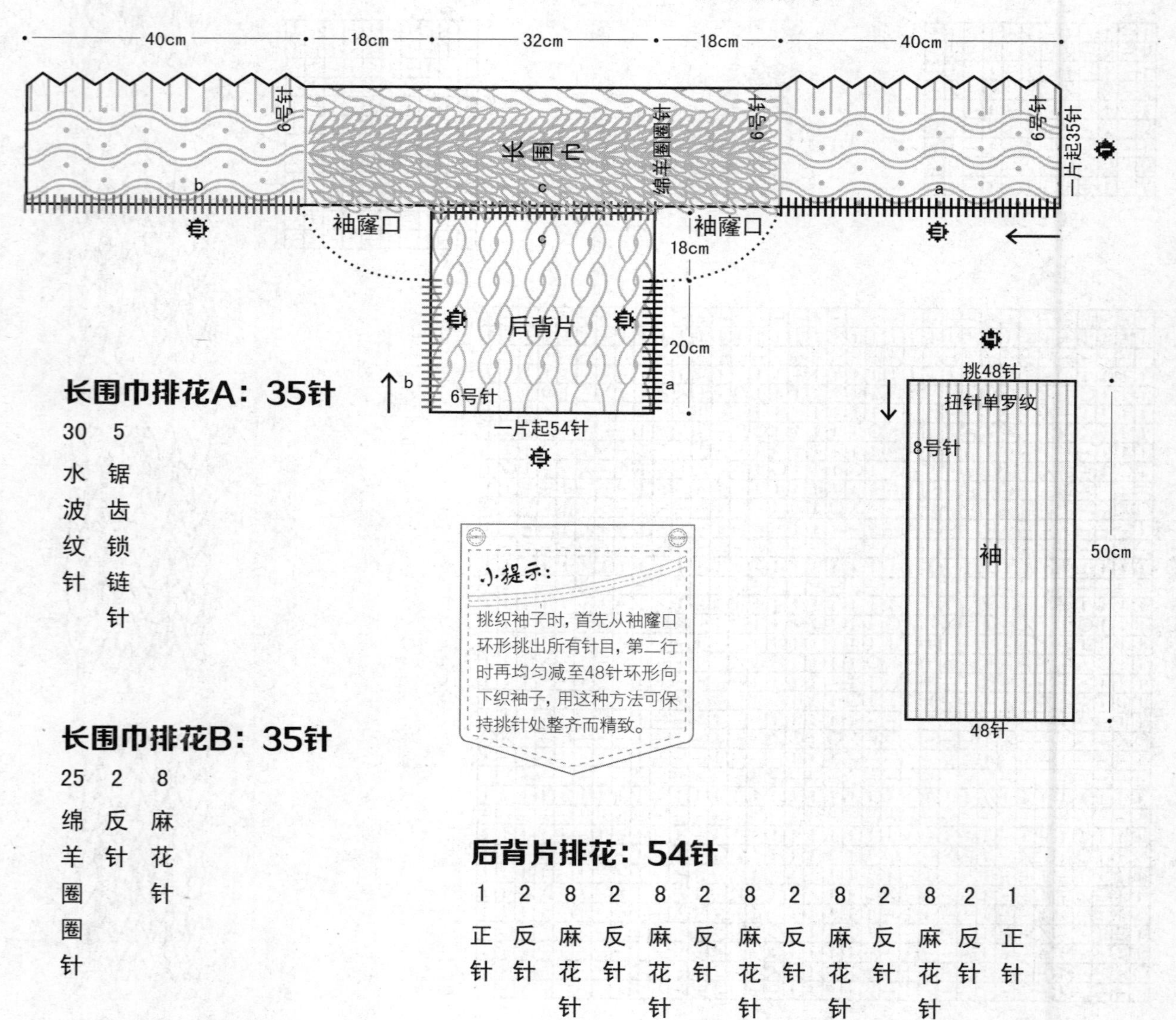

长围巾排花A：35针

30	5
水波纹针	锯齿锁链针

长围巾排花B：35针

25	2	8
绵羊圈圈针	反针	麻花针

小提示:
挑织袖子时，首先从袖窿口环形挑出所有针目，第二行时再均匀减至48针环形向下织袖子，用这种方法可保持挑针处整齐而精致。

后背片排花：54针

1	2	8	2	8	2	8	2	8	2	8	2	1
正针	反针	麻花针	反针	麻花针	反针	麻花针	反针	麻花针	反针	麻花针	反针	正针

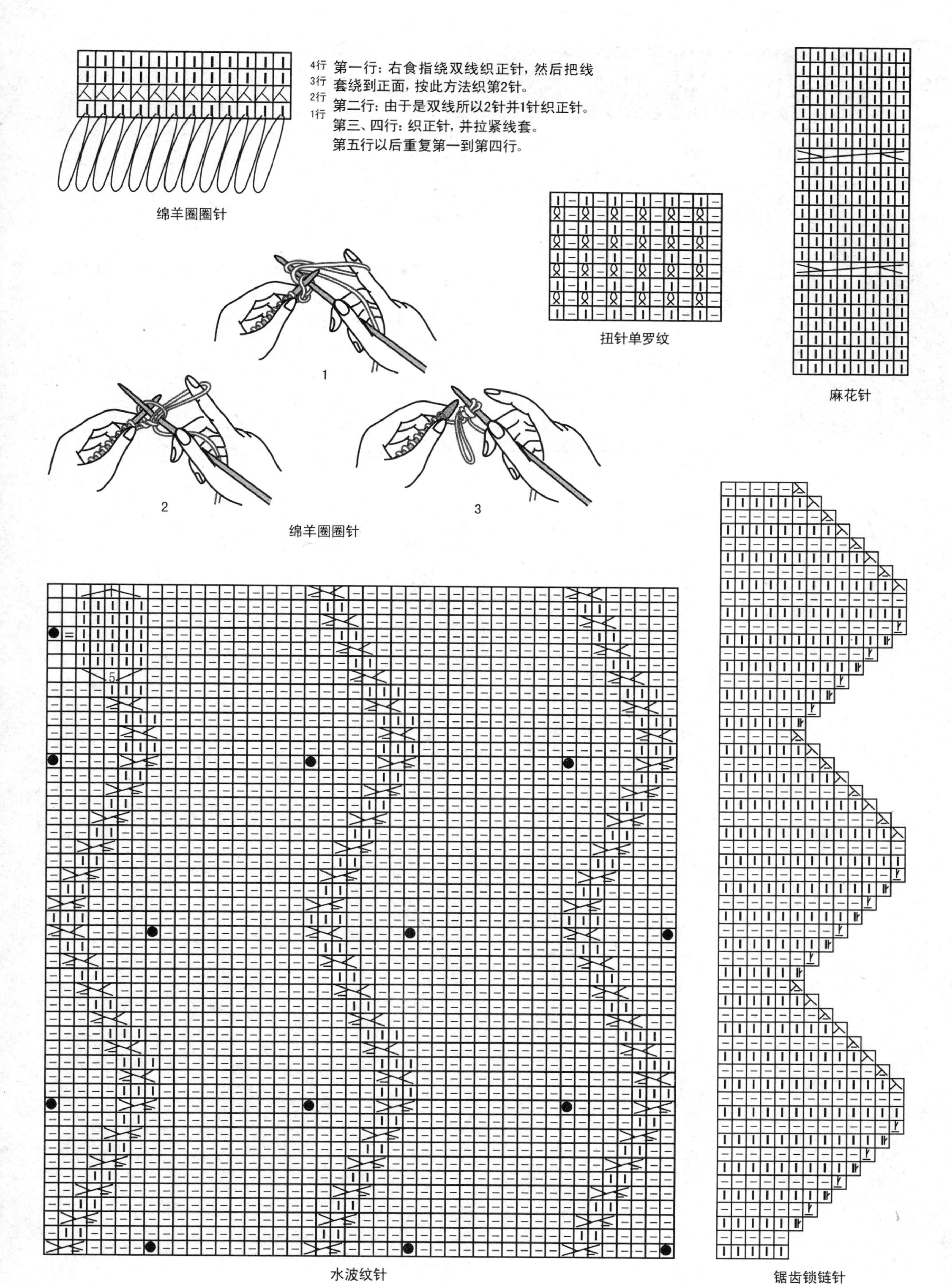

4行
3行
2行
1行
第一行：右食指绕双线织正针，然后把线套绕到正面，按此方法织第2针。
第二行：由于是双线所以2针并1针织正针。
第三、四行：织正针，并拉紧线套。
第五行以后重复第一到第四行。
1
2
3
5

绵羊圈圈针

扭针单罗纹

麻花针

绵羊圈圈针

水波纹针

锯齿锁链针

P50 超美的360度披肩

材料：
275规格纯毛粗线

用量：
600g

工具：
6号针　8号针

尺寸(cm)：
以实物为准

平均密度：
10cm²=19针×24行

编织简述：

从中间起针向四周织，在第1和第3组处按要求减针然后加针，加针后依然按原花纹向四周织，形成的长洞为袖窿口，最后从袖窿口环形挑织向下织两袖。

编织步骤：

❶·用6号针从中间起6针，每1针为1组，共6针按图解环形向四周织。

❷·距中心点16cm时，将第1组和第3组取31针平收，第2行时再平加31针继续向四周织，形成的两个长洞为袖窿口。

❸·距中心点44cm时改织3cm锁链针后松收平边形成带有两个长洞的六边形。

❹·用8号针从长洞处挑出40针环形向下织正针，至30cm后改织16cm扭针单罗纹后收机械边形成袖口。

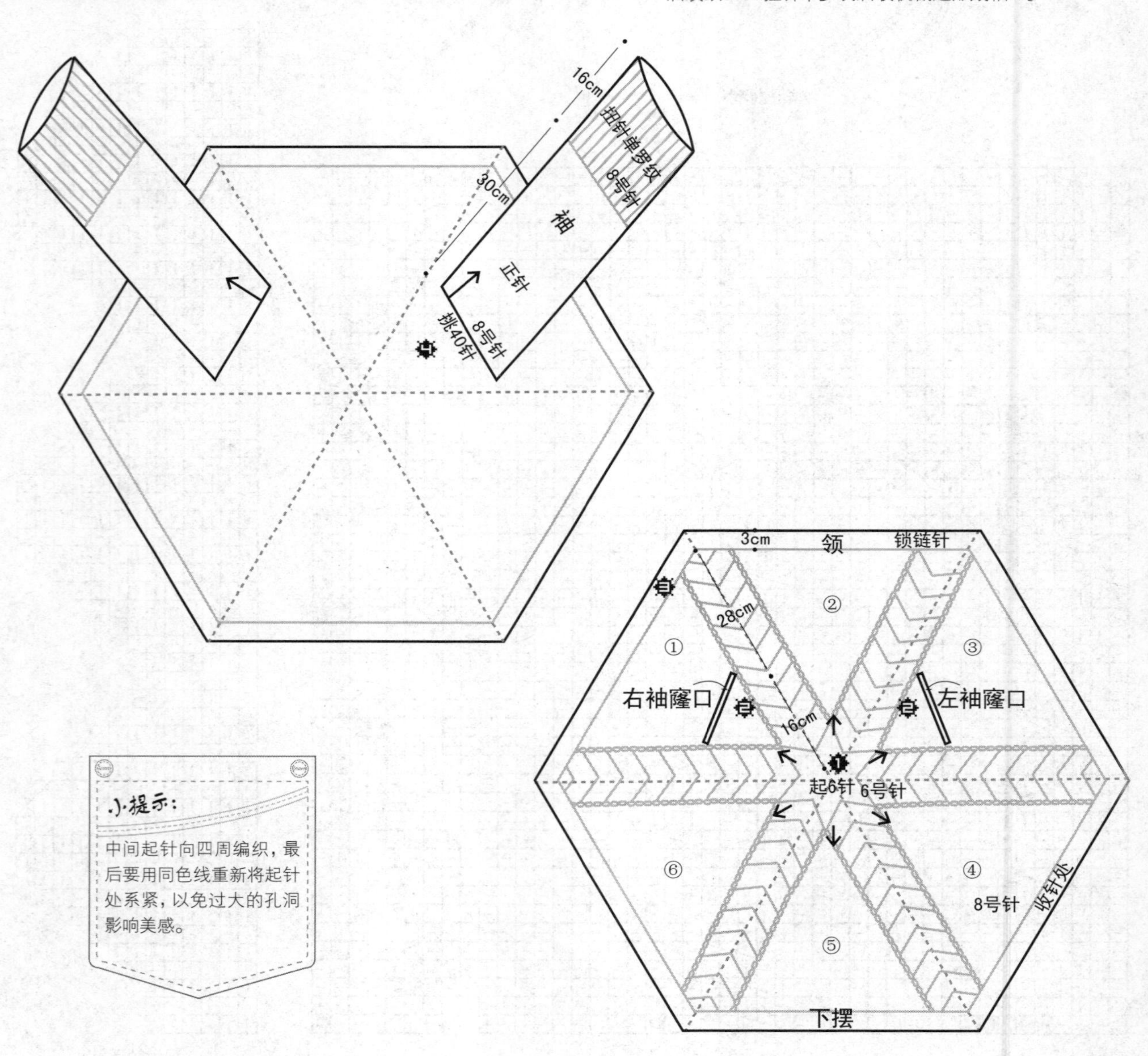

小提示：
中间起针向四周编织，最后要用同色线重新将起针处系紧，以免过大的孔洞影响美感。

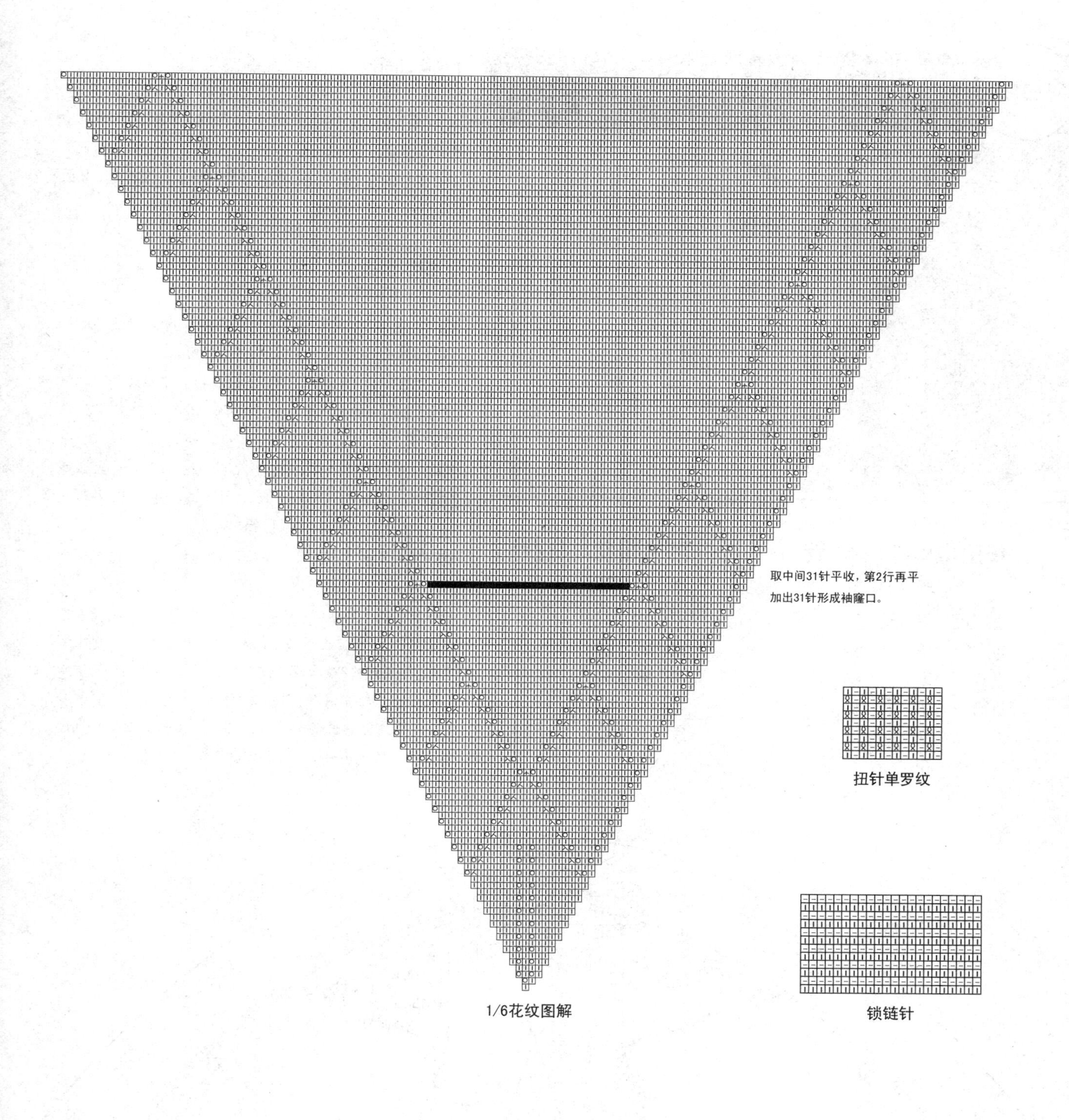
取中间31针平收，第2行再平
加出31针形成袖窿口。

1/6花纹图解

扭针单罗纹

锁链针

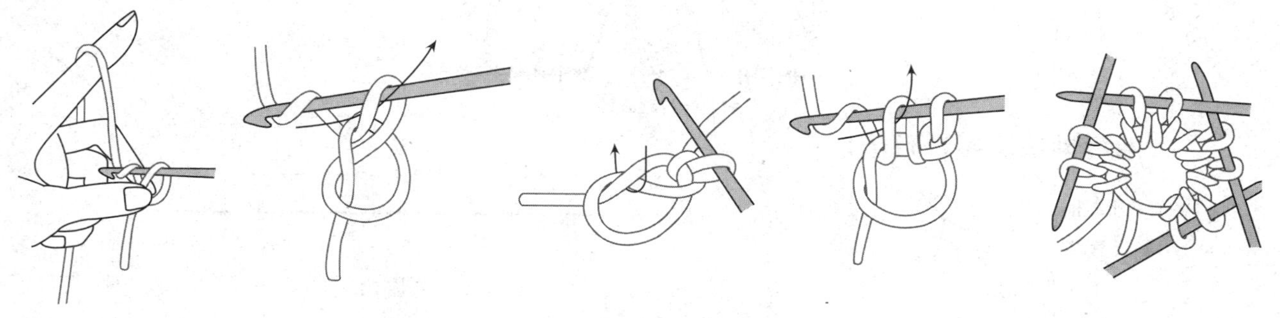

中间起针向四周织法

P52 几何形组成的披肩

材料：
纯毛合股线

用量：
750g

工具：
6号针　8号针

尺寸（cm）：
以实物为准

平均密度：
10cm²=19针×24行

编织简述：

起针后往返向上织后背片，然后分别在两侧横挑肩片并规律减针，余针串起待织；另线起针往返织一条长围巾，将长围巾与后背片按相同字母缝合后形成披肩，最后从袖窿口环形挑织袖子。

编织步骤：

❶·用6号针起97针，按后片排花往返向上织，注意中间的41针锁链针隔3行在正中取3针并为1针。

❷·总长至22cm时中间的41针锁链针被减掉只余1针，将这1针织反针，左右的28针依然向上直织22cm双排扣花纹。

❸·在直织的22cm侧面横挑出55针织袖片，55针全部织宽锁链针。同时在正中隔3行取3针并为1针，并16次，共减掉32针，余下的23针不必收针，串起待织。

❹·另线起46针用6号针按排花往返织230cm形成长围巾。

❺·将长围巾与后背片及肩片按相同字母缝合。注意左右袖窿口的24cm位置不必缝，从24cm长围巾边沿处挑出所有针，与串起的23针合圈，均匀减至42针用6号针环形向下织正针形成袖子，同时在袖腋处隔17行减1次针，每次减2针，共减3次，总长至30cm时余36针，换8号针改织15cm扭针双罗纹后收机械边形成袖口。

长围巾排花：46针

9	1	26	1	9
宽锁链针	反针	对扭辫子麻花针	反针	宽锁链针

后片排花：97针

28	41	28
双排扣花纹	锁链针	双排扣花纹

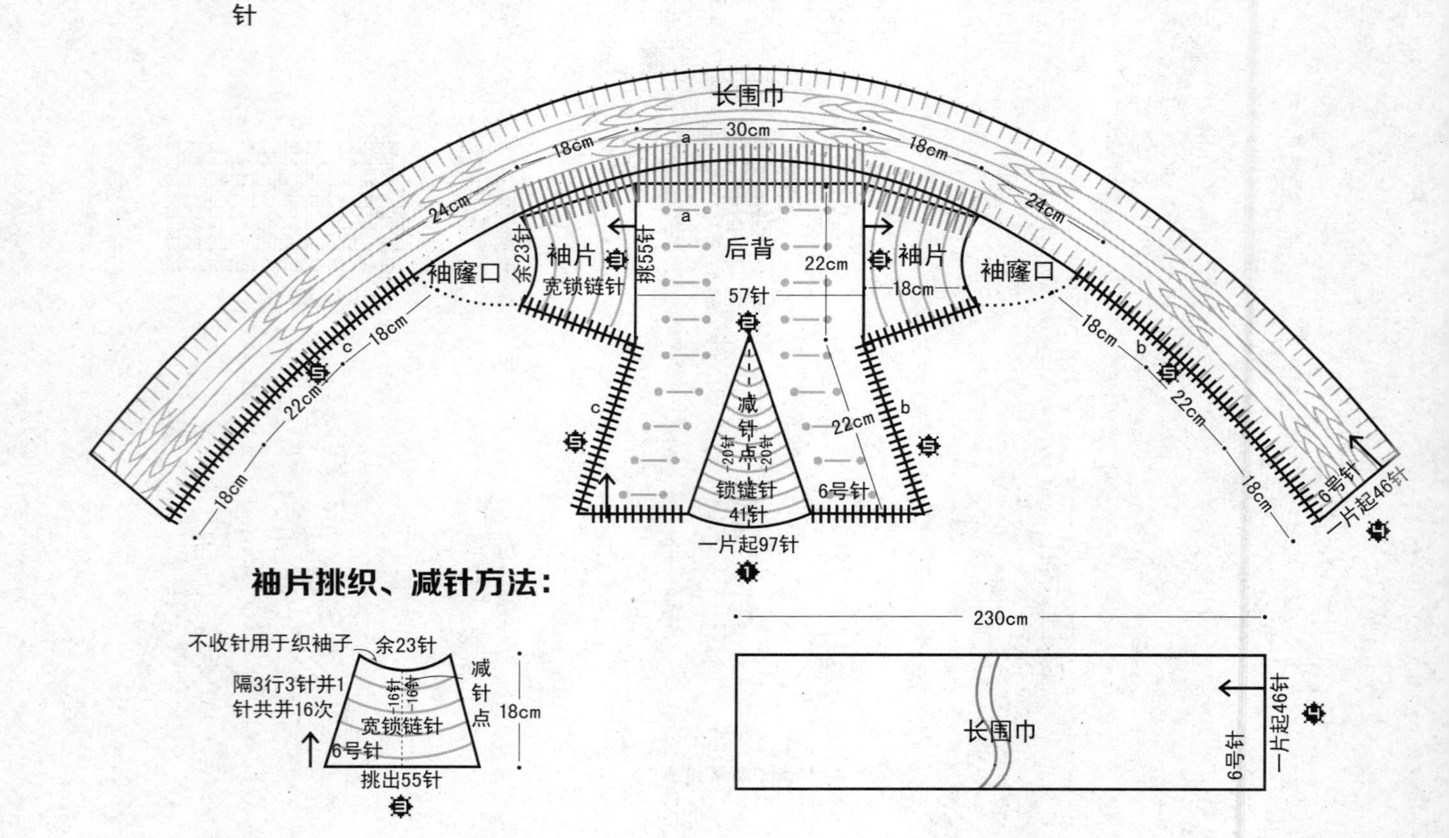

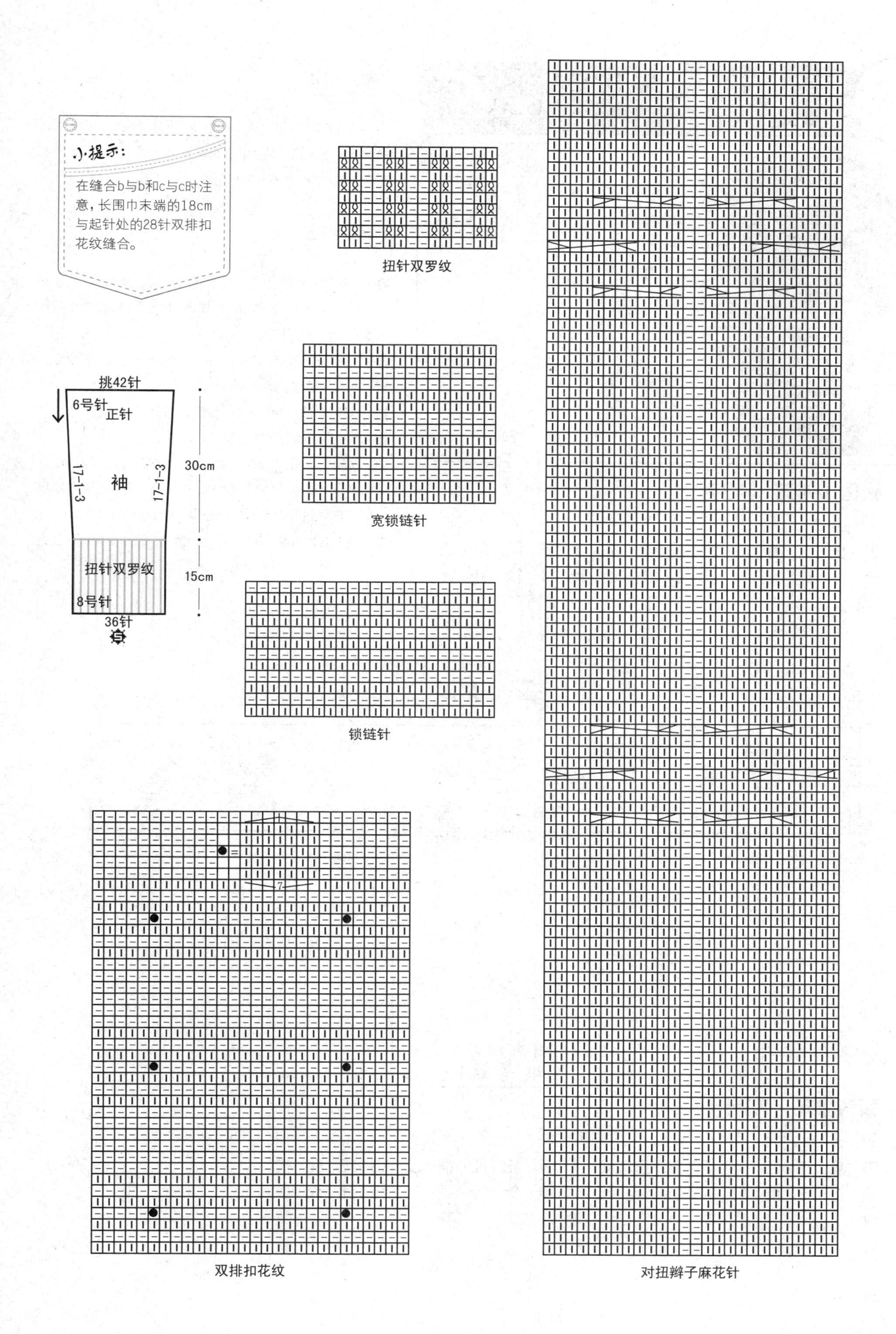

扭针双罗纹

宽锁链针

锁链针

双排扣花纹

对扭辫子麻花针

P53 长袖交叉上衣

材料:
纯毛合股线

用量:
650g

工具:
6号针　8号针

尺寸(cm):
以实物为准

平均密度:
10cm²=21针×24行

编织简述:

按花纹往返织一条长围巾，然后另线起针织后背片，将后背片与长围巾缝合，在胸前交叉长围巾两端后，分别在两肋缝合，最后从袖窿口环形挑织两袖。

编织步骤:

❶・用8号针起43针往返织2cm锁链针后，换6号针按长围巾排花往返向上织146cm，然后换回8号针改织2cm锁链针后收平边形成长围巾。

❷・后背片用6号针起71针往返向上织4cm扭针单罗纹后，按后背排花往返向上织46cm后收针。

❸・将后背片与长围巾中段按相同字母aa缝合。

❹・将长围巾的两端交叉重叠，左下右上。

❺・按相同字母bb缝合左腋、按相同字母cc缝合右腋、按相同字母dd将后背片的36cm与右前片的41cm位置舒展缝合形成右肋。按同样方法根据相同字母ee缝合左肋。

❻・缝合各部分后，两侧自然形成袖窿口，用8号针从此处挑出48针环形向下织50cm扭针单罗纹后收针形成袖子。

长围巾排花：43针

1	1	1	4	1	1	5	15	5	1	1	4	1	1	1
正针	扭针	反针	铜钱花	反针	扭针	反针	海棠菱形针	反针	扭针	反针	铜钱花	反针	扭针	正针

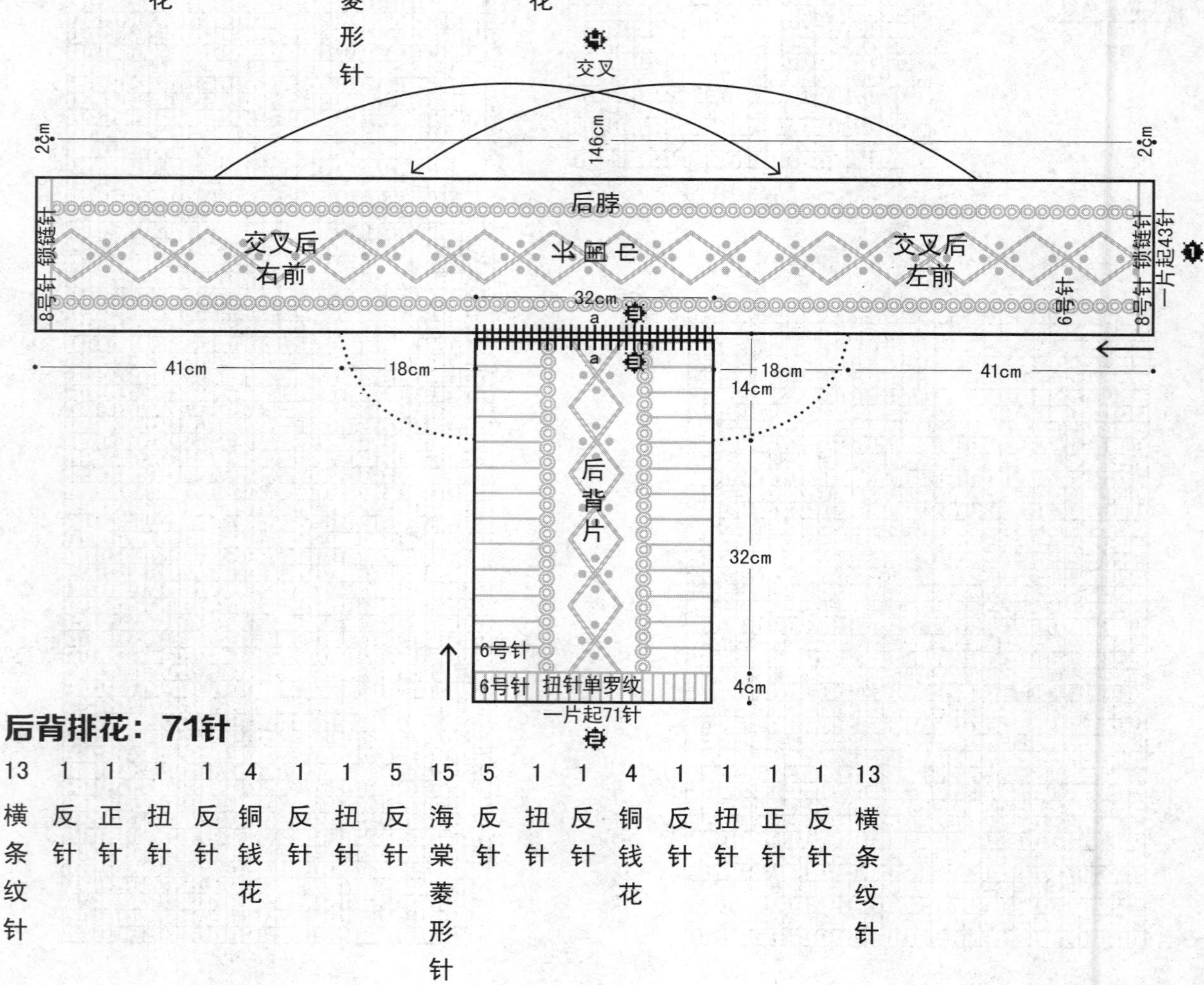

后背排花：71针

13	1	1	1	1	4	1	1	5	15	5	1	1	4	1	1	1	1	13
横条纹针	反针	正针	扭针	反针	铜钱花	反针	扭针	反针	海棠菱形针	反针	扭针	反针	铜钱花	反针	扭针	正针	反针	横条纹针

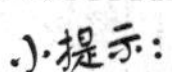

小提示：

两肋缝合时注意，将后背片的36cm位置与左右前片的41cm位置舒展缝合。

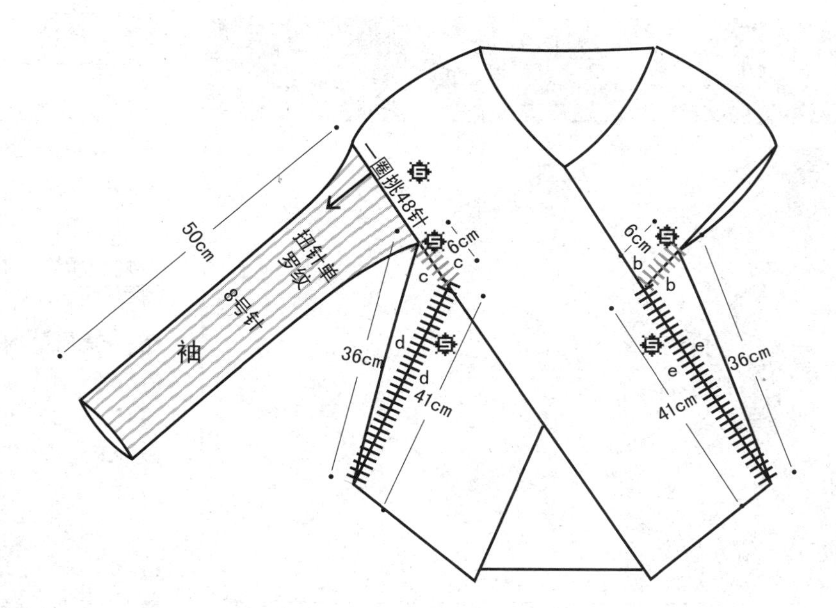

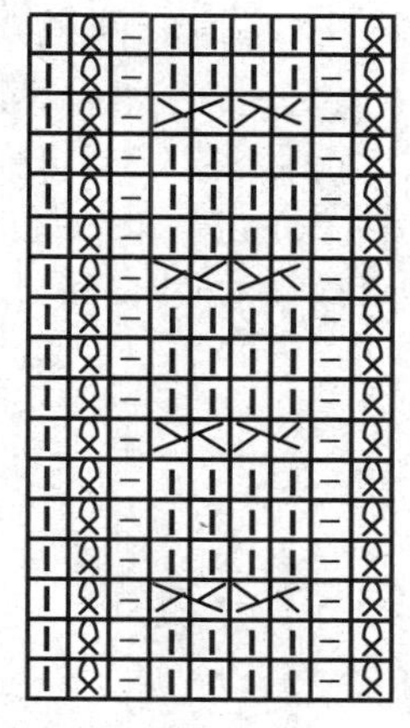

铜钱花和扭针

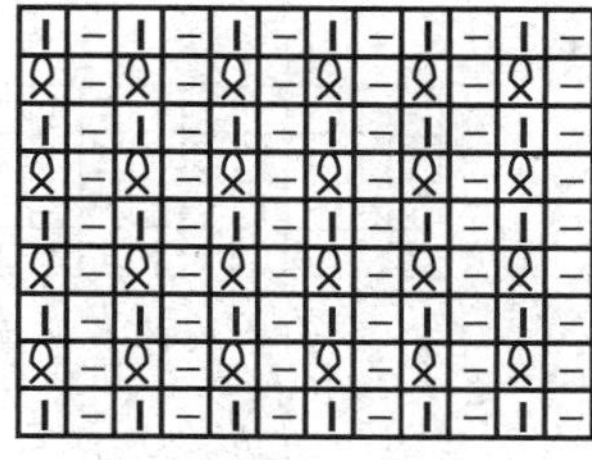

扭针单罗纹

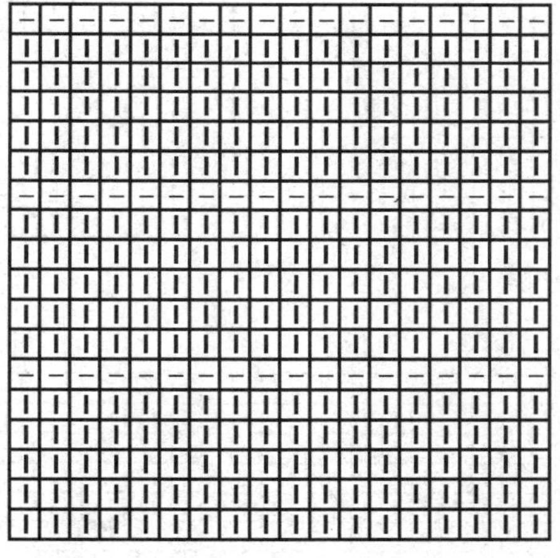

横条纹针

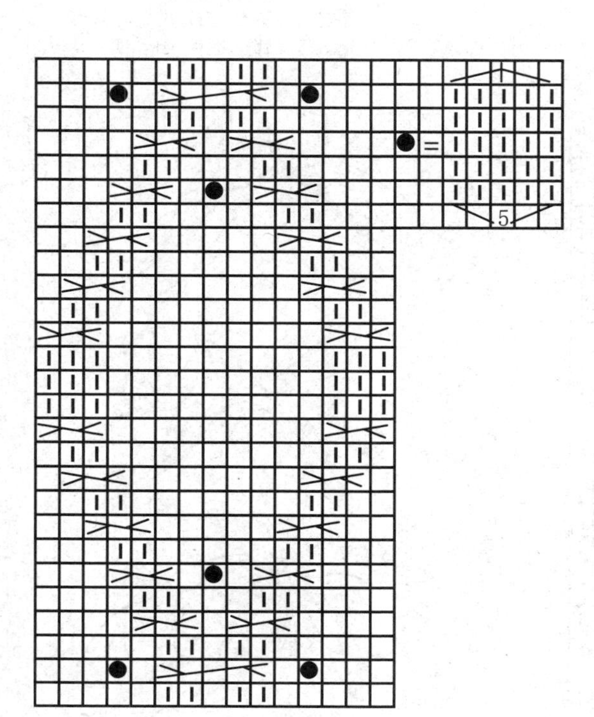

海棠菱形针

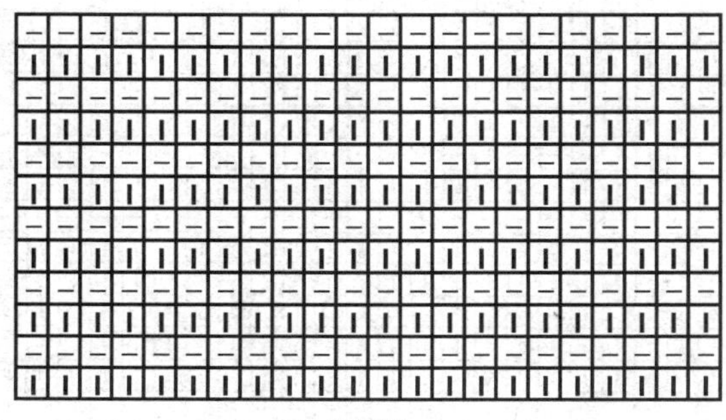

锁链针

P54 心心短裙

材料:
羊仔毛手织线

用量:
450g

工具:
6号针　8号针

尺寸(cm):
以实物为准

平均密度:
$10cm^2$=19针×24行

编织简述:

从裙下摆起针环形向上织相应长后，改分前后片向上往返织；两袖分别起针后，先环形织，然后分片织，最后将四片串起环形向上织领子。

编织步骤:

1. 用6号针起153针环形向上织35cm双波浪凤尾针。
2. 换8号针均匀减至100针改织5cm扭针单罗纹。
3. 换回6号针，取左右的12针收机械边，取前后正中间的38针按前、后片排花往返向上织40cm后休针待织。
4. 用8号针另线起40针环形向上织30cm扭针单罗纹后，分片按肩片排花往返向上织30cm收休针待织。
5. 将两袖和前、后片余针串起，用8号针均匀减至96针环形向上织15cm扭针单罗纹后收机械边形成高领。

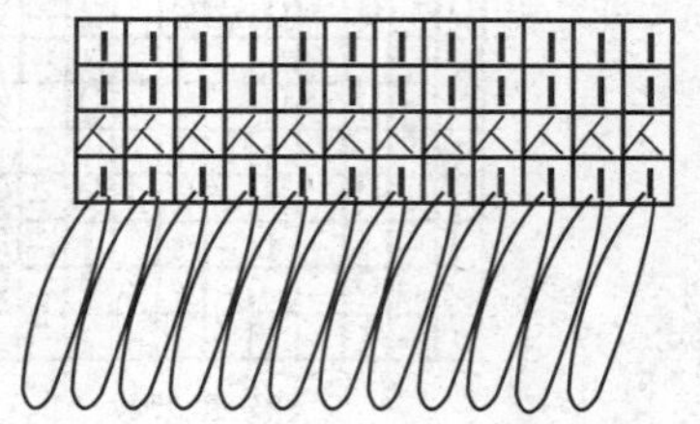

绵羊圈圈针

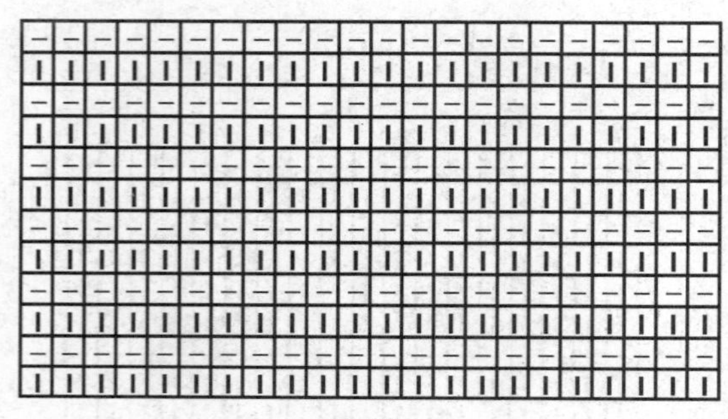

锁链针

第一行：右食指绕双线织正针，然后把线套绕到正面，按此方法织第2针。
第二行：由于是双线所以2针并1针织正针。
第三、四行：织正针，并拉紧线套。
第五行以后重复第一到第四行。

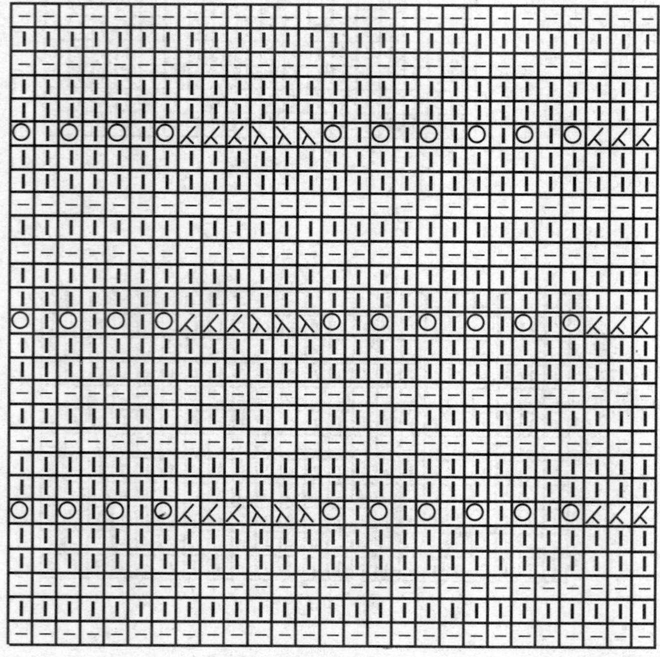

双波浪凤尾针

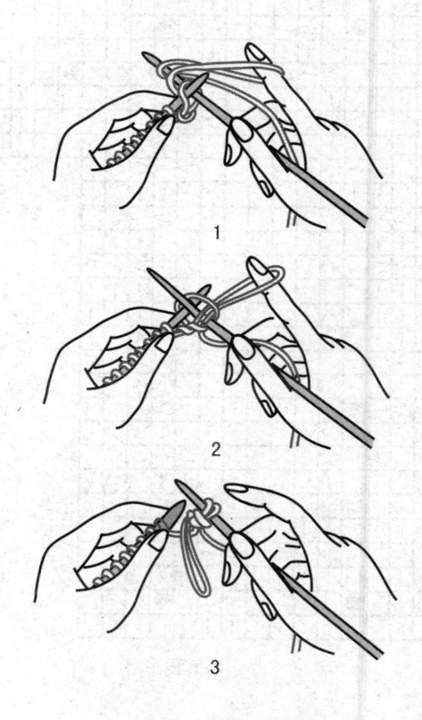

绵羊圈圈针

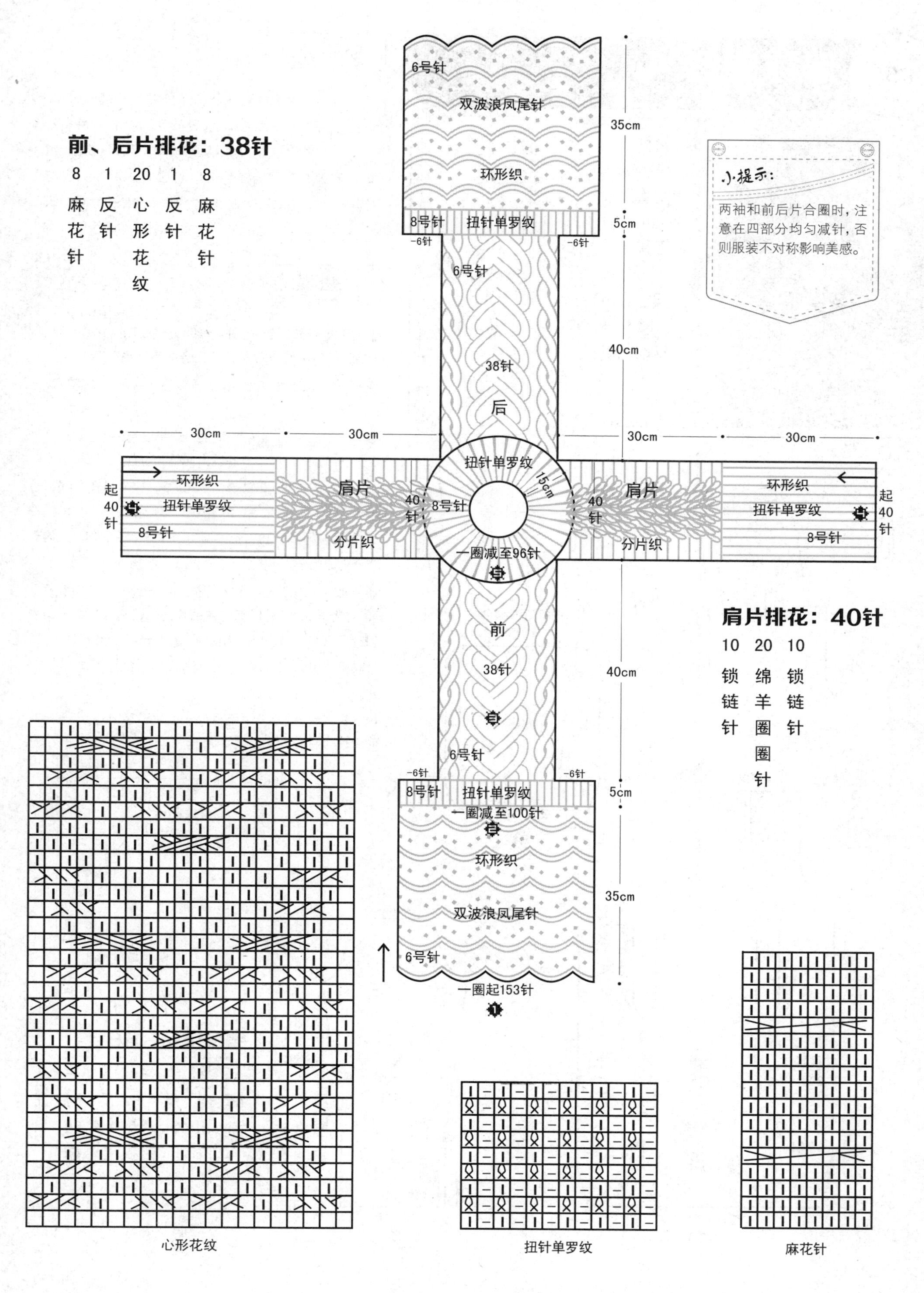

前、后片排花：38针
8 1 20 1 8
麻花针 反针 心形花纹 反针 麻花针
6号针
双波浪凤尾针
环形织
8号针 扭针单罗纹
-6针
-6针
35cm
5cm
40cm
38针
后
30cm
30cm
30cm
30cm
小提示：
两袖和前后片合圈时，注意在四部分均匀减针，否则服装不对称影响美感。
起40针
环形织
扭针单罗纹
8号针
肩片
分片织
40针
8号针
扭针单罗纹
15cm
一圈减至96针
前
38针
肩片排花：40针
10 20 10
锁链针 绵羊圈圈针 锁链针
一圈减至100针
一圈起153针
心形花纹
扭针单罗纹
麻花针

P55 球球帽衫

材料:
纯毛合股线

用量:
700g

工具:
6号针　8号针

尺寸(cm):
衣长68　袖长58　胸围75　肩宽25

平均密度:
10cm²=19针×24行

编织简述:

从下摆起针后往返向上织，同时在两侧规律加针，整片向上直织相应长后减袖窿，领口不必减针，前后肩头缝合后，余针挑起往返向上织帽子；袖口起针后环形向上织，同时在袖腋处规律加针至腋下，减袖山后余针平收，与正身整齐缝合。最后在帽边、门襟和后下摆处挑针环形织花边。

编织步骤:

❶·用6号针起85针往返向上织春蕾针，同时在两侧隔1行加1针共加10次，此时整片共105针，不加减往返上织。

❷·总长至40cm时减袖窿，①平收腋正中8针，②隔1行减1针减4次。

❸·领口不必减针，前后肩头各取6针缝合后，分别从后脖挑出38针、左右前领口各挑出14针，合成66针按帽子排花往返向上织，同时在帽根处取正中2针作为加针点，隔1行在加针点的两侧加1针，共加10次。向上直织至28cm时，在2针的两侧再隔1行减1针共减5次后，将帽片对折，从内部缝合形成帽子。

❹·袖口用8号针起40针环形向上织15cm扭针双罗纹后，换6号针改织春蕾针，同时在袖腋处隔13行加1次针，每次加2针，共加5次，加出针织正针。总长至45cm时减袖山，①平收腋正中8针，②隔1行减1针减13次，余针平收，与正身整齐缝合。

❺·在帽边、门襟及后下摆处一圈挑出240针，用6号针环形织10cm铃铛花后松收平边。

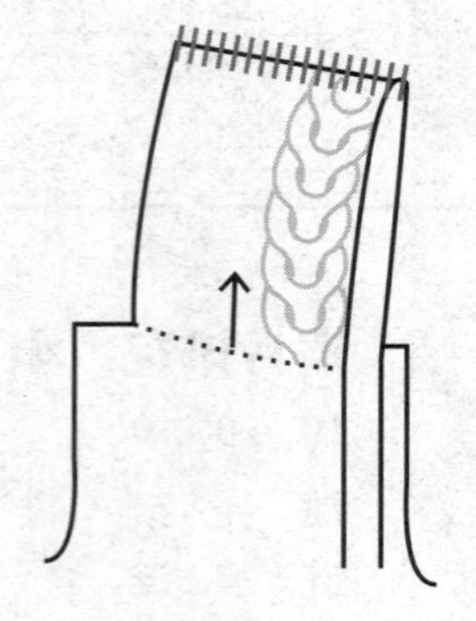

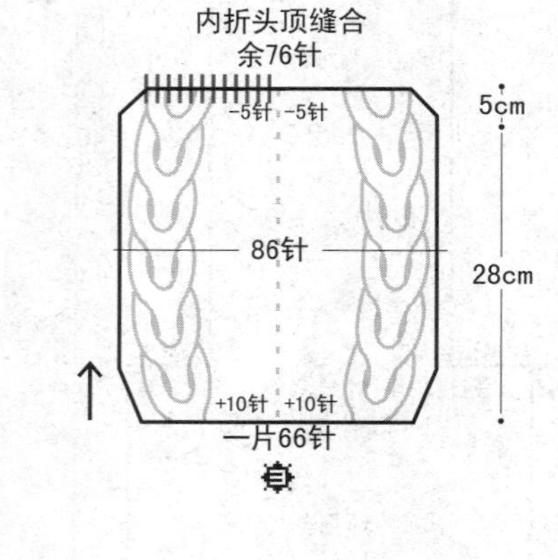

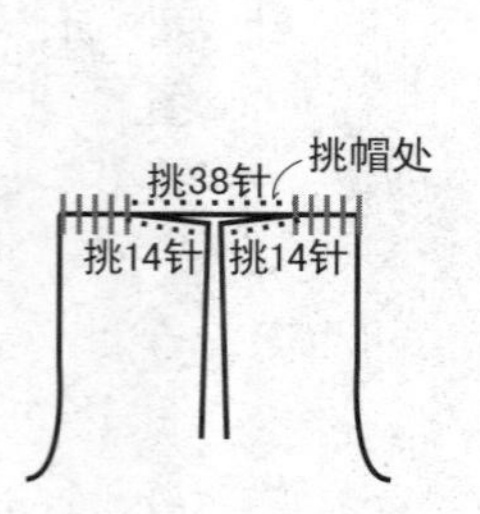

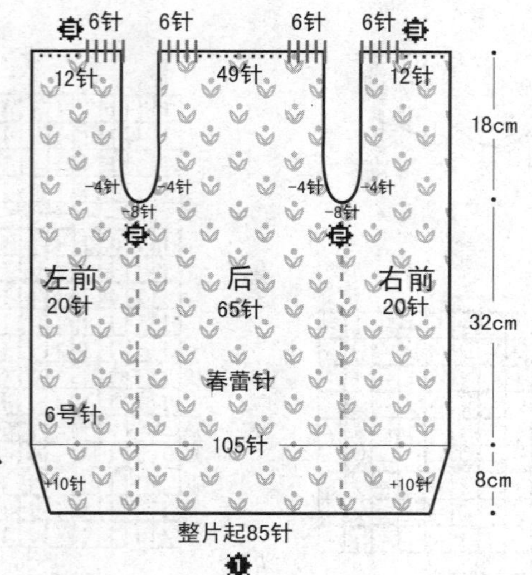

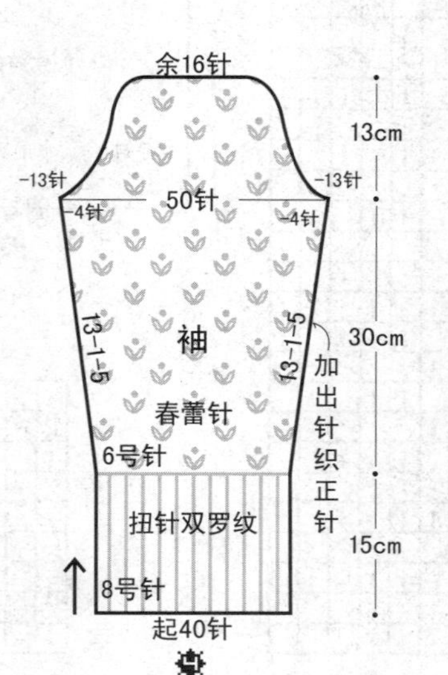

帽子排花：66针

1	12	1	38	1	12	1
正针	对扭麻花针	反针	正针	反针	对扭麻花针	正针

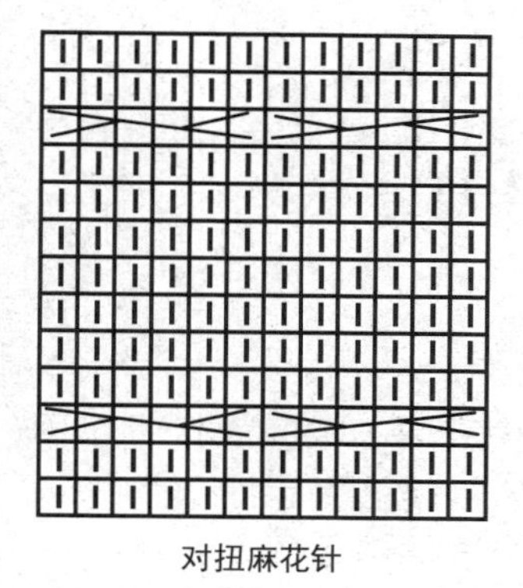

对扭麻花针

扭针双罗纹

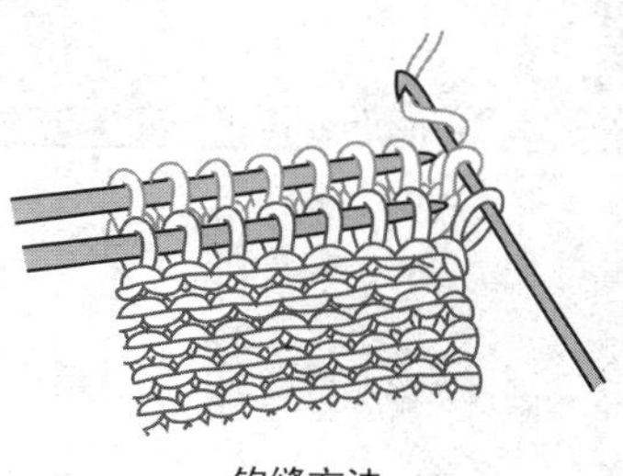

钩缝方法

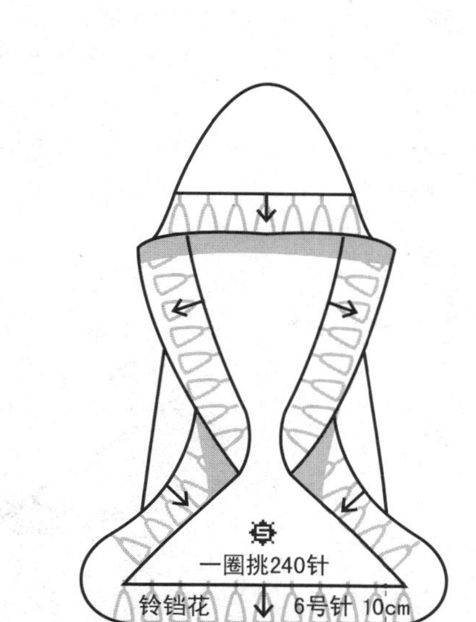

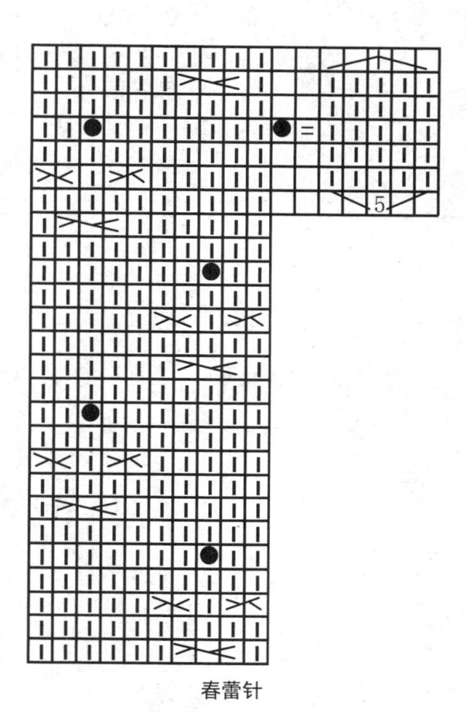

春蕾针

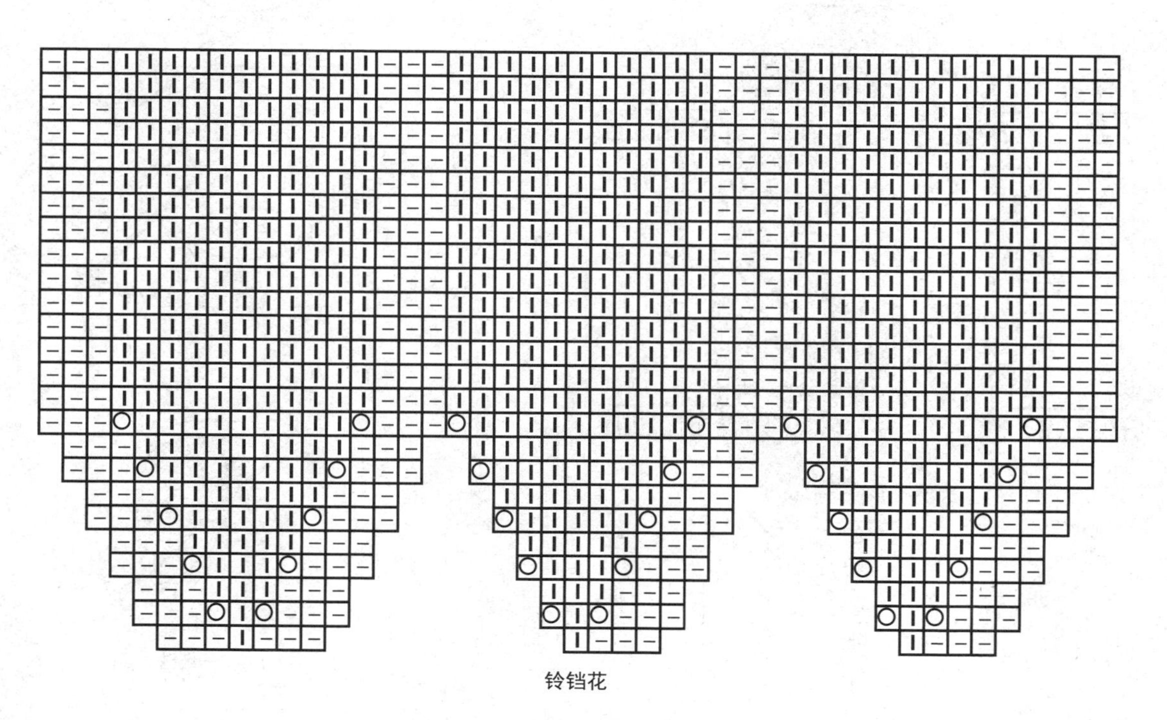

铃铛花

P56 小刺猬披肩

材料：

纯毛合股线

用量：

350g

工具：

6号针

尺寸（cm）：

以实物为准

平均密度：

10cm²=19针×24行

锁链针10cm²=17针×36行

编织简述：

从小刺猬的嘴巴处起针往返向上织，在两侧加针形成头部，然后再织躯干，最后挑织四肢并缝好眼睛和鼻子。

编织步骤：

1 · 用6号针浅色线起4针，往返向上织锁链针，同时在两侧隔1行加1针共加29次形成三角形的刺猬头。

2 · 整片共62针时改用深色线织莲花针，至60cm时，在两侧隔1行减1针共减14次，余48针平收形成刺猬的尾巴。

3 · 在小刺猬躯干的相应位置挑出7针用浅色线往返织13cm锁链针后，改用深色线再织3cm锁链针后收针形成四肢。

4 · 选两个白色和一个黑色扣子缝在小刺猬的脸部作为眼睛和鼻子。

小提示：

编织披肩时注意各部位线色。

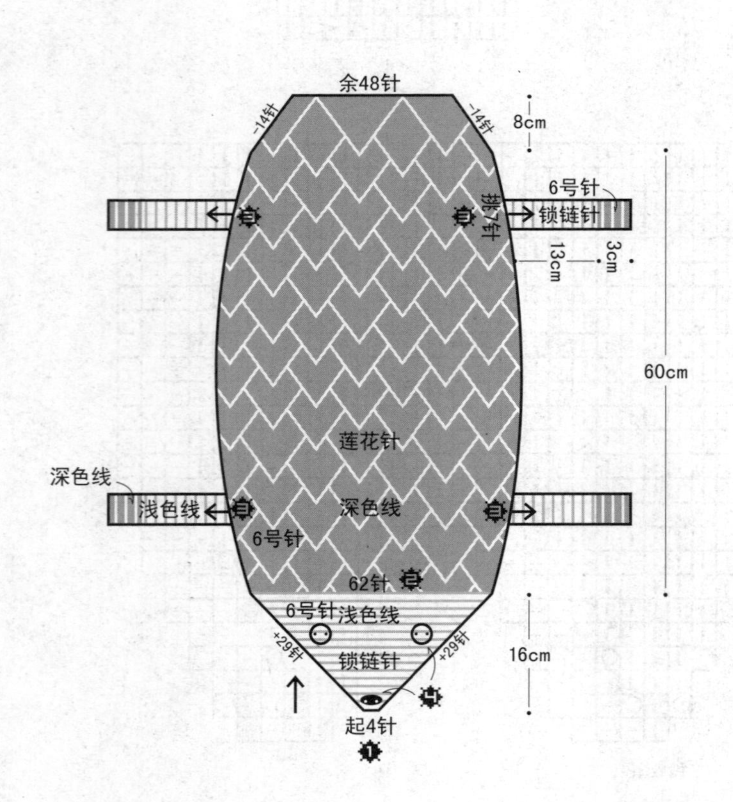

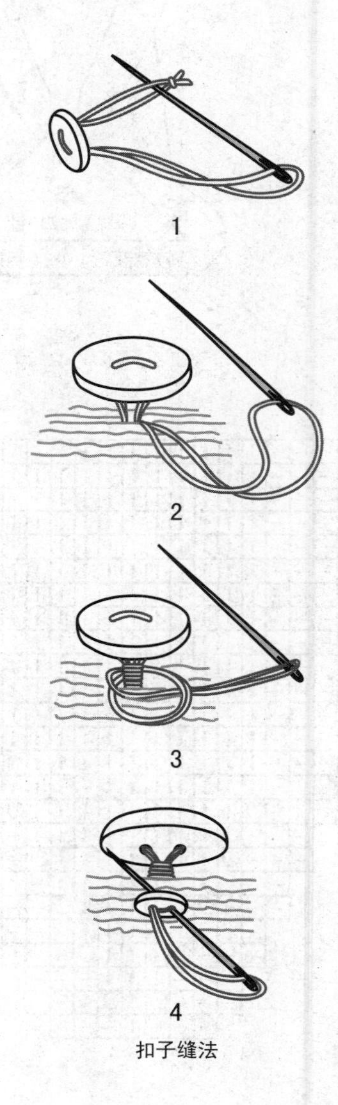

扣子缝法

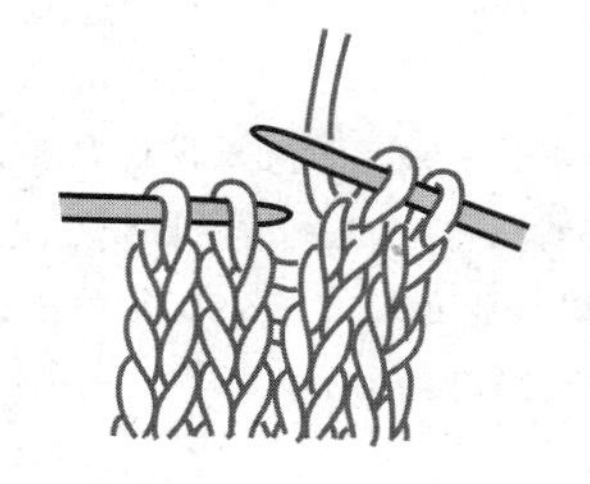
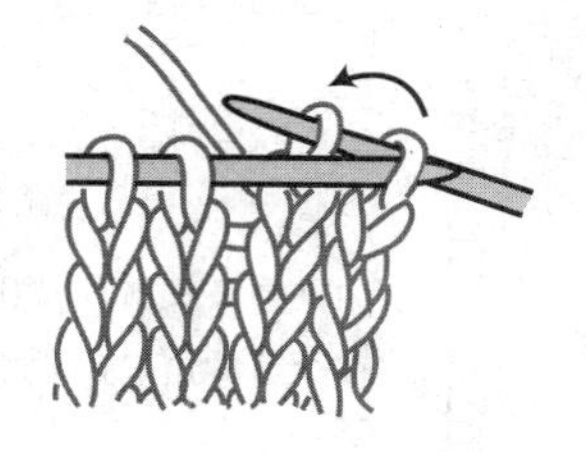
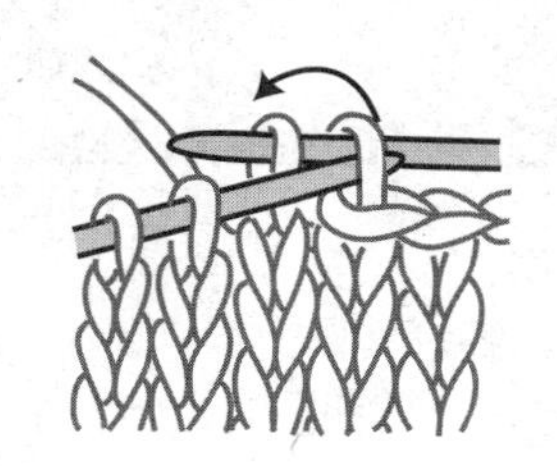
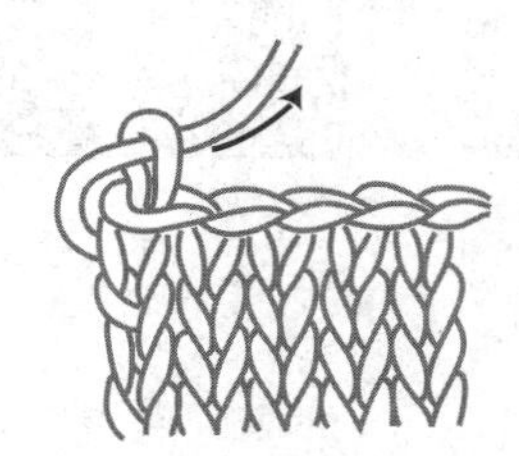

收平边方法

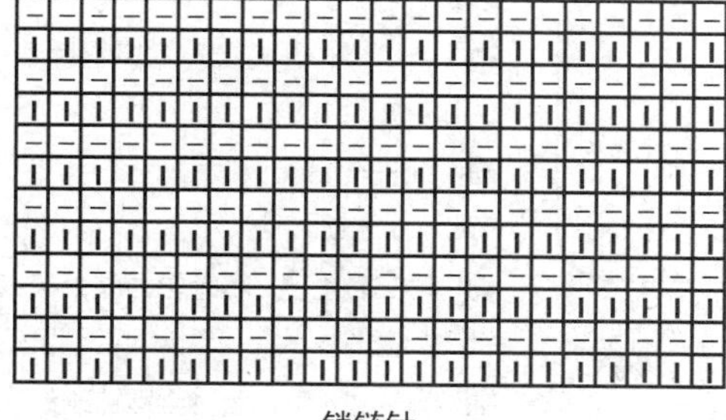

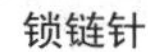
锁链针

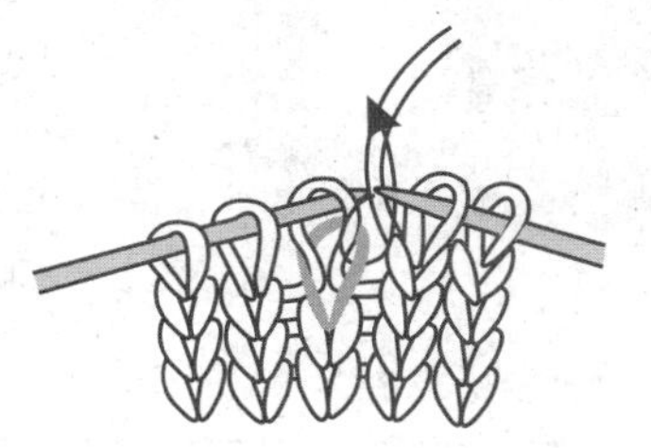
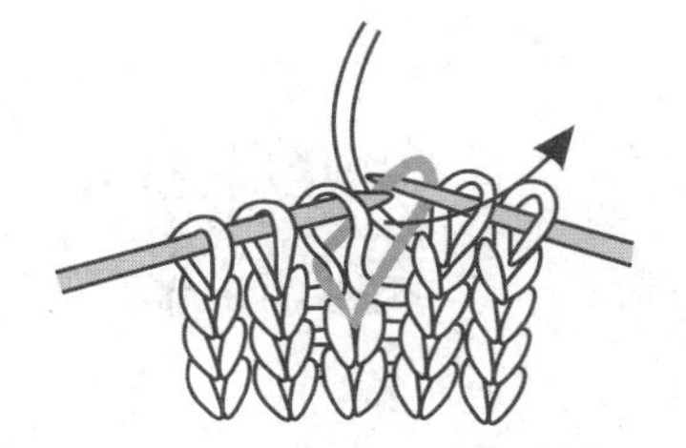
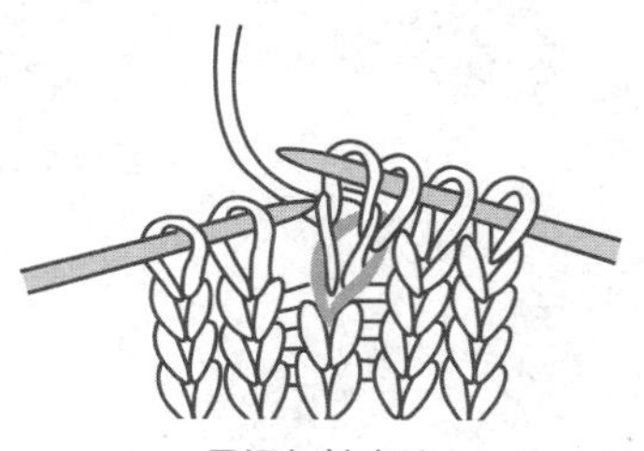

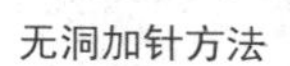
无洞加针方法

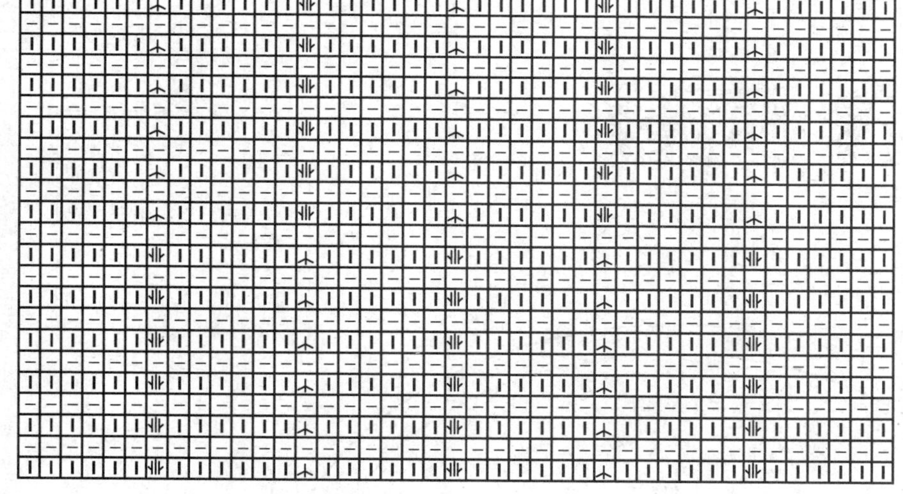

莲花针

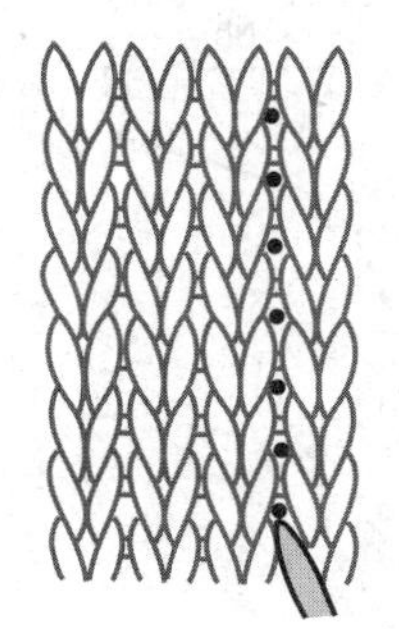

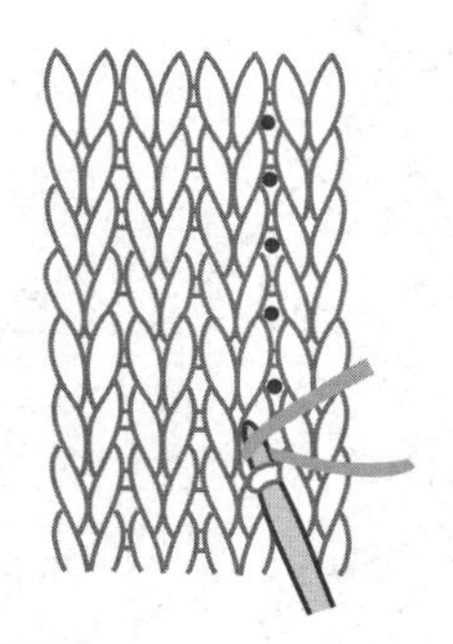
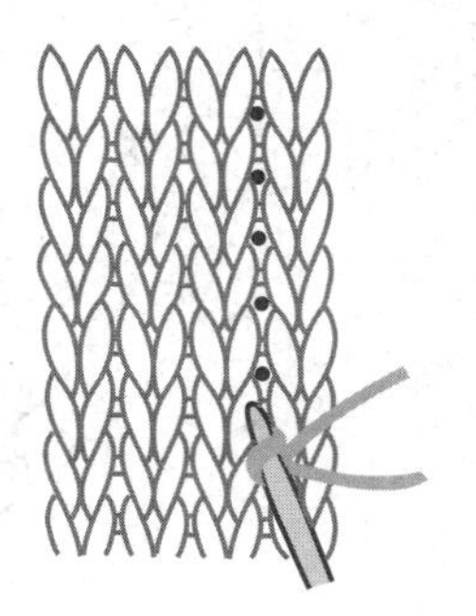

挑针织法

P57 360度披肩

材料:
70%驼绒线

用量:
700g

工具:
6号针　8号针

尺寸(cm):
以实物为准

平均密度:
10cm²=19针×24行

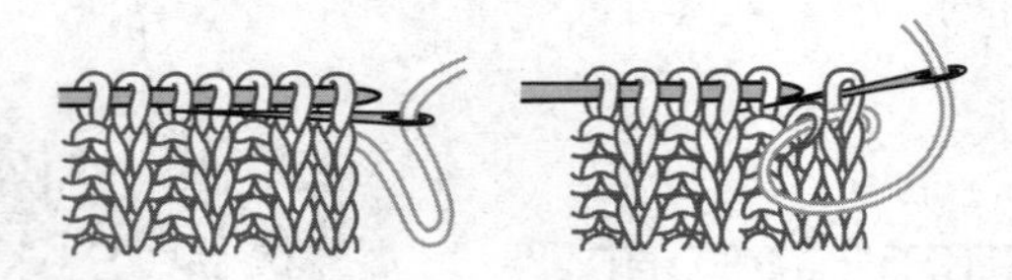

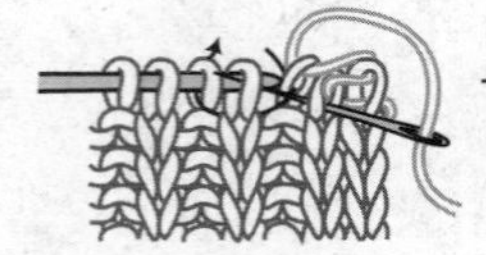

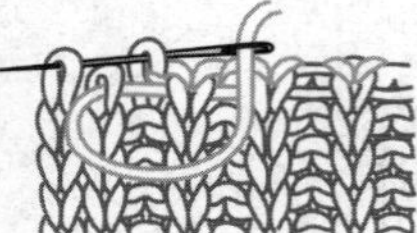

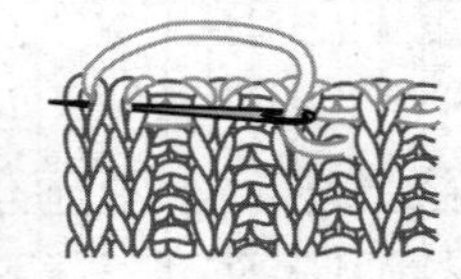

单罗纹收针缝合方法

编织简述:

从右袖口起针后环形织右袖,同时在袖腋处规律加针至腋下,然后分片织后背,后背完成后,再合圈织左袖,同时注意在袖腋处规律减针至袖口,然后收针。最后在后背往返织的边沿处环形挑针向下织圆摆。

编织步骤:

1·用8号针从右袖口起40针环形向上织3cm扭针单罗纹。

2·换6号针改织正针,同时在袖腋处隔11行加1次针,每次加2针,共加8次。

3·袖长至43cm时改往返织片,此时整片共56针,向上织50cm后形成后背。

4·将56针合圈,同时在袖腋处隔11行减1次针,每次减2针,共减8次。

5·环形织40cm后,换8号针改织3cm扭针单罗纹后收机械边形成左袖。

6·沿虚线从分片织的边沿挑出270针,用6号针环形向下织千手观音花,至22cm时,改织4cm星星针后松收机械边。

小提示:
从各边沿挑针时注意整齐。

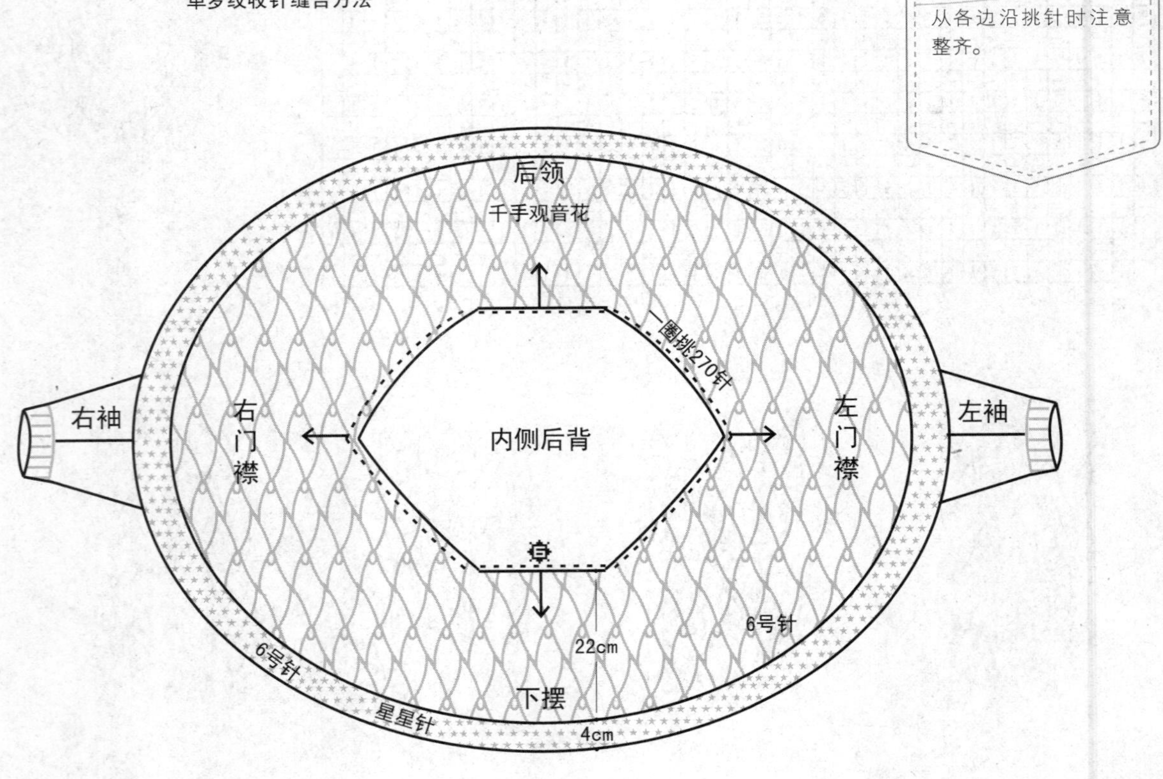

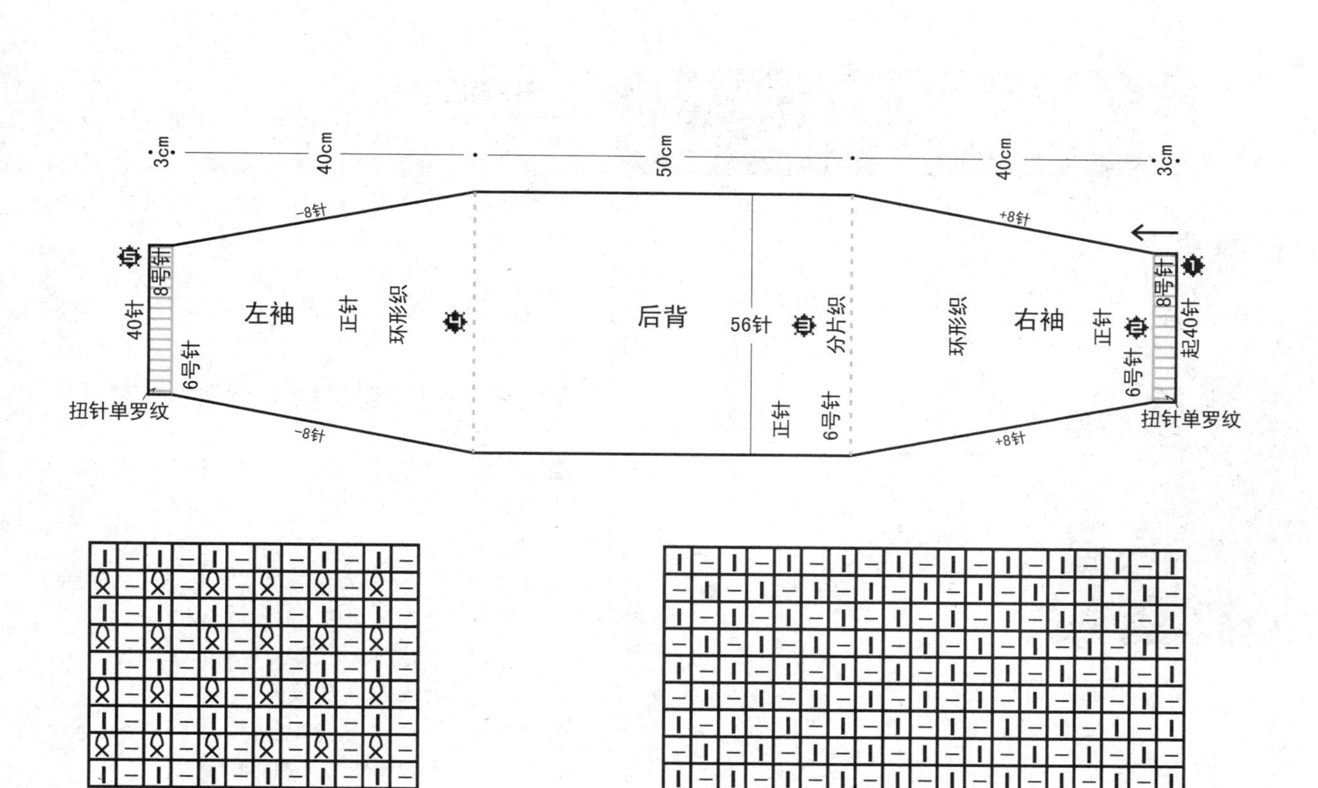

I	–	I	–	I	–	I	–	I	–	I	–
X	–	X	–	X	–	X	–	X	–	X	–
I	–	I	–	I	–	I	–	I	–	I	–
X	–	X	–	X	–	X	–	X	–	X	–
I	–	I	–	I	–	I	–	I	–	I	–
X	–	X	–	X	–	X	–	X	–	X	–
I	–	I	–	I	–	I	–	I	–	I	–
X	–	X	–	X	–	X	–	X	–	X	–
I	–	I	–	I	–	I	–	I	–	I	–

扭针单罗纹

I	–	I	–	I	–	I	–	I	–	I	–	I	–	I	–	I	–	I
–	I	–	I	–	I	–	I	–	I	–	I	–	I	–	I	–	I	–
I	–	I	–	I	–	I	–	I	–	I	–	I	–	I	–	I	–	I
–	I	–	I	–	I	–	I	–	I	–	I	–	I	–	I	–	I	–
I	–	I	–	I	–	I	–	I	–	I	–	I	–	I	–	I	–	I
–	I	–	I	–	I	–	I	–	I	–	I	–	I	–	I	–	I	–
I	–	I	–	I	–	I	–	I	–	I	–	I	–	I	–	I	–	I
–	I	–	I	–	I	–	I	–	I	–	I	–	I	–	I	–	I	–
I	–	I	–	I	–	I	–	I	–	I	–	I	–	I	–	I	–	I

星星针

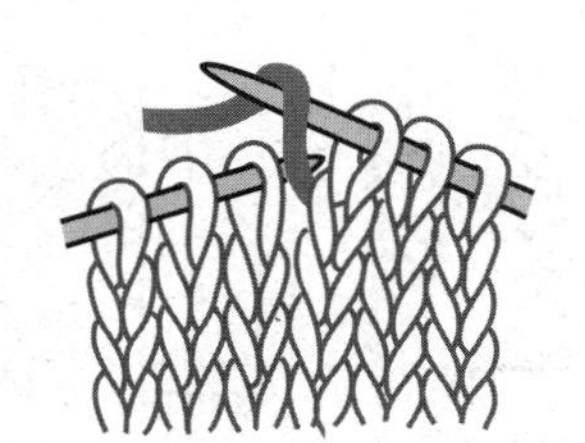

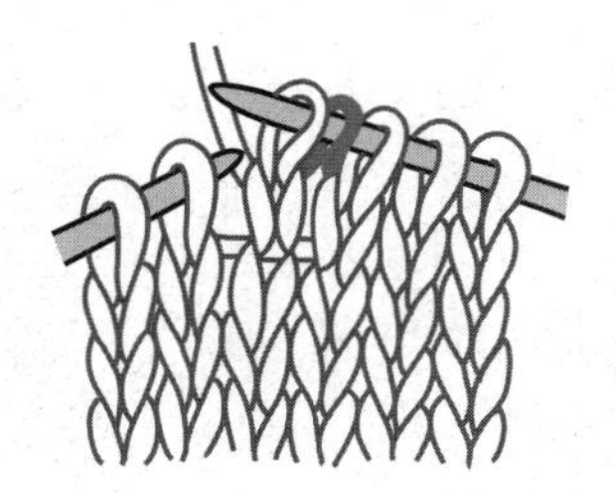

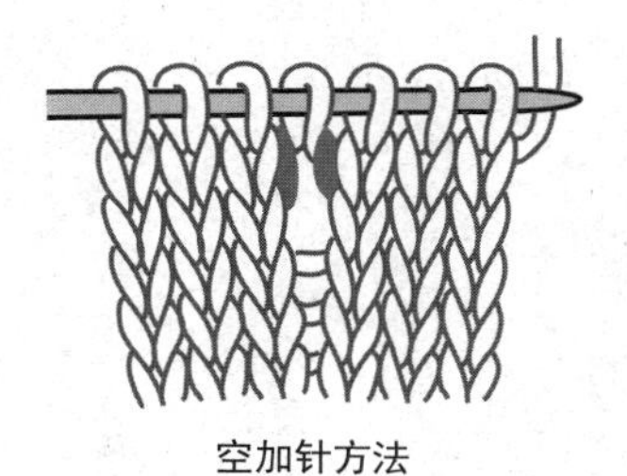

空加针方法

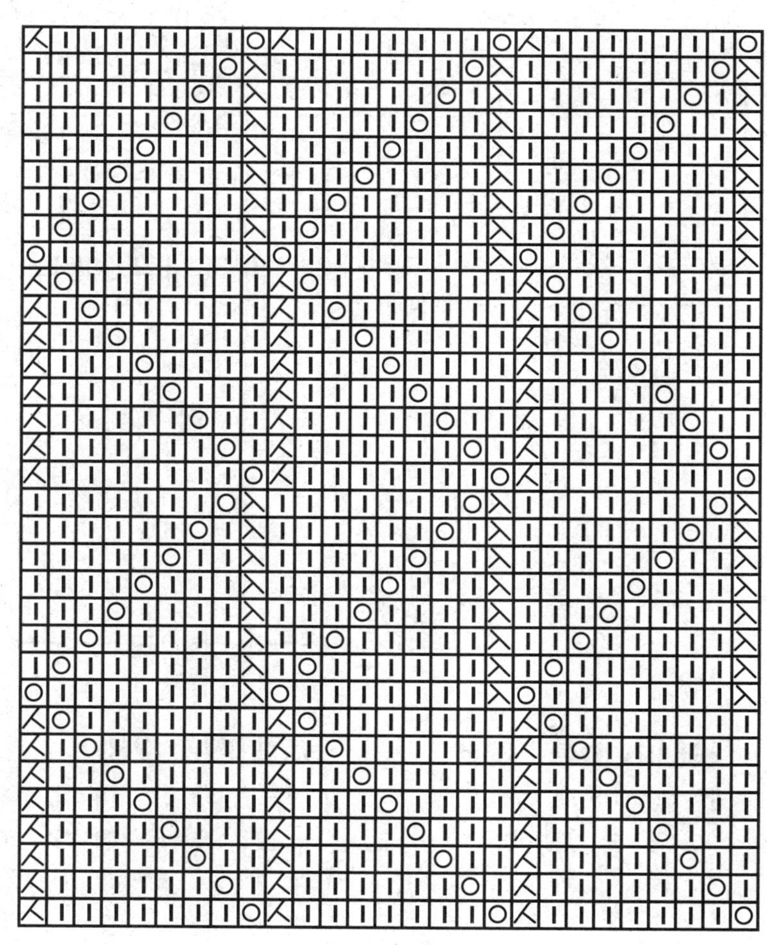

千手观音花

P58 立体感短袖上装

材料：
纯毛合股线

用量：
650g

工具：
6号针　8号针

尺寸(cm)：
以实物为准

平均密度：
$10cm^2$=23针×24行

编织简述：

按花纹往返织一条长围巾，然后另线起针织后背片，将后背片与长围巾缝合，在胸前交叉长围巾两端后，分别在两肋缝合，最后从袖窿口环形挑织两袖。

编织步骤：

❶·用6号针起52针按长围巾排花往返向上织150cm后收平边形成长围巾。

❷·后背片用6号针起78针按后背排花往返向上织50cm后，取长围巾中段42cm位置按相同字母aa缝合。

❸·将长围巾的两端在胸前交叉重叠，左下右上。

❹·按相同字母bb缝合左腋、按相同字母cc缝合右腋、按相同字母dd缝合右肋。按相同字母ee缝合左肋。

❺·缝合各部分后，两侧自然形成袖窿口，用8号针从此处挑出88针环形向下织8cm扭针单罗纹后收针形成短袖。

❻·最后从后脖42cm位置挑出131针，用8号针往返向上紧织13cm扭针单罗纹后收平边形成立领。

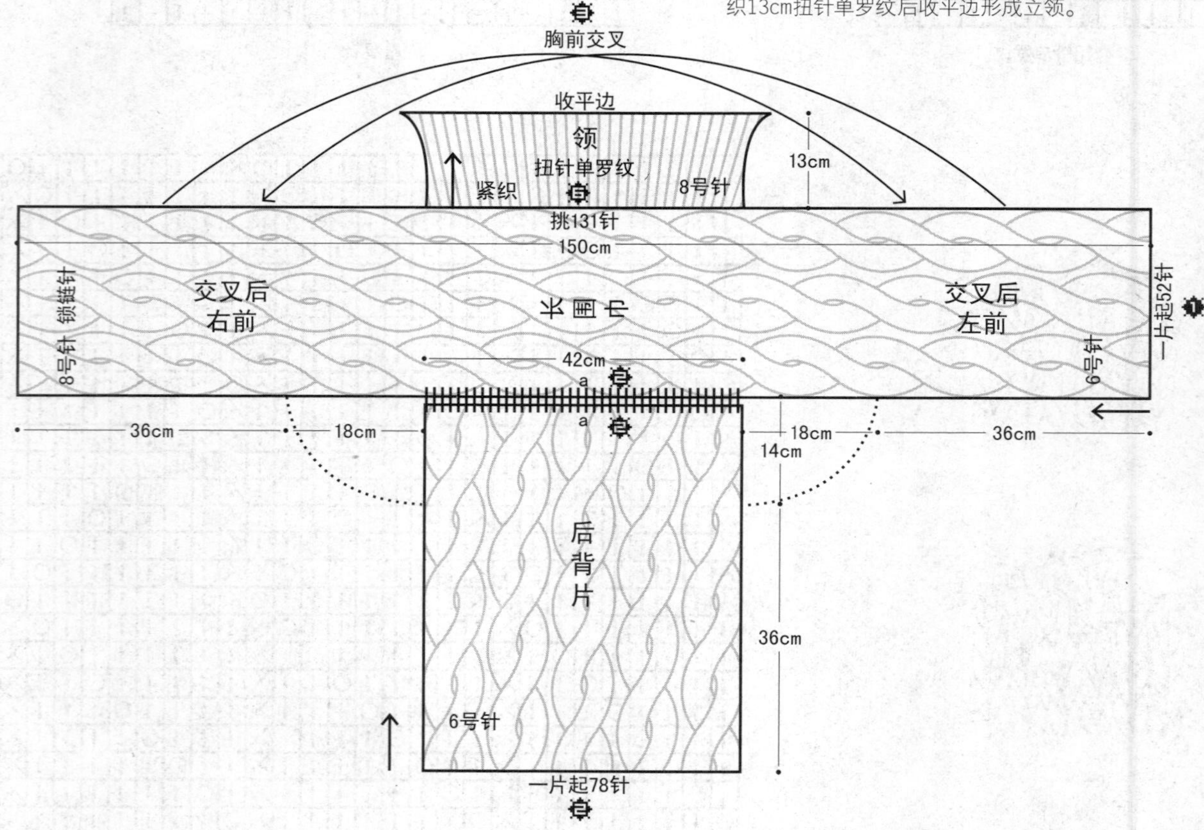

长围巾排花：52针

16	2	16	2	16
麻花针	反针	麻花针	反针	麻花针

后背排花：78针

14	2	14	2	14	2	14	2	14
麻花针	反针	麻花针	反针	麻花针	反针	麻花针	反针	麻花针

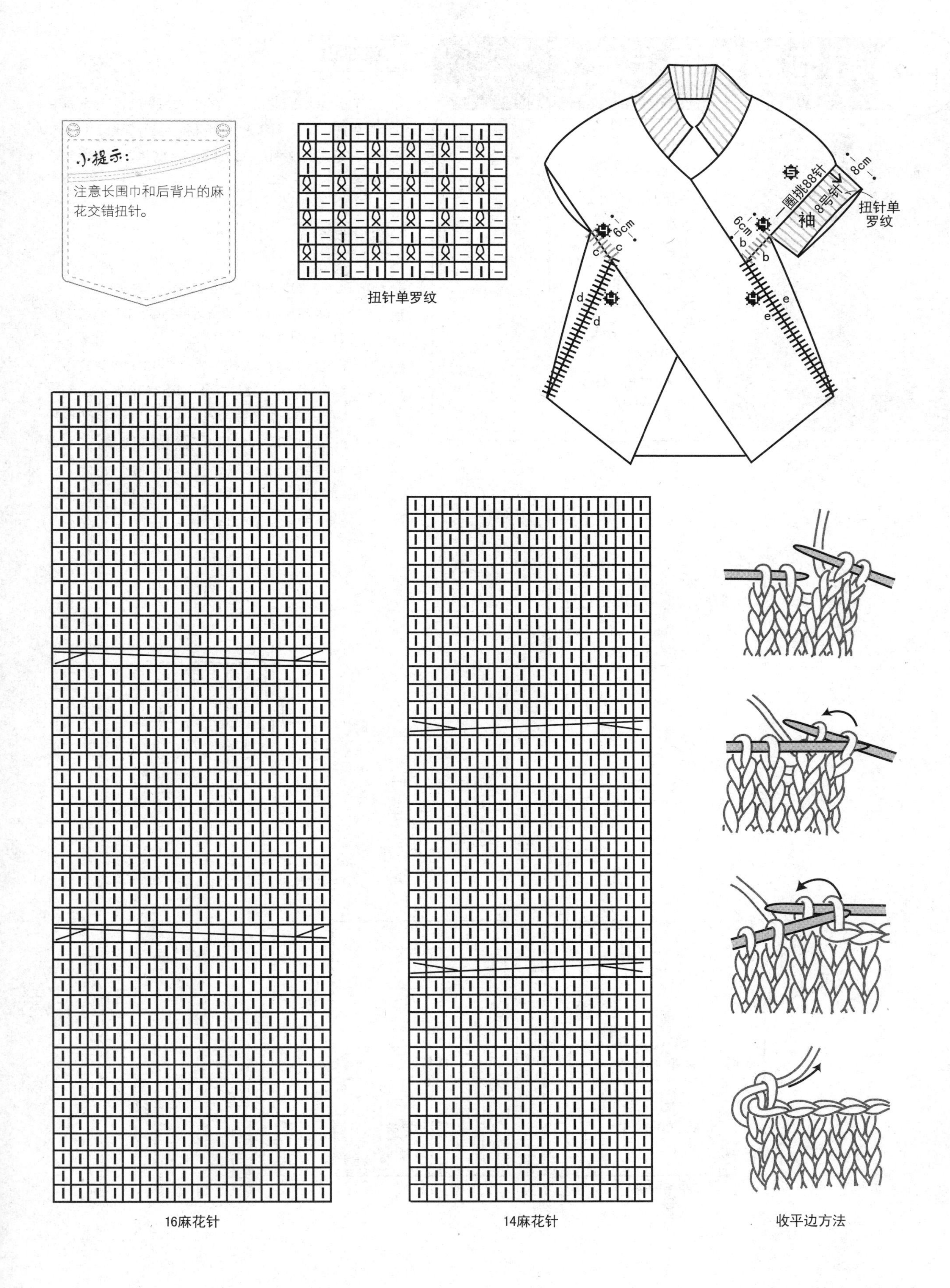

小提示：
注意长围巾和后背片的麻花交错扭针。
扭针单罗纹
6cm
c
c
d
d
一圈挑88针
8号针
袖
8cm
扭针单罗纹
6cm
b
b
e
e
16麻花针
14麻花针
收平边方法

P59 泡泡袖修身上衣

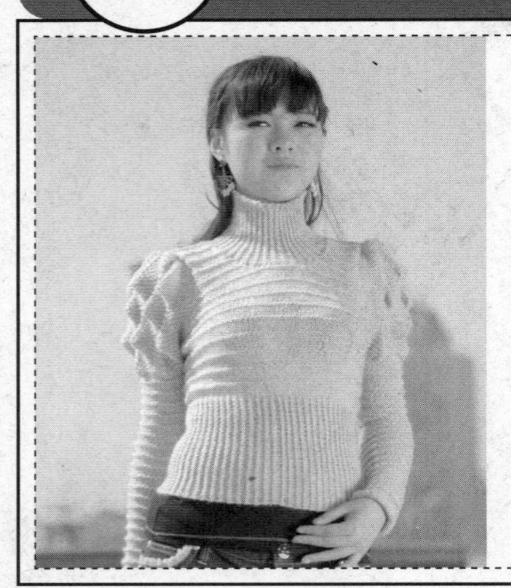

材料:
纯毛合股线

用量:
550g

工具:
6号针　8号针

尺寸(cm):
衣长50　袖长63　胸围67　肩宽25

平均密度:
10cm²=19针×24行

编织简述:

从下摆起针后环形向上织，先减袖窿后减领口，前后肩头缝合后挑织领子；袖口起针后环形向上织，至腋下后均匀加针并往返向上织袖山，相应长后收针，并与正身缝合形成泡泡袖。

编织步骤:

❶·用8号针起128针环形向上织19cm扭针单罗纹。

❷·换6号针改织13cm横条纹针后减袖窿，①平收腋正中8针，②隔1行减1针减4次。

❸·距后脖12cm时减领口，①平收领正中8针，②隔1行减3针减1次，③隔1行减2针减1次，④隔1行减1针减3次，余针向上直织。前后肩头缝合后，从领口处挑出84针，用8号针环形向上织13cm扭针单罗纹后收机械边形成领子。

❹·袖口用6号针起32针环形向上织45cm横条纹针后，均匀加至76针改织莲花针并往返向上织袖山，总长至63cm时收平边，并与正身按泡泡袖方式缝合。

小提示:

袖子完成后，将袖山的两侧重叠呈褶皱状再与正身缝合，形成泡泡袖效果。

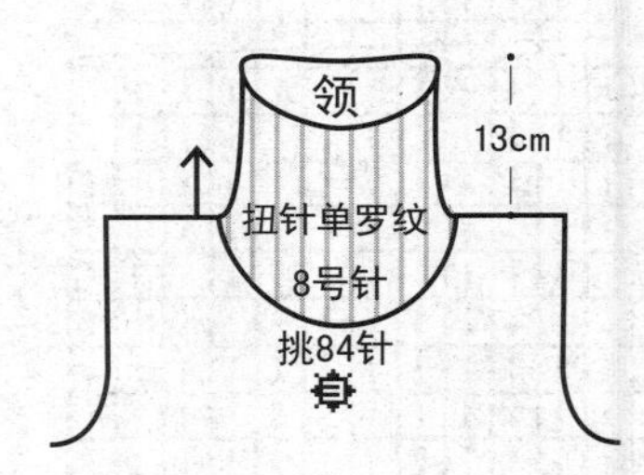

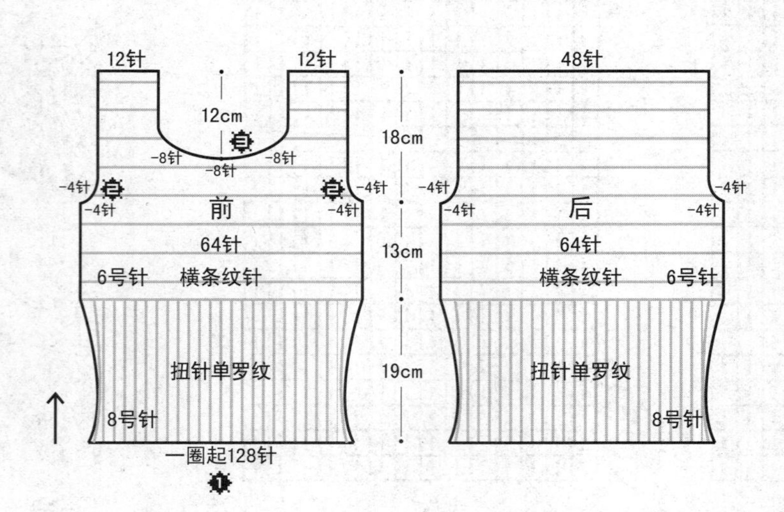

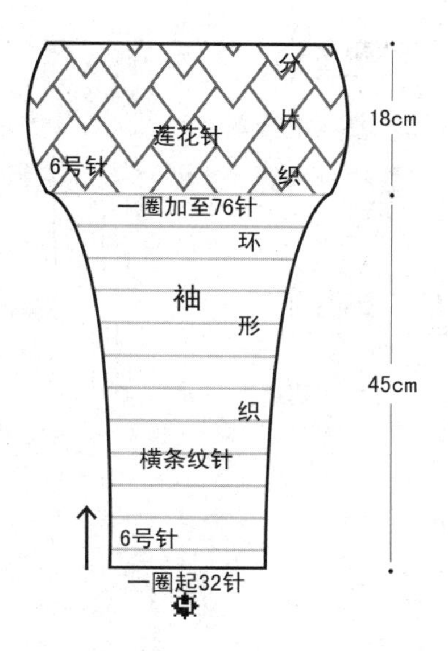

—	—	—	—	—	—	—	—	—	—	—	—	—	—	—	—	—	—
丨	丨	丨	丨	丨	丨	丨	丨	丨	丨	丨	丨	丨	丨	丨	丨	丨	丨
丨	丨	丨	丨	丨	丨	丨	丨	丨	丨	丨	丨	丨	丨	丨	丨	丨	丨
丨	丨	丨	丨	丨	丨	丨	丨	丨	丨	丨	丨	丨	丨	丨	丨	丨	丨
丨	丨	丨	丨	丨	丨	丨	丨	丨	丨	丨	丨	丨	丨	丨	丨	丨	丨
丨	丨	丨	丨	丨	丨	丨	丨	丨	丨	丨	丨	丨	丨	丨	丨	丨	丨
—	—	—	—	—	—	—	—	—	—	—	—	—	—	—	—	—	—
丨	丨	丨	丨	丨	丨	丨	丨	丨	丨	丨	丨	丨	丨	丨	丨	丨	丨
丨	丨	丨	丨	丨	丨	丨	丨	丨	丨	丨	丨	丨	丨	丨	丨	丨	丨
丨	丨	丨	丨	丨	丨	丨	丨	丨	丨	丨	丨	丨	丨	丨	丨	丨	丨
丨	丨	丨	丨	丨	丨	丨	丨	丨	丨	丨	丨	丨	丨	丨	丨	丨	丨
丨	丨	丨	丨	丨	丨	丨	丨	丨	丨	丨	丨	丨	丨	丨	丨	丨	丨
—	—	—	—	—	—	—	—	—	—	—	—	—	—	—	—	—	—
丨	丨	丨	丨	丨	丨	丨	丨	丨	丨	丨	丨	丨	丨	丨	丨	丨	丨
丨	丨	丨	丨	丨	丨	丨	丨	丨	丨	丨	丨	丨	丨	丨	丨	丨	丨
丨	丨	丨	丨	丨	丨	丨	丨	丨	丨	丨	丨	丨	丨	丨	丨	丨	丨
丨	丨	丨	丨	丨	丨	丨	丨	丨	丨	丨	丨	丨	丨	丨	丨	丨	丨
丨	丨	丨	丨	丨	丨	丨	丨	丨	丨	丨	丨	丨	丨	丨	丨	丨	丨

横条纹针

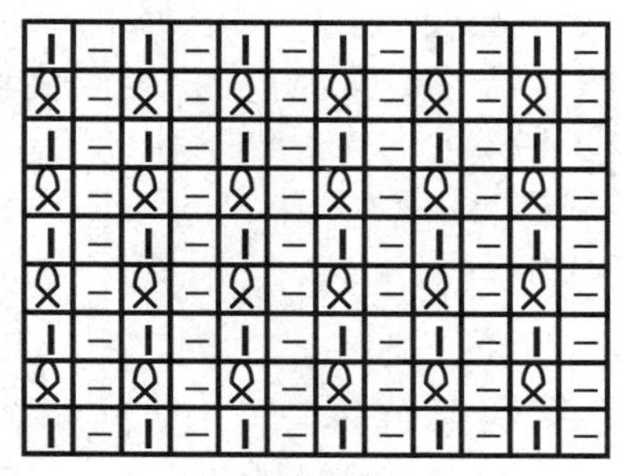

丨	—	丨	—	丨	—	丨	—	丨	—	丨	—
Q	—	Q	—	Q	—	Q	—	Q	—	Q	—
丨	—	丨	—	丨	—	丨	—	丨	—	丨	—
Q	—	Q	—	Q	—	Q	—	Q	—	Q	—
丨	—	丨	—	丨	—	丨	—	丨	—	丨	—
Q	—	Q	—	Q	—	Q	—	Q	—	Q	—
丨	—	丨	—	丨	—	丨	—	丨	—	丨	—
Q	—	Q	—	Q	—	Q	—	Q	—	Q	—
丨	—	丨	—	丨	—	丨	—	丨	—	丨	—

扭针单罗纹

⅄	丨	丨	丨	丨	丨	丨	ılı	丨	丨	丨	丨	丨	丨	⅄	丨	丨	丨	丨	丨	丨	ılı	丨	丨	丨	丨	丨	丨	⅄	丨	丨	丨	丨	丨	丨
—	—	—	—	—	—	—	—	—	—	—	—	—	—	—	—	—	—	—	—	—	—	—	—	—	—	—	—	—	—	—	—	—	—	—
⅄	丨	丨	丨	丨	丨	丨	ılı	丨	丨	丨	丨	丨	丨	⅄	丨	丨	丨	丨	丨	丨	ılı	丨	丨	丨	丨	丨	丨	⅄	丨	丨	丨	丨	丨	丨
—	—	—	—	—	—	—	—	—	—	—	—	—	—	—	—	—	—	—	—	—	—	—	—	—	—	—	—	—	—	—	—	—	—	—
⅄	丨	丨	丨	丨	丨	丨	ılı	丨	丨	丨	丨	丨	丨	⅄	丨	丨	丨	丨	丨	丨	ılı	丨	丨	丨	丨	丨	丨	⅄	丨	丨	丨	丨	丨	丨
—	—	—	—	—	—	—	—	—	—	—	—	—	—	—	—	—	—	—	—	—	—	—	—	—	—	—	—	—	—	—	—	—	—	—
⅄	丨	丨	丨	丨	丨	丨	ılı	丨	丨	丨	丨	丨	丨	⅄	丨	丨	丨	丨	丨	丨	ılı	丨	丨	丨	丨	丨	丨	⅄	丨	丨	丨	丨	丨	丨
—	—	—	—	—	—	—	—	—	—	—	—	—	—	—	—	—	—	—	—	—	—	—	—	—	—	—	—	—	—	—	—	—	—	—
⅄	丨	丨	丨	丨	丨	丨	ılı	丨	丨	丨	丨	丨	丨	⅄	丨	丨	丨	丨	丨	丨	ılı	丨	丨	丨	丨	丨	丨	⅄	丨	丨	丨	丨	丨	丨
—	—	—	—	—	—	—	—	—	—	—	—	—	—	—	—	—	—	—	—	—	—	—	—	—	—	—	—	—	—	—	—	—	—	—
⅄	丨	丨	丨	丨	丨	丨	ılı	丨	丨	丨	丨	丨	丨	⅄	丨	丨	丨	丨	丨	丨	ılı	丨	丨	丨	丨	丨	丨	⅄	丨	丨	丨	丨	丨	丨
—	—	—	—	—	—	—	—	—	—	—	—	—	—	—	—	—	—	—	—	—	—	—	—	—	—	—	—	—	—	—	—	—	—	—
ılı	丨	丨	丨	丨	丨	丨	⅄	丨	丨	丨	丨	丨	丨	ılı	丨	丨	丨	丨	丨	丨	⅄	丨	丨	丨	丨	丨	丨	ılı	丨	丨	丨	丨	丨	丨
—	—	—	—	—	—	—	—	—	—	—	—	—	—	—	—	—	—	—	—	—	—	—	—	—	—	—	—	—	—	—	—	—	—	—
ılı	丨	丨	丨	丨	丨	丨	⅄	丨	丨	丨	丨	丨	丨	ılı	丨	丨	丨	丨	丨	丨	⅄	丨	丨	丨	丨	丨	丨	ılı	丨	丨	丨	丨	丨	丨
—	—	—	—	—	—	—	—	—	—	—	—	—	—	—	—	—	—	—	—	—	—	—	—	—	—	—	—	—	—	—	—	—	—	—
ılı	丨	丨	丨	丨	丨	丨	⅄	丨	丨	丨	丨	丨	丨	ılı	丨	丨	丨	丨	丨	丨	⅄	丨	丨	丨	丨	丨	丨	ılı	丨	丨	丨	丨	丨	丨
—	—	—	—	—	—	—	—	—	—	—	—	—	—	—	—	—	—	—	—	—	—	—	—	—	—	—	—	—	—	—	—	—	—	—
ılı	丨	丨	丨	丨	丨	丨	⅄	丨	丨	丨	丨	丨	丨	ılı	丨	丨	丨	丨	丨	丨	⅄	丨	丨	丨	丨	丨	丨	ılı	丨	丨	丨	丨	丨	丨
—	—	—	—	—	—	—	—	—	—	—	—	—	—	—	—	—	—	—	—	—	—	—	—	—	—	—	—	—	—	—	—	—	—	—
ılı	丨	丨	丨	丨	丨	丨	⅄	丨	丨	丨	丨	丨	丨	ılı	丨	丨	丨	丨	丨	丨	⅄	丨	丨	丨	丨	丨	丨	ılı	丨	丨	丨	丨	丨	丨
—	—	—	—	—	—	—	—	—	—	—	—	—	—	—	—	—	—	—	—	—	—	—	—	—	—	—	—	—	—	—	—	—	—	—
ılı	丨	丨	丨	丨	丨	丨	⅄	丨	丨	丨	丨	丨	丨	ılı	丨	丨	丨	丨	丨	丨	⅄	丨	丨	丨	丨	丨	丨	ılı	丨	丨	丨	丨	丨	丨
—	—	—	—	—	—	—	—	—	—	—	—	—	—	—	—	—	—	—	—	—	—	—	—	—	—	—	—	—	—	—	—	—	—	—
ılı	丨	丨	丨	丨	丨	丨	⅄	丨	丨	丨	丨	丨	丨	ılı	丨	丨	丨	丨	丨	丨	⅄	丨	丨	丨	丨	丨	丨	ılı	丨	丨	丨	丨	丨	丨

莲花针

P60 英式圆轮上衣

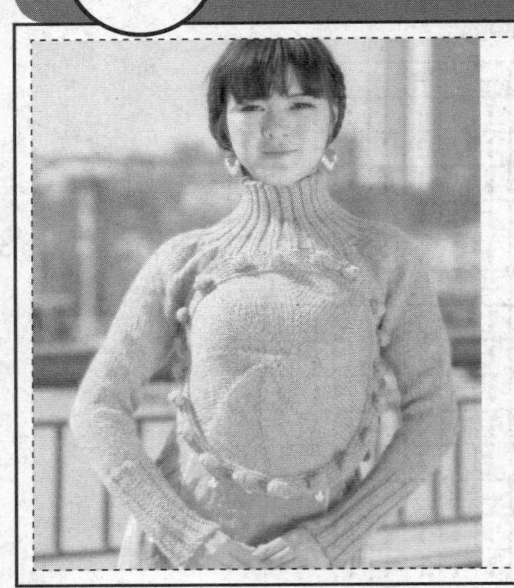

材料:
纯毛合股线

用量:
650g

工具:
6号针　8号针

尺寸(cm):
以实物为准

平均密度:
10cm²=19针×24行

小提示:
边沿的4cm锁链球球针起到防止卷边的作用,同时这种针法比正针涨针,所以不必加针。

编织简述:

从中心起针后按要求向四周环形织两个圆片,然后再织两个袖子,将袖子与正身按要求缝合,最后挑针环形织高领。

编织步骤:

1·用6号针从中心起8针环形向四周织正针,每1针为1份,隔1行在每份内加1针,加出针依然织正针形成圆形。

2·半径为16cm时,不换针改织4cm锁链球球针后,只在下摆处收针,其他位置留针用于缝合。按以上方法共织两个相同大小的圆片。

3·袖口用8号针起36针环形向上织18cm扭针双罗纹后,换6号针改织正针,同时在袖腋处隔13行加1次针,每次加2针,共加4次,总长至44cm时共44针,将这44针往返向上织片,至18cm时停针待织,按以上方法完成另一个袖子。

4·将前后片和左右两袖按相同字母缝合后形成正身。在前后片领口及两肩余下的44针位置环形挑出所有针,第二行时再减至88针,用8号针环形向上织15cm扭针双罗纹后收机械边形成高领。

字母与解释:

a: 右袖与后片肩部缝合
b: 右袖与前片肩部缝合
c: 左袖与后片肩部缝合
d: 左袖与前片肩部缝合
e: 右肋缝合
f: 左肋缝合

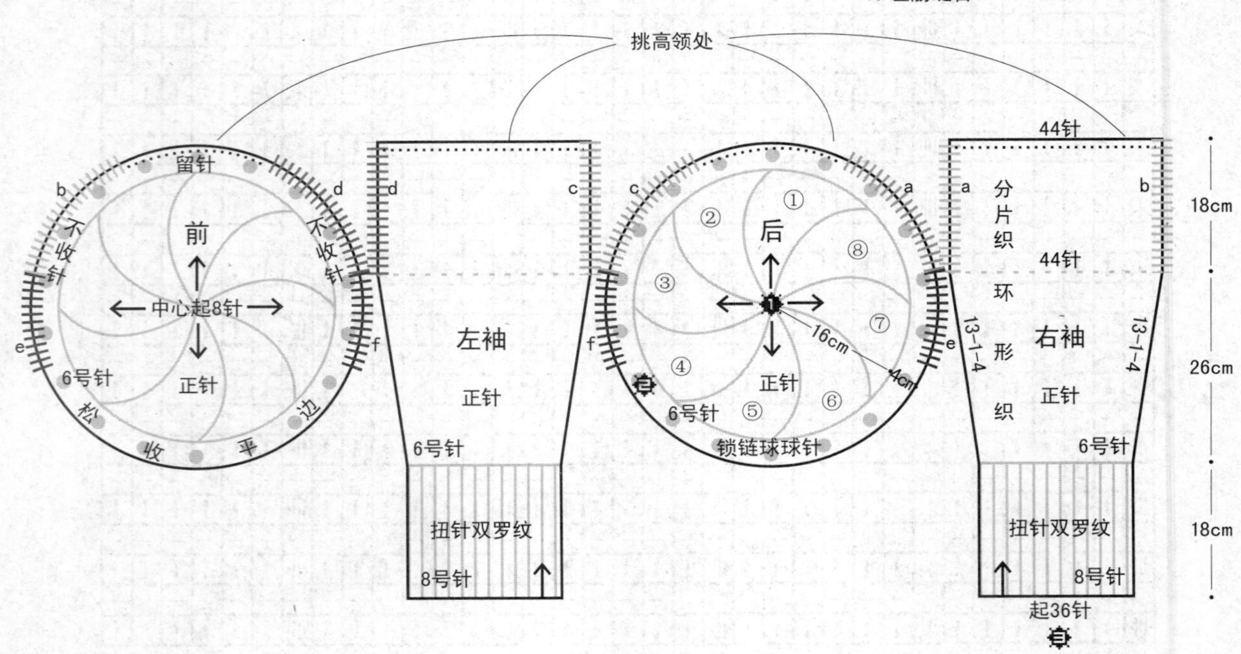

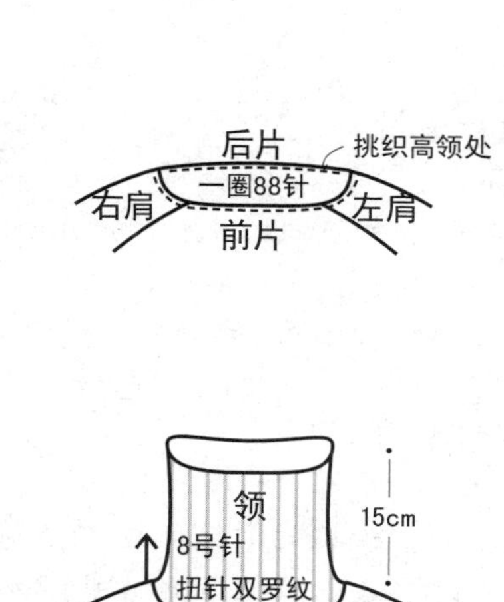

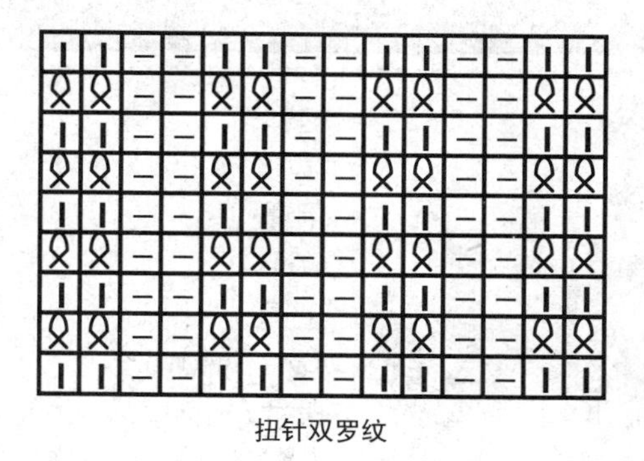

扭针双罗纹

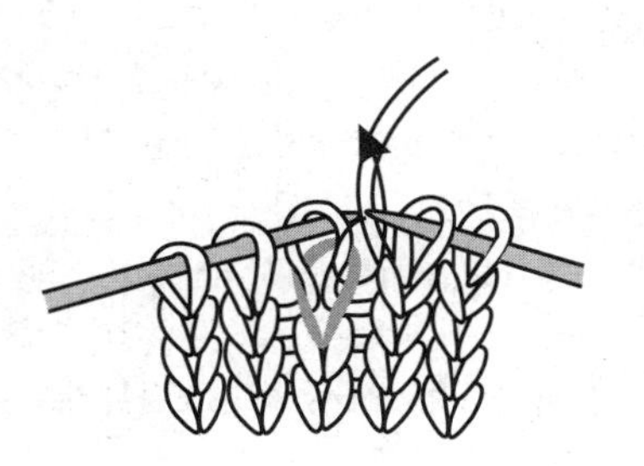

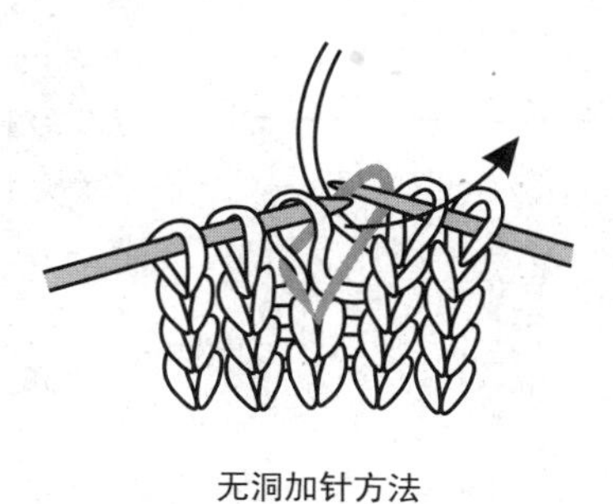

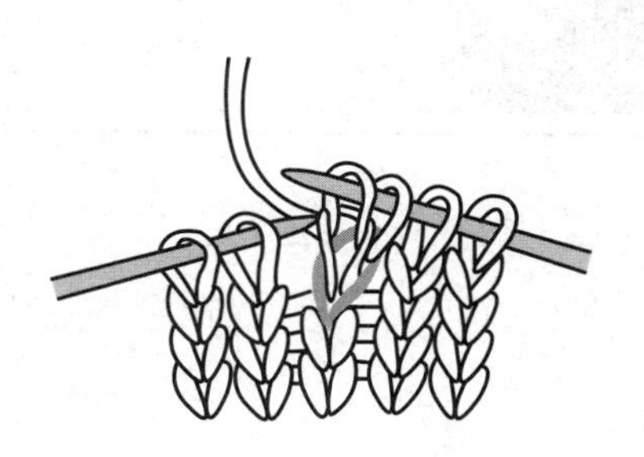

无洞加针方法

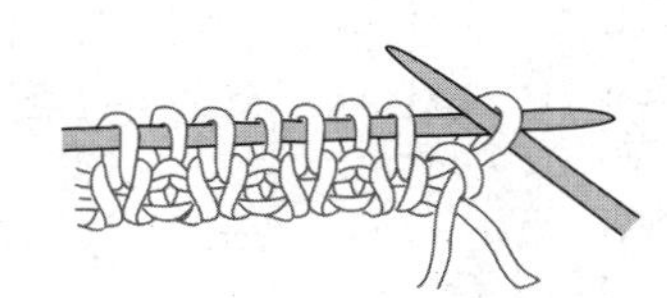

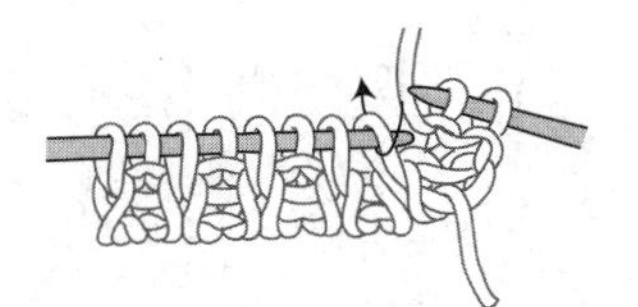

单罗纹变双罗纹方法

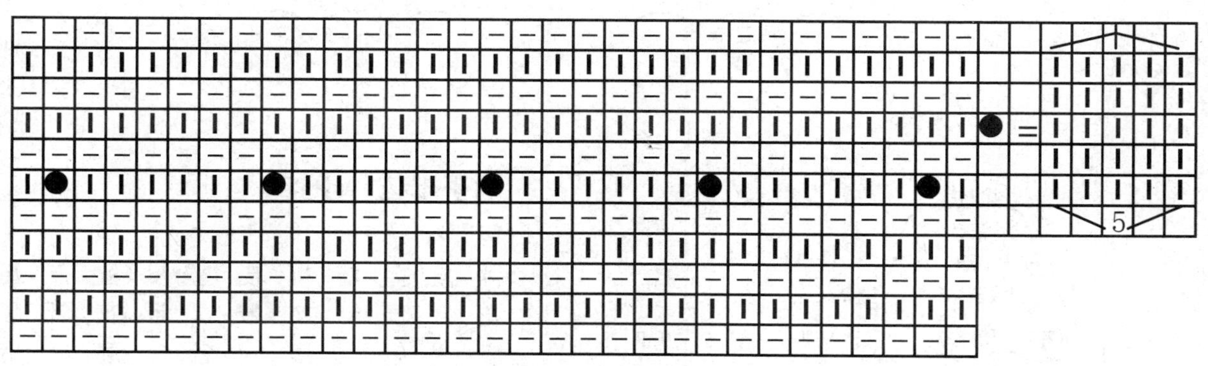

锁链球球针

P61 高领收腰花边上衣

材料：
275规格纯毛粗线

用量：
600g

工具：
6号针　8号针

尺寸（cm）：
衣长67　袖长19　胸围69　肩宽26

平均密度：
10cm²=19针×24行

编织简述：

从下摆起针后环形向上织，先减袖窿后减领口，前后肩头缝合后挑织领子。短袖起针后环形向上织，均匀减针后分片织并同时减袖山，最后平收余针，与正身整齐缝合。

编织步骤：

1·用6号针起176针按正身排花环形向上织18cm。

2·换8号针均匀减至100针改织18cm扭针单罗纹。

3·换回6号针均匀加至132针改织正针。

4·总长至49cm时减袖窿，①平收腋正中8针，②隔1行减1针减4次。

5·距后脖8cm时减领口，①平收领正中10针，②隔1行减3针减1次，③隔1行减2针减2次，④隔1行减1针减1次。前后肩头缝合后，从领口处挑出88针，用8号针环形向上织10cm扭针单罗纹后形成高领。

6·短袖口用6号针起66针按袖子排花环形向上织6cm后，均匀减至48针改织正针，同时分片织袖山，①平收腋正中8针，②隔1行减1针减13次。余针平收，与正身整齐缝合。

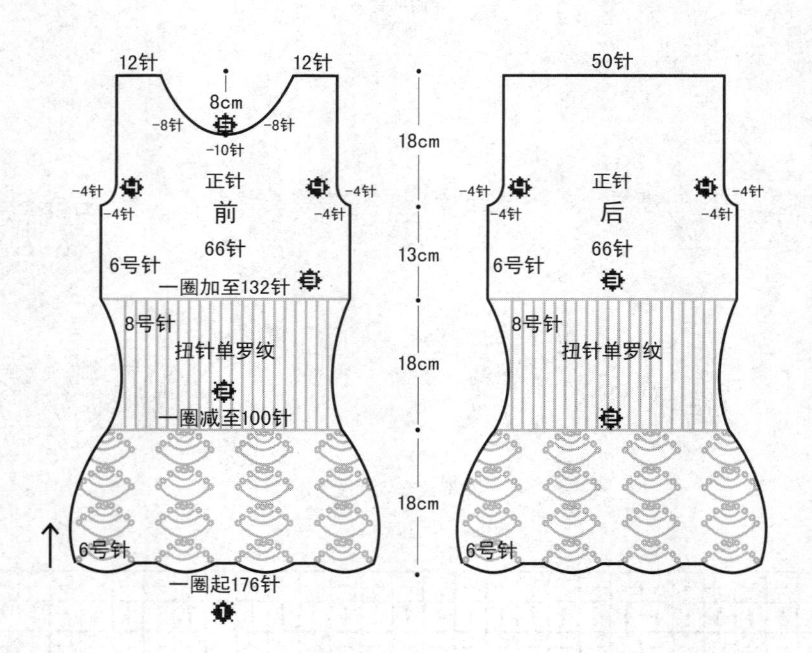

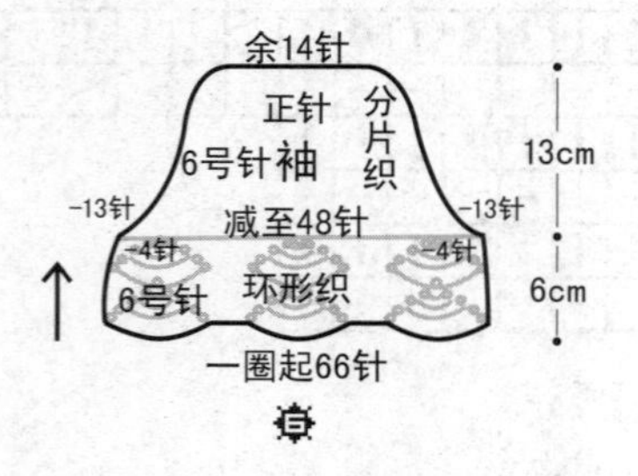

袖子排花：66针

13	1	7	1	13	1	7	1	13	1	7	1
桃花扇针	反针	星星针	反针	桃花扇针	反针	星星针	反针	桃花扇针	反针	星星针	反针

正身排花：176针

	1	13	1	7	1	13	1	7	1	13	1	7	1	13	1	
7 星星针	反针	桃花扇针	反针	星星针	反针	桃花扇针	反针	星星针	反针	桃花扇针	反针	星星针	反针	桃花扇针	反针	7 星星针
	1	13	1	7	1	13	1	7	1	13	1	7	1	13	1	
	反针	桃花扇针	反针	星星针	反针	桃花扇针	反针	星星针	反针	桃花扇针	反针	星星针	反针	桃花扇针	反针	

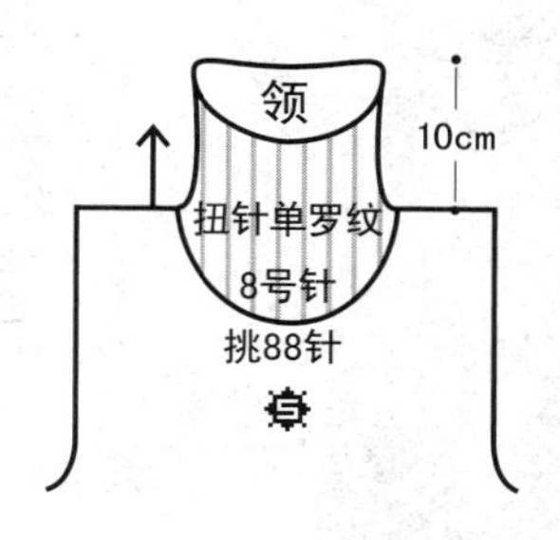

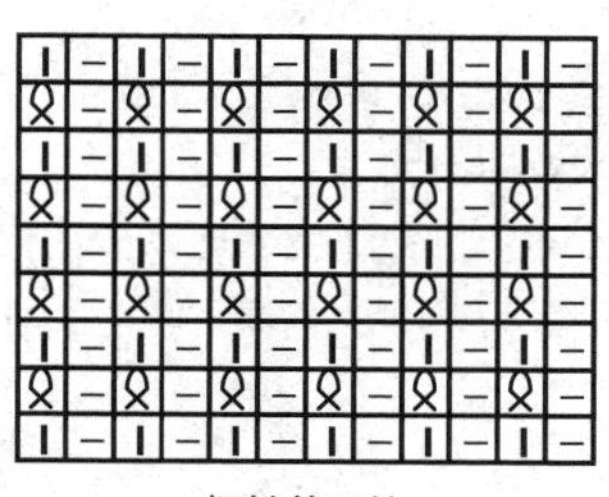
扭针单罗纹

小提示：
织腰部时可适当拉紧线，以达到较好的收腰效果。

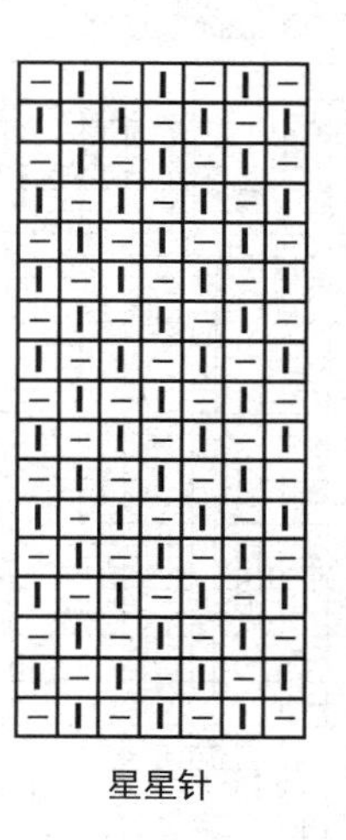
星星针

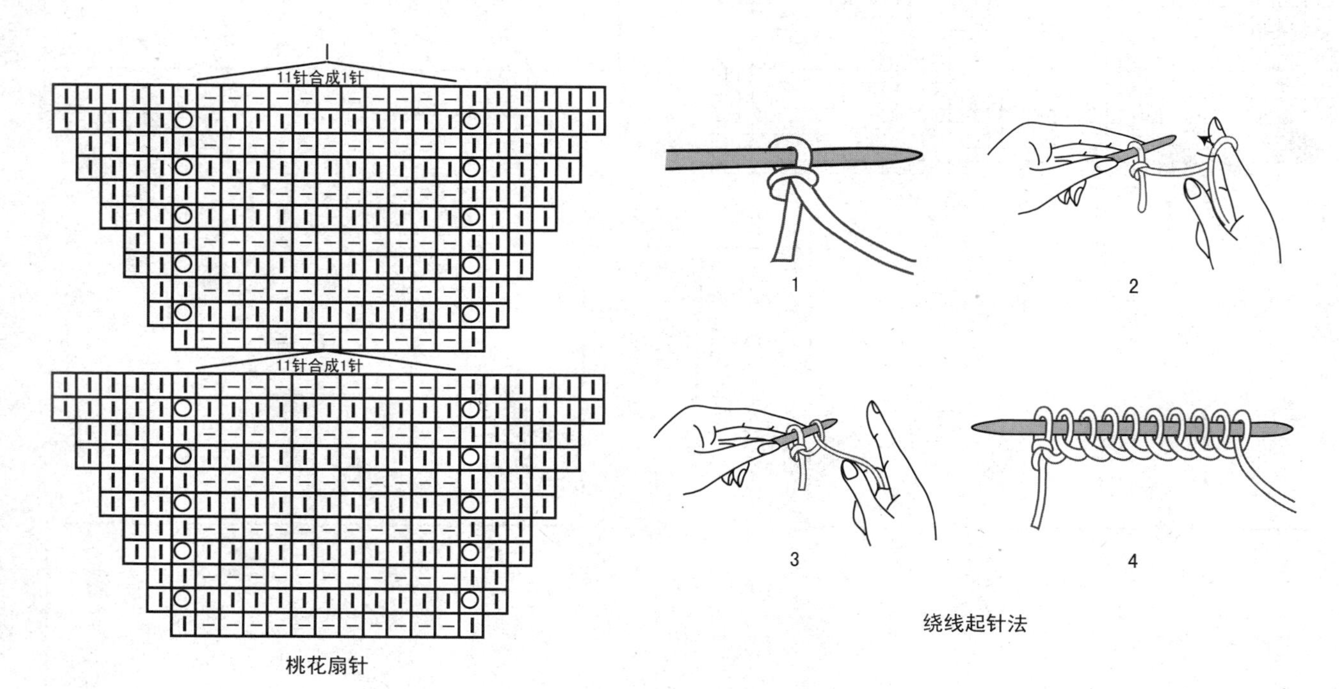

桃花扇针

绕线起针法

P62 拼图披肩

材料:
羊仔毛手织粗线

用量:
700g

工具:
6号针

尺寸(cm):
以实物为准

平均密度:
10cm²=19针×24行

编织简述:

起针后按花纹往返织一个侧置的"凸"形，在后背片分别挑织两个袖片，然后按要求缝合各处，最后将织好的三角形缝合在后背片的开口处。

编织步骤:

1 · 用6号针起52针按长围巾排花往返织76cm后，在右侧平加出76针织星星针。

2 · 平加的76针为后背，与长围巾一起往返向上织15cm后，再取后背右侧的38针平收，第二行时再平加出38针，后背依然是76针，往返向上织15cm后，将后背76针平收。余下52针长围巾的针数往返向上织76cm后收针形成侧置的"凸"形。

3 · 在后背片的两侧未开口处挑出48针往返向上织13cm水波纹后，在反针组隔1行减1针，共减5次，最后余28针串起待织。

4 · 按相同字母将长围巾与后背片缝合。注意长围巾有18cm不缝，此处为袖口。

5 · 用6号针另线起13针按图往返向上织莲花叶子针，形成三角形后，缝合在后背片的开口处。

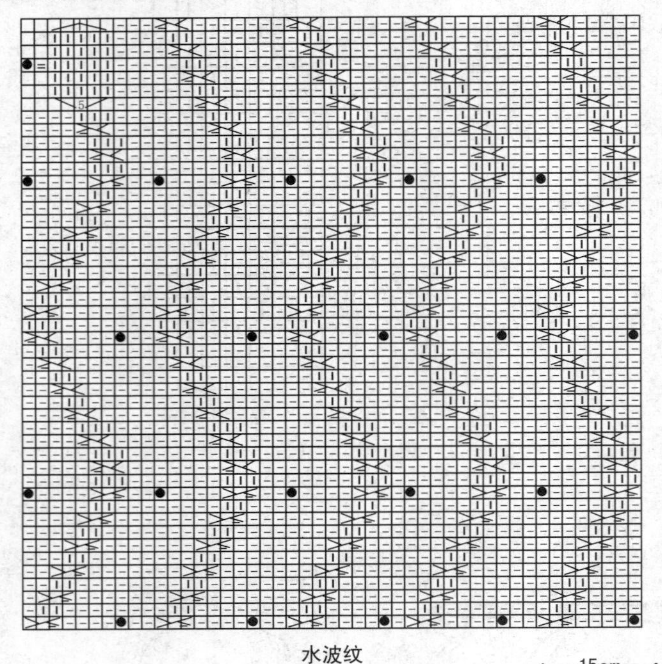

水波纹

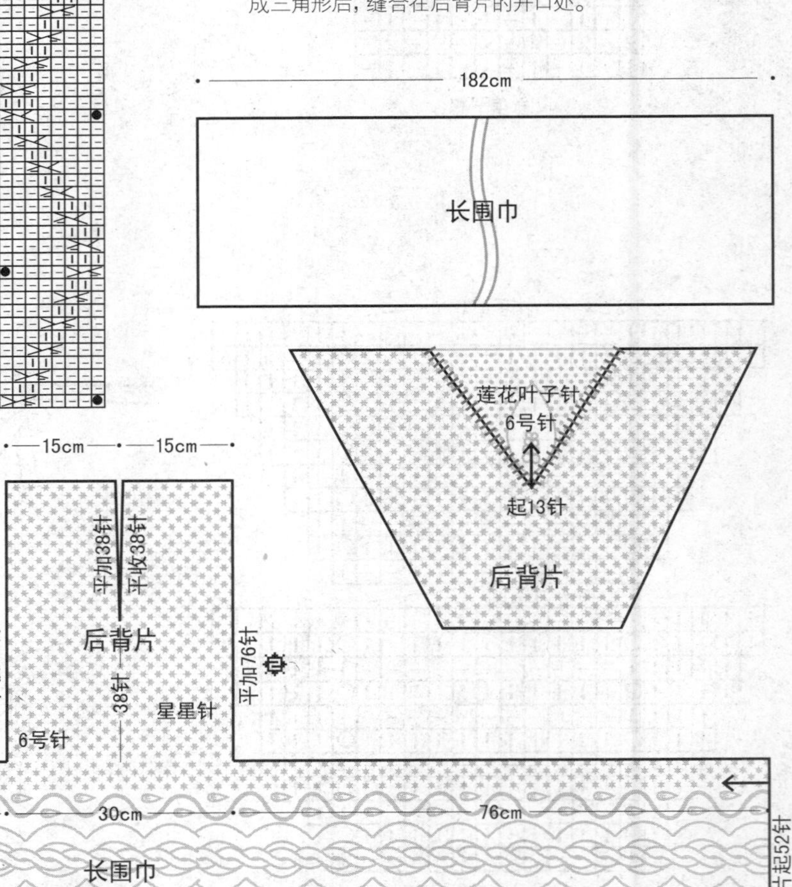

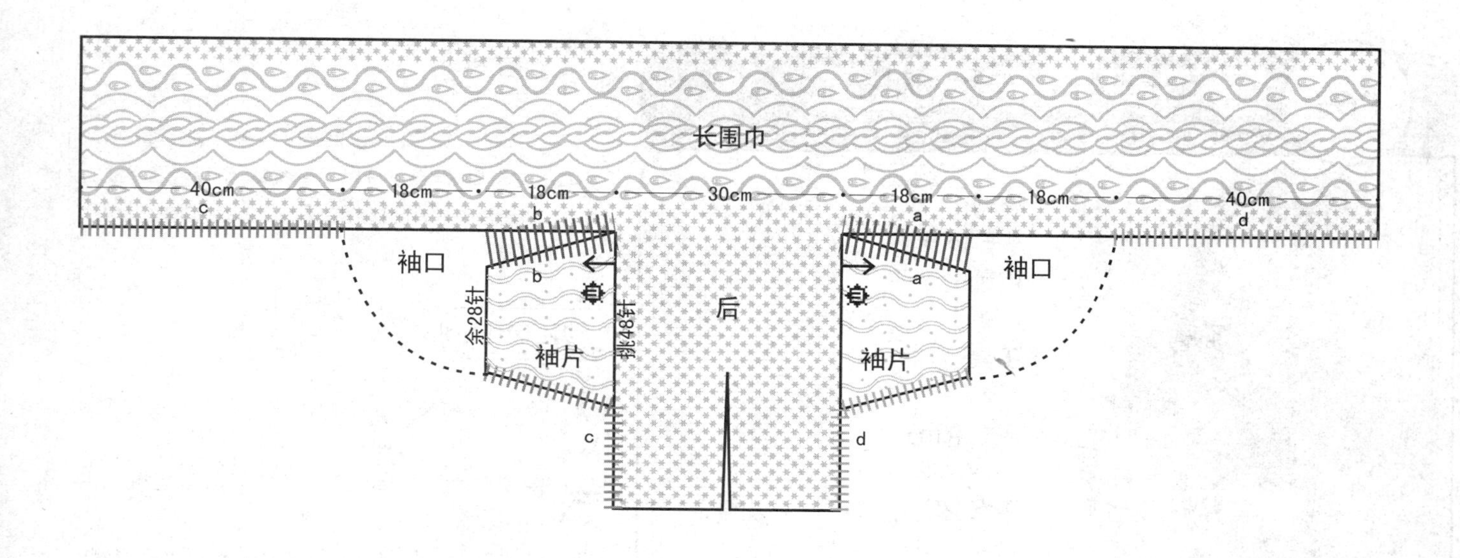

小提示：

服装由不同几何形状组成，按顺序编织后分别缝合各处形成开衫。

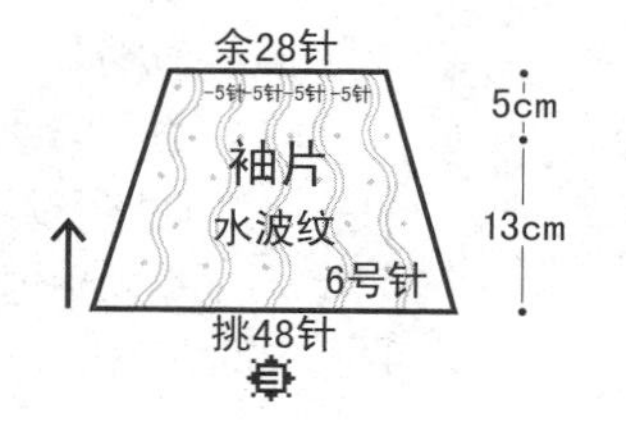

长围巾排花：52针

7	8	1	20	1	8	7
星星针	花蕾针	反针	大如意花	反针	花蕾针	星星针

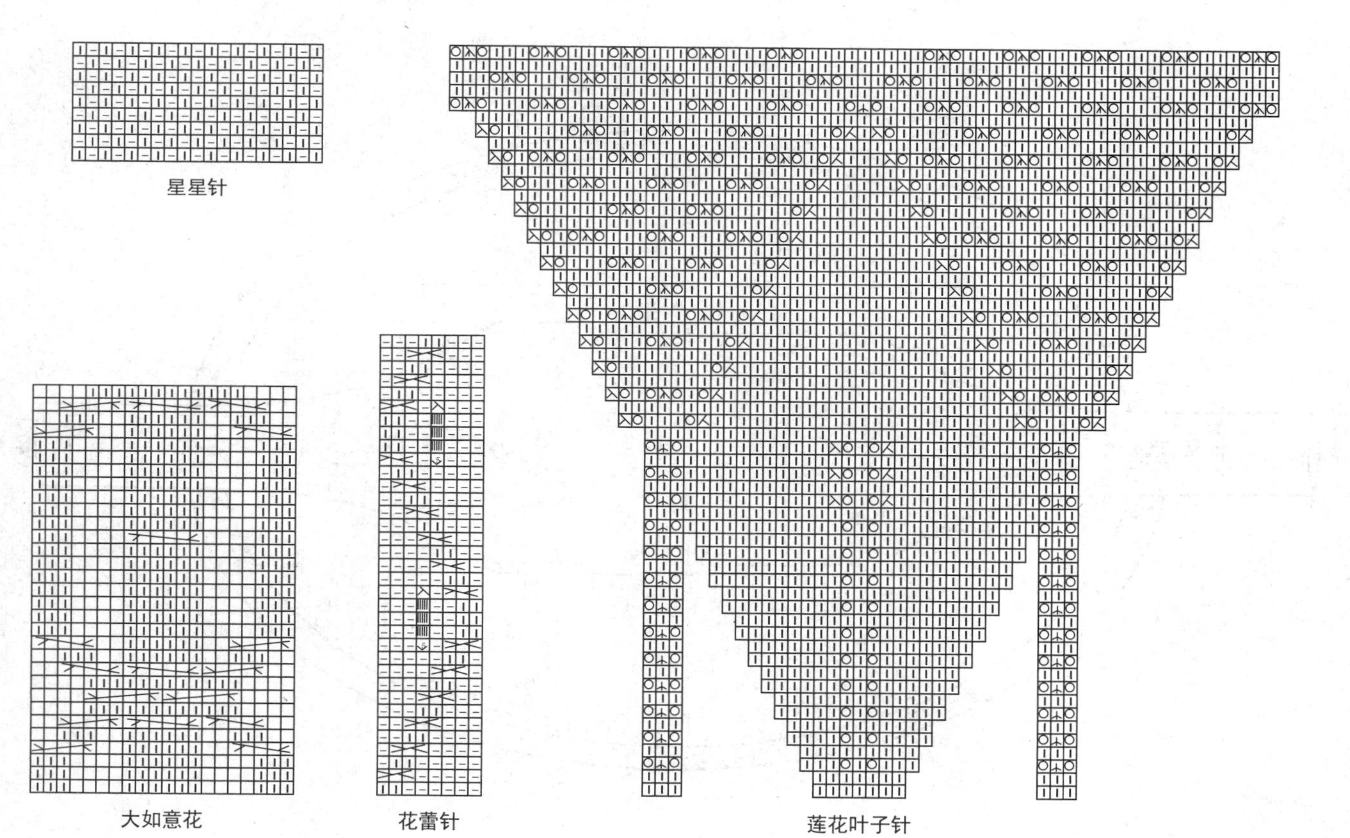

星星针

大如意花

花蕾针

莲花叶子针

P63 圆门襟披肩式上衣

材料:
纯毛合股线

用量:
700g

工具:
6号针

尺寸(cm):
以实物为准

平均密度:
10cm²=19针×24行

小提示:

圆摆的最后3cm改织菱形网格，这种针法涨针且不卷边，适合用于领子、袖口或下摆。

编织简述:

从右袖口起针后环形织相应长，至腋部时规律加针，然后往返织后背，至左腋时规律减针，最后合圈完成左袖。从边沿位置挑针环形织圆摆，并按规律均匀加针，相应长后收针。

编织步骤:

1·用6号针从右袖口起40针环形向上织50cm扭针双罗纹。

2·将40针改片状往返织正针，同时在两侧隔1行加1针共加9次，加出针依然织正针。

3·整片共58针往返织36cm后，在两侧隔1行减1针共减9次，整片余40针。

4·将余下的40针重新合圈环形向下织50cm扭针双罗纹后形成左袖。

5·沿着虚线在往返织的各处边沿挑出240针织正针，用6号针环形向下织360° 圆摆，同时将240针分为8份，隔7行在每份内加1针，共加7次，一圈至296针时，改织3cm菱形网格后收机械边。

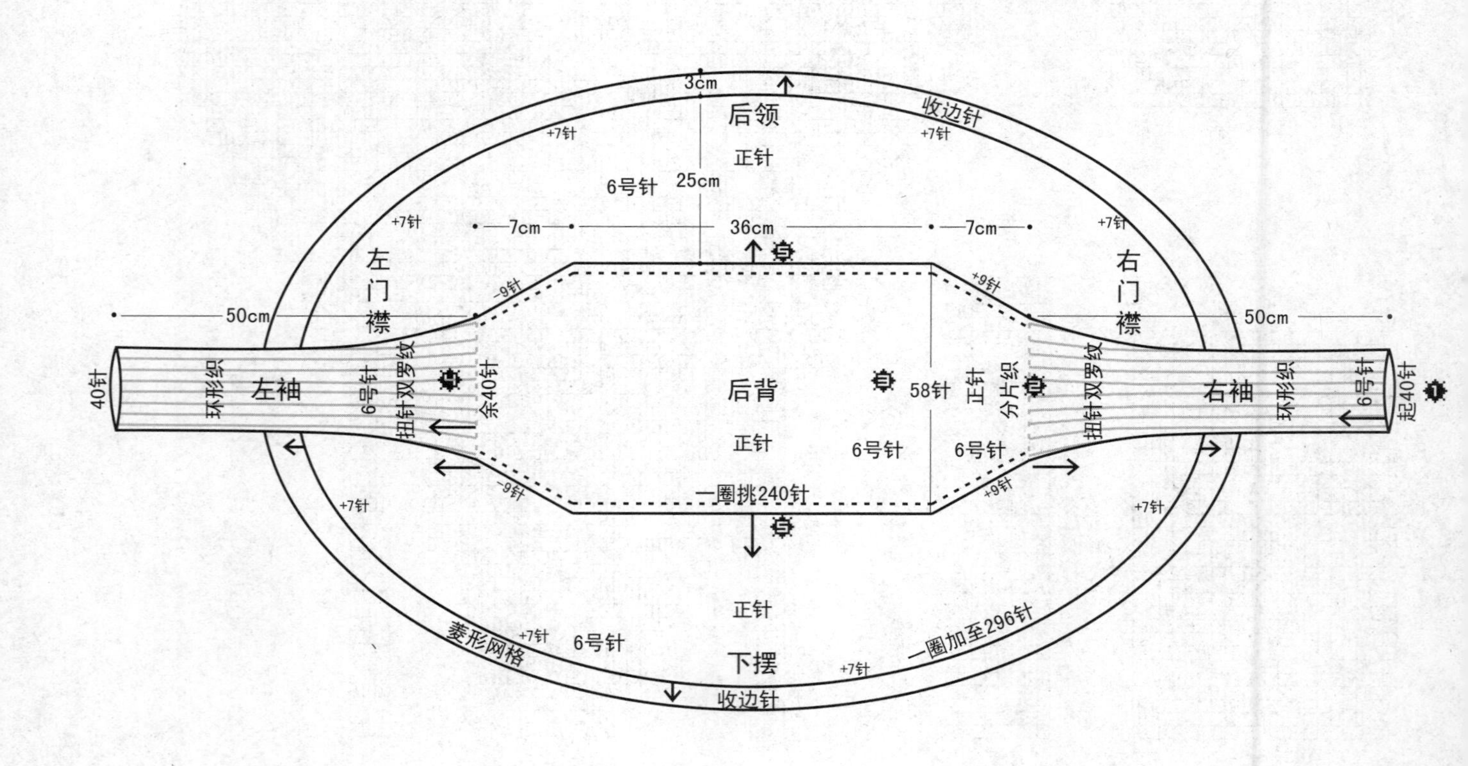

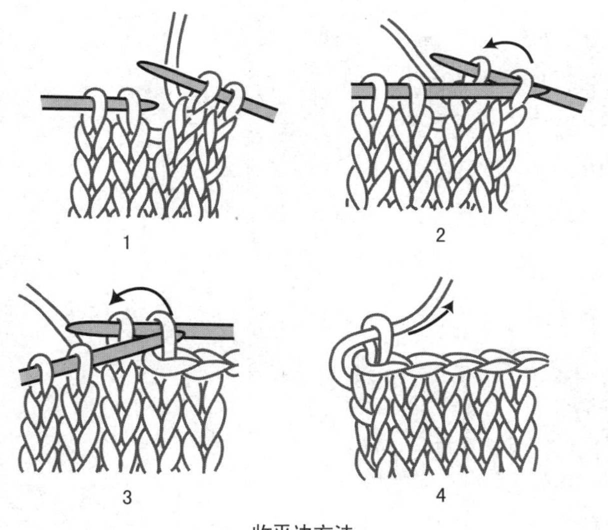

收平边方法

扭针双罗纹

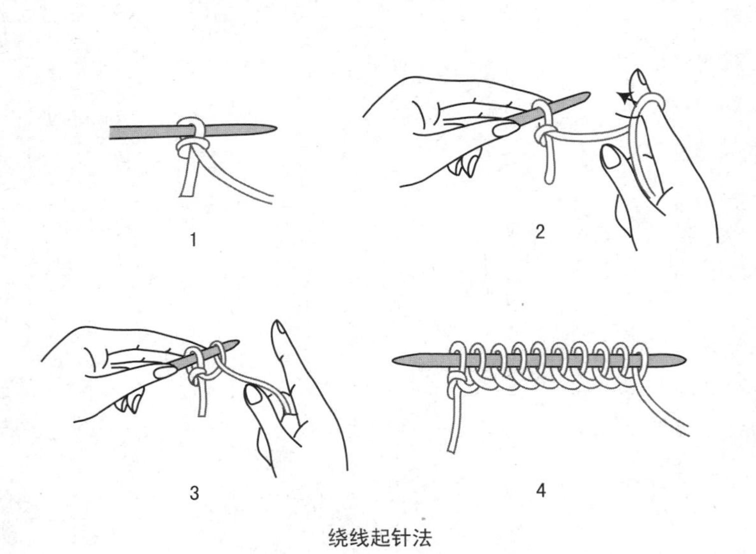

绕线起针法

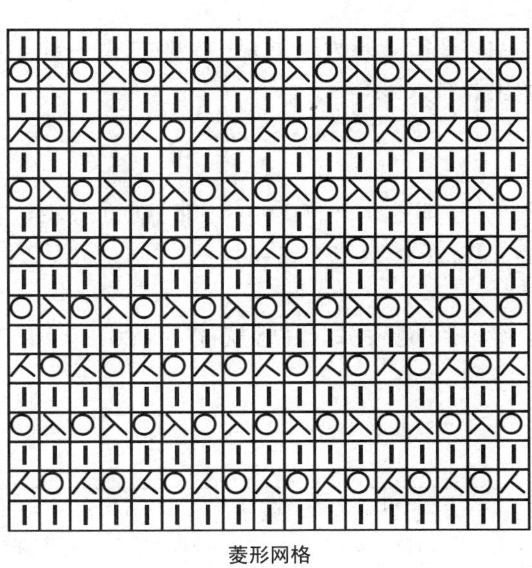
菱形网格

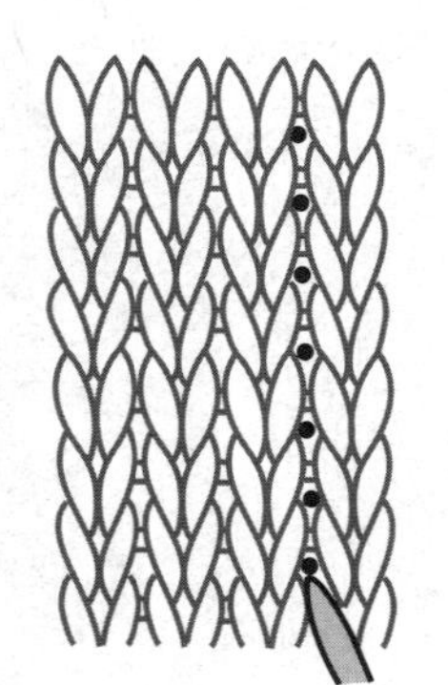  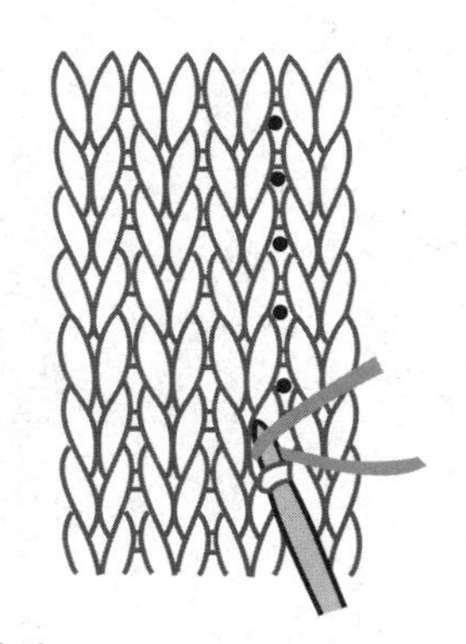 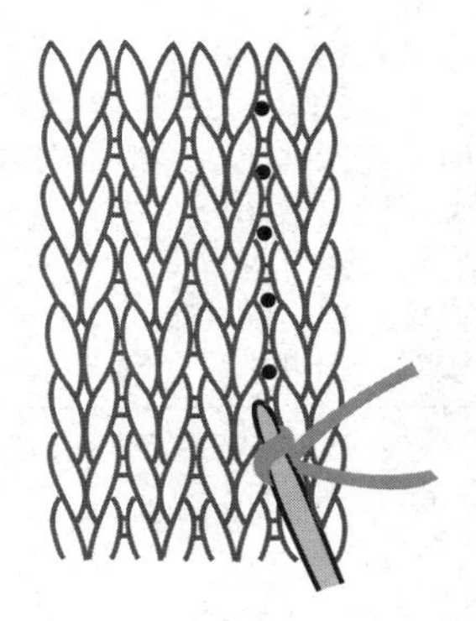
挑针方法

作者群

鞠少娟 李万春 王秀芹 李晶晶 王春耕 王俊萍 高丽娜 王 蔷
王潇音 刘天昊 黄梦词 马 欢 张卫华 李 微 金 虹 张福利
曾玲梓 米 雪 李艳红 张 旸 李亚林 李 佳 谢海民 潘世源
张可平 彭永辉 闫晓刚 迪丽娅娜·哈那提 米日阿依·阿布来提
阿孜古丽·尼加提 郭 嘉 戴一辰 高 雅

图书在版编目（CIP）数据

明星风范女装大全集 / 王春燕主编. —沈阳：辽宁科学技术出版社，2014.2
ISBN 978-7-5381-8389-4

Ⅰ. ①明… Ⅱ. ①王… Ⅲ. ①女服—毛衣—编织—图集 Ⅳ. ①TS941.763.2-64

中国版本图书馆CIP数据核字（2013）第279741号

出版发行：辽宁科学技术出版社
（地址：沈阳市和平区十一纬路29号 邮编：110003）
印 刷 者：沈阳新华印刷厂
经 销 者：各地新华书店
幅面尺寸：210mm × 285mm
印　　张：11.5
字　　数：300千字
印　　数：1～4000
出版时间：2014年 2 月第 1 版
印刷时间：2014年 2 月第 1 次印刷
责任编辑：赵敏超
封面设计：颖 溢
版式设计：颖 溢
责任校对：李淑敏

书　　号：ISBN 978-7-5381-8389-4
定　　价：36.80元

联系电话：024-23284367
邮购热线：024-23284502
E-mail:purple6688@126.com
http://www.lnkj.com.cn